河网区水环境管理技术集成及数字化应用

——以太湖流域（浙江片区）为例

周柯锦　梁新强　蒋彩萍　主编

科学出版社

北　京

内 容 简 介

针对平原河网地区往复流的特点及水环境质量持续改善、科学管理的技术需求，本书以多源污染清单构建、水环境容量总量核定和风险防控等水环境管理需求为要点，开展跨行政区域及出入太湖污染物通量测算和预警、非点源产排污系数规律、基于水污染物容量总量的排污许可配置、流域水环境监控预警与累积风险评估、溯源等研究，提出了河网模型与污染负荷核算技术耦合的水环境综合管理平台的构建方法、主要功能模块设计等。

本书可供从事环境、水文、农业等领域的科研工作者及河网地区的水环境管理部门工作人员参考借鉴。

图书在版编目（CIP）数据

河网区水环境管理技术集成及数字化应用：以太湖流域（浙江片区）为例/周柯锦，梁新强，蒋彩萍主编. —北京：科学出版社，2022.5

ISBN 978-7-03-072262-1

Ⅰ.①河… Ⅱ.①周… ②梁… ③蒋… Ⅲ.①太湖-流域-河网化-水污染防治-研究-浙江 Ⅳ.①X52

中国版本图书馆CIP数据核字（2022）第080856号

责任编辑：郭允允 李 静/责任校对：郝甜甜
责任印制：吴兆东/封面设计：蓝正设计

科学出版社出版
北京东黄城根北街16号
邮政编码：100717
http:// www.sciencep.com
北京中科印刷有限公司 印刷
科学出版社发行 各地新华书店经销
*
2022年5月第 一 版 开本：720×1000 1/16
2022年5月第一次印刷 印张：17 1/2
字数：350 000

定价：228.00 元

（如有印装质量问题，我社负责调换）

编写委员会

主　编　周柯锦　梁新强　蒋彩萍

编　委　汪小泉　逄　勇　贾　佳　王江飞　田旭东
姚德飞　陈鑫标　楼振纲　全炳迁　陈志辉
方迪可　赵菲菲　张　亮　柴城园　徐丽伟
吴　杰　吕　晶　朱晓丹　徐茵茵　傅智慧
张　兰　蒙延库　马晓雁　王　雪　蒲凤莲
杨　潜　周建勇　朱渝芬　常艳春　吴旭东
朱昕阳　孙慧虹

前　言

太湖是我国三大淡水湖之一，是流域内大中城市的重要水源地。太湖流域（浙江片区）跨杭州、嘉兴、湖州三市，涉及13个县（市、区），包含山丘性河流、平原河网两种典型水系，水文状况复杂，受潮汐影响，往复流特征明显。进入21世纪后，随着地区经济的迅速发展，入湖主要河道和平原河网的水质污染日益严重，特别是湖体的富营养化和河网水质的劣V类（浙江省实施“五水共治”[①]前，下同），成为区域主要的水环境问题，流域内多数水体不能满足功能要求，饮用水源地水质缺乏安全保障，水环境污染问题已严重影响社会经济发展和环境可持续发展。加快水污染治理，改善水环境质量，不仅是环太湖地区共同面临的极为紧迫的艰巨任务，更是浙江省自身发展的现实需求。2012～2016年，国家水体污染控制与治理科技重大专项（简称水专项）课题“太湖流域（浙江片区）水环境管理技术集成及综合示范”（2012ZX07506006）实施，目标是在水资源不平衡、水体交换能力弱、氮磷污染物易累积、水质改善难度大的杭嘉湖地区，开展跨行政区域及出入太湖污染物通量测算和预警、非点源产排污规律研究、基于水污染物容量总量的排污许可配置、流域水环境监控预警与累积风险评估、溯源等内容的研究。

本书是水专项相关课题研究的主要成果，以多源污染清单构建、容量总量核定和风险防控三大水环境管理需求为切入点，经过

① “五水共治”指治污水、防洪水、排涝水、保供水、抓节水。

交接断面自动站的完善建设、大规模水文水质同步监测，长期的农田面源、畜禽养殖、城镇暴雨径流、封闭试验小区径流、大气干湿沉降污染监测等，获取了大量的基础数据，构建了动态型流域水环境数据库，关联了地形、人口、经济发展与各类污染源的排放及环境质量的关系，开发了基于MIKE模型的太湖流域（浙江片区）水环境综合管理平台，将交接断面自动站、一证式排污许可和刷卡排污等内容有效串联，探索解决已有管理手段碎片化问题，着力形成系统整体的水环境管理体系，为水环境整治、考核断面水质稳定达标、产业结构调整和经济发展方式改进、精细化水环境管理转型提供技术支持。

本书共分7章：第1章为研究区域范围基本情况和技术路线；第2～3章针对太湖流域（浙江片区）复杂的河流类型情况，建立区域农业非点源、其他污染源的多要素动态源清单，总结多源污染物产污特征规律；第4章讲述了区域水环境数学模型的构建，在此基础上提出了水环境管理控制单元划分，控制单元水环境容量计算，并与排污许可证管理体系衔接的设想；第5章提出流域多水体类型的水环境风险评估及预警技术体系；第6章为太湖流域（浙江片区）水环境综合管理平台；第7章总结了研究成果，展望了未来研究方向。

本书现场调查及监测时间主要为2011～2013年，使用的研究数据也为该时间段。自2014年起，浙江省大力实施“五水共治”行动，与本书实施时期相比，很多企业整治提升，部分被彻底关停，畜禽养殖规模急剧缩小，研究区域水质有了较大幅度的提升，数据变化较大，但本书研究的技术路线和研究成果，对串联水环境管理手段，推动水环境管理从目标总量控制向容量总量控制的转变，推动产业转型升级和环境质量改善工作，推动水环境长效治理体系的建设仍有参考意义。

作　者

2021年6月

目　录

第1章
绪　论

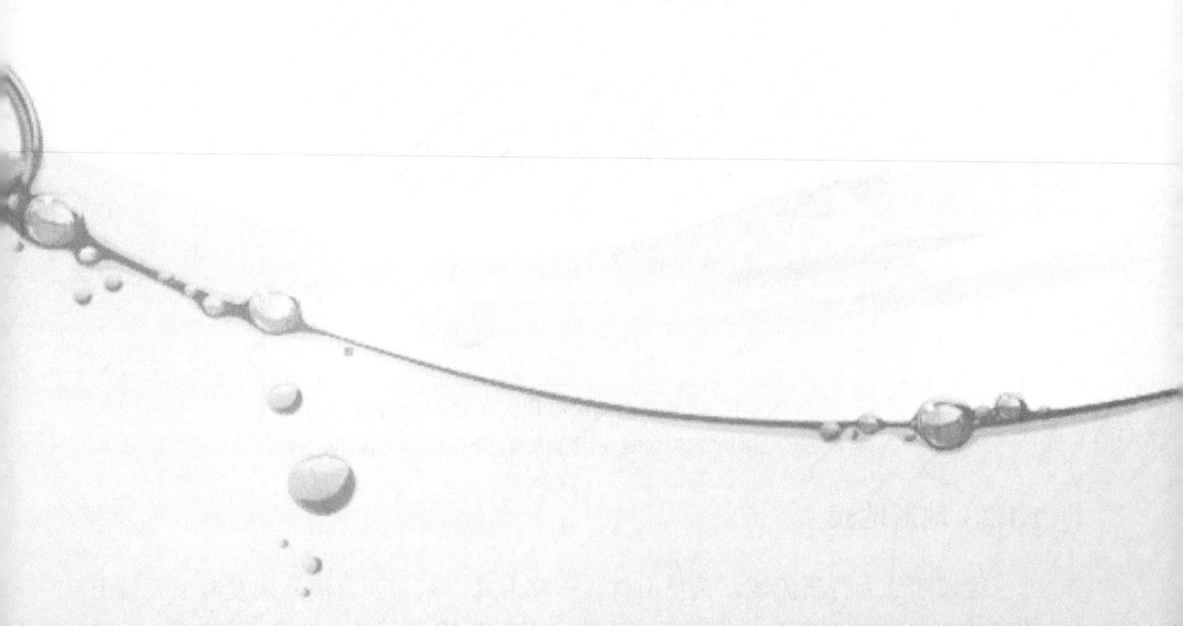

1.1 区域自然环境概况

1.1.1 区域简况

太湖流域（浙江片区）位于浙江省北部，北邻江苏省，东邻上海市，西面为安徽省，区域位置介于30°6′～31°10′N，119°14′～121°16′E 之间。流域面积为12272km²，涉及行政区有杭州市、嘉兴市及湖州市3个市，又称杭嘉湖流域，包括杭州市区（主城区）、余杭区（部分区域）、临安区（部分区域）、嘉兴市区、桐乡市、海盐县、嘉善县、平湖市、海宁市、湖州市区、安吉县、长兴县、德清县13个县（市、区）。受地势制约，水流由西南向东北自然流入太湖和黄浦江。杭嘉湖河网区高程图见图1-1。

2013年太湖流域（浙江片区）总人口约为965.7万人，人口密度达787人/km²。地区生产总值9033.82亿元，约占全省的24.1%，人均地区生产总值达到93547元，比浙江省人均高25216元，是浙江省内经济最发达的地区之一。

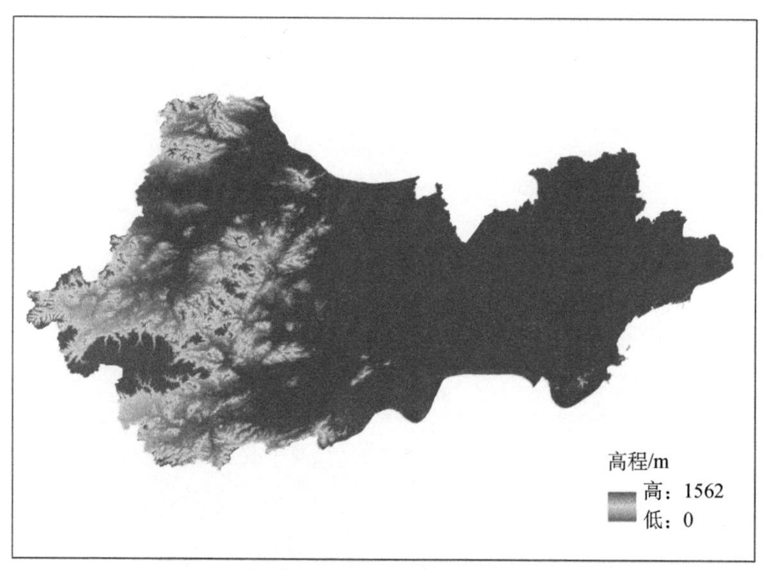

图1-1 杭嘉湖河网区高程图（30m×30m）

资料来源：2009年中国科学院计算机网络信息中心国际科学数据镜像网站

1.1.2 地形地貌

区域西部为苕溪流域，天目山将其一分为二，东、西苕溪分别发源于天目山的南、北麓，向北流入太湖。流域地势呈南高北低。上游为构造–剥蚀低山丘陵区，山峰海拔一般在500m以上，山势相对峻峭。中下游为剥蚀–堆积丘陵平原区，地形平坦，地面高程2～6m，局部有孤山、残丘分布。土壤主要有中低山黄壤、低山丘陵红壤、丘陵灰泥土、水稻土等。流域内植被属亚热带常绿针阔混交类型。

区域东部为杭嘉湖平原河网区，地势低平，平均海拔在3m左右。地面形成东、南高起而向西、北降低的以太湖为中心的浅碟形洼地。平原河网稠密，河网密度平均12.7km/km^2，为中国之冠。平原表层沉积物以细颗粒泥沙（细粉沙、黏土）为主，属河流湖泊堆积物，其南缘属潮滩相沉积物，土质粗而疏松，地面缺少湖泊、水系变稀，地形相对高亢。

1.1.3 气候特征

区域地处亚热带季风气候区，四季分明、温和湿润、降水丰沛，多年平均温度为15.5～15.8℃，最低月平均气温（1月）为-1.2～0.2℃，最高月平均气温（7月）为32.6～33.6℃。全年无霜期在224～246天。受海洋气流影响，风向季节变化明显，夏季盛行东南风，冬季盛行西北风。

区域多年平均降水约为1336mm，其中浙西区和杭嘉湖平原河网区的多年平均降水量分别为1452.3mm及1214.1mm。受大气环流影响，流域内的降水量年际变化较大，年内分配不均。5～6月受梅雨影响，8～9月又受台风暴雨影响，降水强度大，5～10月降水量占全年降水量的2/3以上。流域西南部天目山区是浙江省暴雨区之一，流域性洪水主要由梅雨和台风雨造成。多年平均水面蒸发量在800～900mm，平原区气温高，蒸发量较大。

1.2 社会经济概况

1.2.1 人口

杭州市2013年年末户籍人口数706.61万人，其中，农业人口312.73万人，非农业人口393.88万人；常住人口884.4万人，其中城镇人口662.42万人，城镇人口比例74.9%[①]。

嘉兴市2013年年末户籍人口345.93万人，其中，农业人口186.7万人，非农业人口159.23万人；常住人口455.80万人，城镇人口比例57.1%[②]。

湖州市2013年年末户籍人口262.49万人，其中，农业人口169.59万人，非农业人口92.90万人；常住人口291.60万人，城镇人口比例43.3%[③]。

① 杭州市统计局，国家统计局杭州调查队. 2014. 2013年杭州市国民经济和社会发展统计公报.
② 嘉兴市统计局，国家统计局嘉兴调查队. 2014. 2013年嘉兴市国民经济和社会发展统计公报.
③ 湖州市统计局，国家统计局湖州调查队. 2014. 2013年湖州市国民经济和社会发展统计公报.

1.2.2 经济状况

杭州市2013年实现地区生产总值8343.52亿元，比上年增长8.0%。第一产业增加值265.42亿元，第二产业增加值3661.98亿元，第三产业增加值4416.12亿元，分别增长1.5%、7.4%和9.0%。人均生产总值94566元，增长7.4%。按国家公布的2013年平均汇率折算，为15271美元。三次产业结构由上年的3.3∶45.8∶50.9调整为2013年的3.2∶43.9∶52.9[①]。

嘉兴市2013年实现地区生产总值3147.66亿元，比上年增长9.3%，增幅比上年提高0.6个百分点。第一产业增加值155.62亿元，增长0.8%；第二产业增加值1726.73亿元，增长9.9%；第三产业增加值1265.31亿元，增长9.4%。按常住人口计算，人均地区生产总值69164元（按年平均汇率折算为11169美元），增长8.9%。三次产业结构由上年的5.2∶55.5∶39.3调整为4.9∶54.9∶40.2[②]。

湖州市2013年实现地区生产总值1803.2亿元，比上年增长9.0%。第一产业增加值125.6亿元，增长0.7%；第二产业增加值953.2亿元，增长10.1%，其中工业增加值861.1亿元，增长10.8%；第三产业增加值724.4亿元，增长9%。三次产业结构比例为7.0∶52.8∶40.2。按户籍人口计算的人均地区生产总值为68839元，增长8.7%，折合11116美元；按常住人口计算的人均地区生产总值为61953元，增长8.7%，折合10004美元[③]。

1.3 河流水系及分区

1.3.1 河流水系分区

区域水系包括长兴水系、苕溪水系、运河水系和上塘河水系（图1-2）。

长兴水系：长兴区域内北部水系发源于西部山区，由西向东入太湖。北部干流水系有合溪港、长兴港、泗安塘等31条，全长417.4km，流域面积约为1735km^2。

苕溪水系：是太湖流域内最有代表性的山区性河流，发源于浙西的天目山南北麓，分东苕溪和西苕溪两支，分别向北流，于湖州市杭长桥会合（李恒鹏等，2004），后由小梅口、新港口、大钱口等注入太湖。苕溪水系向东与杭嘉湖平原河网相通。东苕溪干流长150km，集水面积为2265km^2，西苕溪干流长143km，集水面积为2267km^2。

① 杭州市统计局，国家统计局杭州调查队. 2014. 2013年杭州市国民经济和社会发展统计公报.
② 嘉兴市统计局，国家统计局嘉兴调查队. 2014. 2013年嘉兴市国民经济和社会发展统计公报.
③ 湖州市统计局，国家统计局湖州调查队. 2014. 2013年湖州市国民经济和社会发展统计公报.

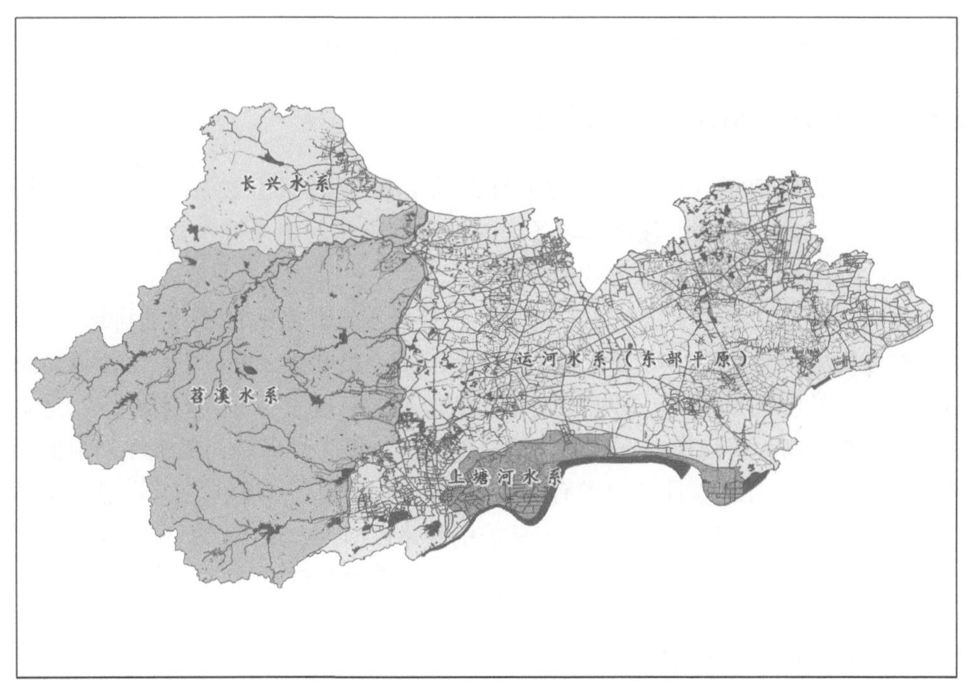

图1-2 杭嘉湖河网区主要水系分区图

运河水系：浙江省境内水面面积近633km²，河道总长度24600km，河网密度3.8km/km²。河网平坦密度约10%，南部杭州湾沿岸一带较疏，为4%～6%，北部滨湖临浦一带较密，为12%～17%。运河水系中重要的流域或地区性骨干河道按排水方向有北排入太湖、东排入黄浦江及南排入杭州湾（钱塘江）等河道（胡尧文，2010）。运河水系本地产水及西部山区来水（东苕溪导流港东泄）主要通过河网调蓄后向东、向北泄入黄浦江。入黄浦江的水流大体又分成三路：一路承转杭州市城区、余杭区、德清县、桐乡市、湖州市郊来水，经由頔塘、澜溪塘为主的北排通道河道，在太浦河芦墟以西南岸汇入太浦河，排泄入黄浦江；另一路承转桐乡市、嘉北地区（嘉兴市秀洲区及嘉善县）来水，经由嘉北水系汇入圆泄泾入黄浦江；再一路承转铁路以南地区的嘉兴市郊、海宁市、海盐县、平湖市等来水由上海塘、广陈塘等汇入大泖港入黄浦江（王江飞，2015）。

上塘河水系：面积约398km²，主流上塘河北岸筑有堤防及闸堰，控制上塘河水位高出运河水系1.5m左右，形成单独小水系。历史上上塘河地区产水通过堰闸大部分排入运河水系（黄可谈，2008）。

随着一批水利工程，特别是“引江济太”工程的实施，太湖流域的水情格局发生了一些新的变化，浙江省环湖断面发生倒流的频率明显提高。杭嘉湖地区水资源总量为79.2亿m³（不含太湖补水量），占全省的8.3%；人均水资源占有量为

743.4m^3，远低于全省水平（1760m^3/人）（王江飞，2015）。

1.3.2 主要入太湖及黄浦江河道

区域入太湖河道（溇港）历史上有34条，现今尚保留22条，主要有大钱港、罗溇、幻溇、濮溇、汤溇等5条。入湖溇港现状河道总底宽约100m，底高程-0.84～-2.34m，河道总长度约101km。

区域入黄浦江河道主要分为三部分：一是排水走廊系统（现称北排通道），主要有南横塘、北横塘、頔塘、双林塘、练市塘、九里塘、白马塘、金牛塘及澜溪塘等，总长度近690km，现状河道在江浙边界的总过水断面约690m^2；二是嘉北水系，东西向骨干河道有三店塘、清凉港、新景港、红旗塘、横枫泾、俞汇塘及凤家圩港等；南北向骨干河道有苏嘉运河、梅潭港、芦墟塘、红菱塘、坟墩港、丁栅港等，总长度近230km；三是沪杭铁路以南入大泖港水系，主要有平湖塘、乍浦塘、上海塘、广陈塘等骨干河道，总长度约105km。

1.3.3 引调水工程布局

区域引调水工程包括环湖河道整治工程、太嘉河工程、平湖塘延伸拓浚工程、扩大杭嘉湖南排工程和清水入湖工程。其中，环太湖河道整治工程主要整治杭嘉湖东部平原两条入湖河溇——罗溇和濮溇；太嘉河工程主要整治杭嘉湖东部平原两条主要入湖骨干河道——幻溇和汤溇；平湖塘延伸拓浚工程由独山闸及独山干河、北市河、南市河、东市河、平湖塘、南郊河等配套河道组成；扩大杭嘉湖南排工程主要由长山河排水泵站、南台头排水泵站（包括南台头干河防冲加固工程）、杭州排涝枢纽工程（包括三堡排水泵站、八堡排水泵站）、长山河延伸拓浚工程、盐官下河延伸段整治工程、长水塘和洛塘河整治工程组成；清水入湖工程包括西苕溪整治工程、东苕溪整治工程、长兴港整治工程和杨家浦港整治工程（胡尧文，2010）。

1.4 水文情势分析

区域水文资料主要有76个水文站、水位站数据，以及77个雨量站日雨量数据，14个蒸发站日蒸发数据①。

区域11月至次年4月是非汛期，非汛期流域内河道保持了由南向北、由西向

① 根据2011年太湖流域水文统计年鉴所得。

东的总体态势。区域主要入杭州湾及入太湖河流均建有闸站，主要作用是为当地的防洪排涝及供水服务。闸门的启闭根据当地水位决定，尽量维持在适宜水位范围内。非汛期一律采用自引或自排，不动用泵站。因此，非汛期河道由于兼具引水、排水功能，其流向受人为影响较大。

区域5～10月为汛期，主要排水去向东入黄浦江、南排杭州湾通道，充分利用太湖及上游水库调蓄。

1.5　水环境质量

2013年，区域44个省控地表水监测断面水质为Ⅱ类～劣Ⅴ类，其中Ⅱ类和Ⅲ类水质断面18个，占40.9%（Ⅱ类9.1%，Ⅲ类31.8%）；Ⅳ类7个，占15.9%；Ⅴ类和劣Ⅴ类19个，占43.2%（Ⅴ类25.0%，劣Ⅴ类18.2%）；满足功能要求断面占43.2%；总体水质为轻度污染，主要超标指标为氨氮、石油类和总磷，超标断面比例分别为45.5%、45.5%和43.2%。与2012年相比，达到或优于Ⅲ类水质断面比例下降2.3个百分点，劣Ⅴ类下降13.6个百分点；总体水质有所好转，但满足功能要求断面比例下降4.5个百分点[①]。

从各水系水质看，苕溪和泗安溪水质较好，均达到或优于Ⅲ类；湖州河网和运河水质为Ⅲ类～Ⅴ类；杭州河网水质为劣Ⅴ类；嘉兴河网水质为Ⅳ类～劣Ⅴ类（表1-1）。

表1-1　区域各水系2013年水质评价结果

水系	实测断面/个	断面数/个						比例/%						满足功能要求断面	
		Ⅰ	Ⅱ	Ⅲ	Ⅳ	Ⅴ	劣Ⅴ	Ⅰ	Ⅱ	Ⅲ	Ⅳ	Ⅴ	劣Ⅴ	个数	比例/%
东苕溪	5	0	2	3	0	0	0	0	40.0	60.0	0	0	0	5	100
西苕溪	5	0	2	3	0	0	0	0	40.0	60.0	0	0	0	5	100
泗安溪	4	0	0	4	0	0	0	0	0	100	0	0	0	4	100
运河	5	0	0	1	1	3	0	0	0	20.0	20.0	60.0	0	2	40.0
杭州河网	1	0	0	0	0	0	1	0	0	0	0	0	100	0	0
嘉兴河网	19	0	0	0	5	7	7	0	0	0	26.3	36.8	36.8	0	0
湖州河网	5	0	0	3	1	1	0	0	0	60.0	20.0	20.0	0	3	60.0
合计	44	0	4	14	7	11	8	0	9.1	31.8	15.9	25.0	18.2	19	43.2

2005～2013年，区域Ⅱ类～Ⅲ类水质断面比例在18.2%～43.2%，Ⅴ类～劣Ⅴ类水质断面比例在40.9%～59.1%，满足功能要求断面比例在18.2%～47.7%；

① 浙江省环境监测中心. 2014. 浙江省环境质量报告书.

Ⅱ类～Ⅲ类水质和满足功能目标断面比例总体呈上升趋势，且2010年之前上升较明显，但Ⅴ类～劣Ⅴ类水质断面比例仍占40%以上。

水体中高锰酸盐指数、氨氮和总磷年均浓度总体呈下降趋势，且2010年之前下降较明显，总磷年均浓度2012～2013年有所回升（图1-3）。

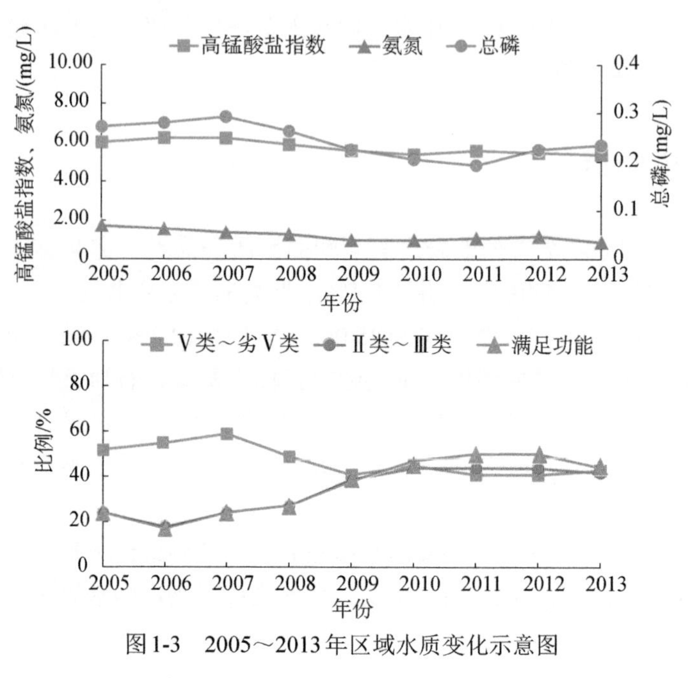

图1-3　2005～2013年区域水质变化示意图

1.6　地表水环境自动监测系统建设情况

地表水环境自动监测系统以在线自动智能分析仪器为核心，运用现代传感器技术、自动测量和控制技术、计算机应用技术，以及相关的专用分析软件和通信网络组成一个综合性的在线自动监测系统，实现对交接断面水环境质量状况和流量的实时自动在线监测和预警，在全面提升水环境监测和管理工作能力的同时，可大大减轻工作量，是环境监测工作发展的趋势。1999年，浙江省湖州市的新塘港水质自动监测站成了全国十个试点站之一，在水质自动监测站仪器选型和建设进行了先行探索，环境自动监测系统建设进入快速增长期，本研究开始时期，浙江省已在主要水系交接断面和重要河段建设了82个地表水自动监测站，同步建立了传输专网、监测质量控制及监测信息管理系统。根据全面推行交接断面考核制度的需要，下一步需要新建和改造全省地表水交接断面自动监测站点116个，其中新建56个、完善60个，按照统一的技术规范建设监测站房，配置自动监测仪器设备；完善自动监测质量保证与控制系统。其中，在太湖流域（浙江片区）已有30个交接水质自动站的基础上，新建自动站25个，完善24个自动站（表1-2～表1-4），增加断面水污染物通量研究所需的总磷总氮分析仪、流量流速监测仪，基本建成覆盖杭嘉湖地区县级以上行政区主要交接断面，以及出入太湖主要断面的水质水量监控系统，实现流域出入江苏、上海、太湖和钱塘江及跨行政区污染通量的实时监测（图1-4、图1-5）。

表1-2　太湖流域（浙江片区）地表水环境自动监测站点建设目标

（单位：个）

设区市	已有的不需完善	新建个数	完善个数	小计
杭州	3	0	2	5
湖州	3	13	3	19
嘉兴	0	12	19	31
合计	6	25	24	55

表1-3　太湖流域（浙江片区）地表水环境自动监测体系（已有站点）

序号	设区市	水系	河流	交接区域	断面名称	断面性质
1	杭州	京杭运河	—	拱墅区—余杭区	义桥	县界
2	杭州	上塘河	—	江干区—余杭区	三义村	县界
3	杭州	苕溪	东苕溪主流	余杭区—德清县	奉口	水源地
4	湖州	苕溪	西苕溪干流	浙江省—江苏省	新塘港	省界
5	湖州	京杭运河	德清运河西线	杭州市—湖州市	武林头	市界
6	湖州	苕溪	西苕溪干流	安吉县—长兴县	吴山	县界

表1-4　太湖流域（浙江片区）地表水环境自动监测体系（需新建及完善站点）

序号	设区市	断面名称	交界区域	河流	水系	实施计划	
						实施性质	配套实施内容（站房建设方式、配套项目）
1	杭州	汪家埠	临安区—余杭区	东苕溪主流	苕溪	完善	流量流速监测仪
2		径山	临安区—余杭区	中苕溪	苕溪	完善	总磷总氮分析仪、流量流速监测仪
3	湖州	大钱	浙江—江苏	东苕溪大钱港	苕溪	新建	永久性建筑，全套配置
4		古娄港	浙江—江苏	古娄港	湖州河网	新建	永久性建筑，全套配置
5		幻溇	浙江—江苏	幻溇	湖州河网	新建	永久性建筑，全套配置
6		汤溇	浙江—江苏	汤溇	湖州河网	新建	永久性建筑，全套配置
7		南浔	浙江—江苏	頔塘	湖州河网	新建	永久性建筑，全套配置
8		荷花圩	余杭区—德清县	德清运河中线	京杭运河	新建	永久性建筑，全套配置
9		四通桥	余杭区—德清县	德清运河东线	京杭运河	新建	永久性建筑，全套配置
10		杨家浦	浙江—江苏	泗安溪杨家浦港	长兴水系	新建	永久性建筑，全套配置

续表

序号	设区市	断面名称	交界区域	河流	水系	实施计划	
						实施性质	配套实施内容（站房建设方式、配套项目）
11	湖州	南浔	长兴县—湖州市	西苕溪干流	苕溪	新建	永久性建筑，全套配置
12		沈家墩	德清县—湖州市	德清运河西线	京杭运河	新建	永久性建筑，全套配置
13		小梅口	浙江—江苏	西苕溪小梅港	苕溪	新建	永久性建筑，全套配置
14		新塘	浙江—江苏	泗安溪长兴新港	长兴水系	新建	永久性建筑，全套配置
15		合溪	浙江—江苏	泗安溪合溪新港	长兴水系	新建	永久性建筑，全套配置
16		东升	德清县—湖州市	东苕溪主流	苕溪	完善	总磷总氮分析仪，流量流速监测仪
17		含山	德清县—湖州市	德清运河中线	京杭运河	完善	总磷总氮分析仪，流量流速监测仪
18		八字桥	长兴县—湖州市	泗安塘	苕溪	完善	总磷总氮分析仪，流量流速监测仪
19	嘉兴	小新村	浙江—上海	广陈塘	嘉兴河网	新建	永久性建筑，全套配置
20		新文桥	秀洲区—海盐县	大横港	嘉兴河网	新建	永久性建筑，全套配置
21		长山河大桥	海宁市—海盐县	长山河	嘉兴河网	新建	永久性建筑，全套配置
22		乌镇北	浙江—江苏	澜溪塘	嘉兴河网	新建	永久性建筑，全套配置
23		乌镇	湖州市—桐乡市	双林塘	湖州河网	新建	永久性建筑，全套配置
24		枫南大桥	浙江—上海	枫泾塘	嘉兴河网	新建	永久性建筑，全套配置
25		池家浜水文站	浙江—上海	俞汇塘	嘉兴河网	新建	永久性建筑，全套配置
26		清凉大桥	浙江—上海	清凉塘	嘉兴河网	新建	永久性建筑，全套配置
27		民主水文站	江苏—浙江	芦墟塘	嘉兴河网	新建	永久性建筑，全套配置
28		长山闸一号桥	海盐县	长山河	嘉兴河网	新建	永久性建筑，全套配置
29		众安桥	海盐县	盐嘉塘	嘉兴河网	新建	永久性建筑，全套配置
30		渡船桥	余杭区—海宁市	上塘河	京杭运河	新建	永久性建筑，全套配置
31		青阳汇	浙江—上海	上塘河	嘉兴河网	完善	COD分析仪
32		红旗塘	浙江—上海	红旗塘	嘉兴河网	完善	COD分析仪
33		新塍大通	桐乡市—秀洲区	运河桐乡段	京杭运河	完善	COD分析仪
34		三店	南湖区—嘉善县	三店塘	嘉兴河网	完善	COD分析仪
35		天凝	秀洲区—嘉善县	红旗塘	嘉兴河网	完善	COD分析仪
36		善西	南湖区—嘉善县	嘉善塘	嘉兴河网	完善	COD分析仪

续表

序号	设区市	断面名称	交界区域	河流	水系	实施计划	
						实施性质	配套实施内容（站房建设方式、配套项目）
37	嘉兴	大云	南湖区—嘉善县	大云市河	嘉兴河网	完善	COD分析仪
38		王店南梅	海宁市—秀洲区	长水塘	嘉兴河网	完善	COD分析仪
39		联合桥	桐乡市—海宁市	长山河	嘉兴河网	完善	COD分析仪
40		杭申公路桥	桐乡市—海宁市	秦山桥港	嘉兴河网	完善	COD分析仪
41		南星桥港	桐乡市—海宁市	南星桥港	嘉兴河网	完善	COD分析仪
42		荒田浜	南湖区—平湖市	平湖塘	嘉兴河网	完善	COD分析仪
43		斜桥	海盐县—平湖市	盐平塘	嘉兴河网	完善	COD分析仪
44		尤角	南湖区—海盐县	海盐塘	嘉兴河网	完善	COD分析仪
45		王江泾	江苏—浙江	运河嘉兴段	京杭运河	完善	COD分析仪
46		斜路港	江苏—浙江	斜路港	嘉兴河网	完善	COD分析仪
47		新塍港	江苏—浙江	新塍港	嘉兴河网	完善	COD分析仪
48		晚村	德清县—桐乡市	横塘港	湖州河网	完善	COD分析仪
49		大麻	湖州市—桐乡市	运河桐乡段	京杭运河	完善	COD分析仪

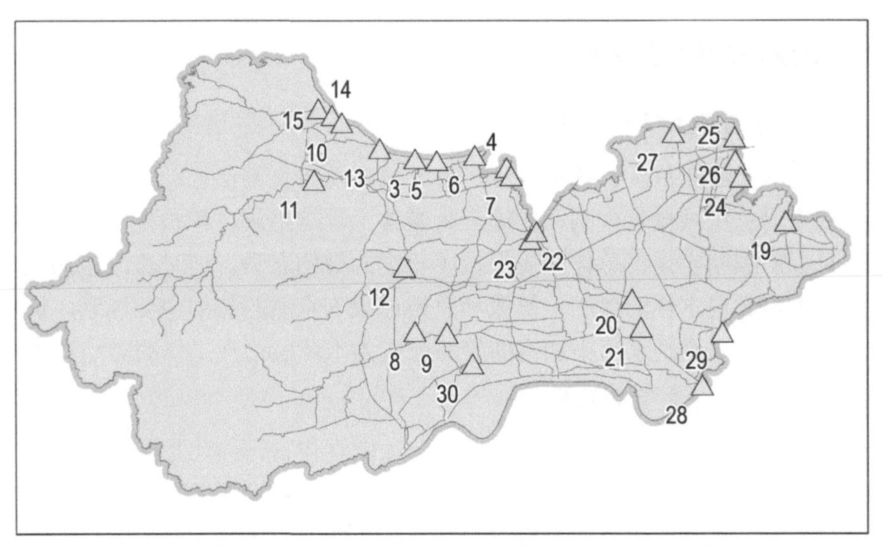

图 1-4 太湖流域（浙江片区）25个新建地表水环境自动监测站点位置示意图

自动监测能及时捕获水质中的主要污染物，通过24小时监控，使环境管理部门及时得到相关的预警信息；通过监测的历史数据进行环境变化趋势分析；通过数据发布平台向公众实时发布水环境质量状况，并应用于交接断面水质考核中。同时，随着流量计的增加，在实现河流断面水质自动监测的同时，逐步实现水量同步监测，为开展河流断面水污染物通量监测、计算与考核奠定了基础。

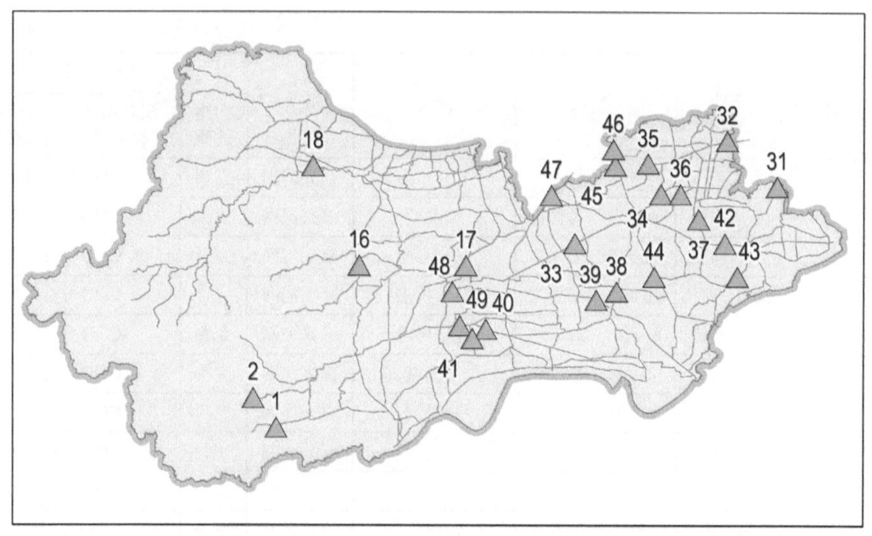

图1-5 太湖流域（浙江片区）24个需完善的地表水环境自动监测站点位置示意图

1.7 环境管理需求及技术路线

1.7.1 拟解决的管理需求

1. 遏制水污染加重的趋势

太湖流域（浙江片区）各市（区、县）以环境污染整治行动为抓手，通过建立多级污染物总量减排责任制、实施三大减排工程等措施，积极保障太湖流域总量考核目标的顺利实现，总体水质保持了稳定向好的态势。但是流域水污染加重的趋势尚未得到根本性的遏制，氨氮和总磷已成为水质超标的主要因素。解决氮磷的累积性污染，遏制水污染加重的趋势已成为水环境治理工作的难点和重点。

2. 防控消减太湖藻类暴发

Ⅴ类和劣Ⅴ类水质断面仍占40%以上，太湖湖体富营养化指数仍然处于较高水平，水体内源污染依然存在，清淤整治任务艰巨。农业面源导致的主要污染物排放占比较大，氨氮和总磷年排放量明显超过点源。由于监测难度大、治理成本高等因素，导致农村面源污染治理难度大、进度慢，对太湖流域水质改善造成很大的影响，因此太湖藻类仍然存在大规模暴发的风险。

3. 提升嘉兴市地表水功能达标率需求

嘉兴市地势平缓，水流速度较慢，自净能力弱，且75%的地表水是过境水，大部分为Ⅴ类和劣Ⅴ类，致使地表水功能达标率低，大部分水域功能区水质难以达标，农村及小城镇水环境形势严峻，水环境容量与水污染的矛盾日渐突出，水源安全问题堪忧，污染减排绩效无法在水环境质量上充分体现，人民群众对提升地表水水质的呼声居高不下。

4. 解决跨行政区水环境矛盾问题

太湖流域水系复杂，河道纵横交错，湖泊星罗棋布，且水资源总量有限，跨行政区水污染问题突出。迫切需要建立流域水环境长效运行管理与决策支持体系，能够有效防范跨行政区水环境矛盾的激化，提高跨行政区水环境的管理水平。

5. 建设符合流域实际水环境情况的管理平台

针对流域水环境生态较差的现实，应从流域全局进行水资源管理、水环境监测和按控制单元的水质目标三方面进行管理。依托于海量的空间数据、监测数据、遥感数据和社会经济统计数据的综合管理和分析，依赖于高效集成的GIS和RS系统，尽管关于太湖湖体和太湖流域水资源、水环境监测与评价有很多的系统，也取得了一定的成果和经济效益，但均存在流域片面性，还不能完全满足水环境精细化综合管理的要求。根据流域实际需求开发管理平台，为地方提供切实可行的数字化工具，是环境管理部门一项较为迫切的需求。

1.7.2 技术路线

针对河网区水环境容量不足、多种水环境风险并存，排污以目标总量控制为主及现行水环境管理手段碎片化的问题，通过完善太湖流域55个跨行政区及出入省境断面水环境质量自动监测站，完善县级以上主要饮用水源地生物毒性监测系统，开展历史资料收集、基础性调查、补充监测、野外试验和模型模拟，建立“点源+非点源+非恒定流通量”的河网区多源水污染清单，集成多要素污染源，形成动态的生态环境监测大数据库，研发基于水环境容量总量的水污染排放许可证管理体系和流域多水体类型的水环境风险评估及监控预警技术体系，构建省、市、县三级联网的水环境综合管理平台，用于超标预警、风险预测、水环境容量管理和排污许可证动态分配及精确排放管控，支撑河网区复杂水环境精细精准化管理目标的实施。

本书技术路线见图1-6。

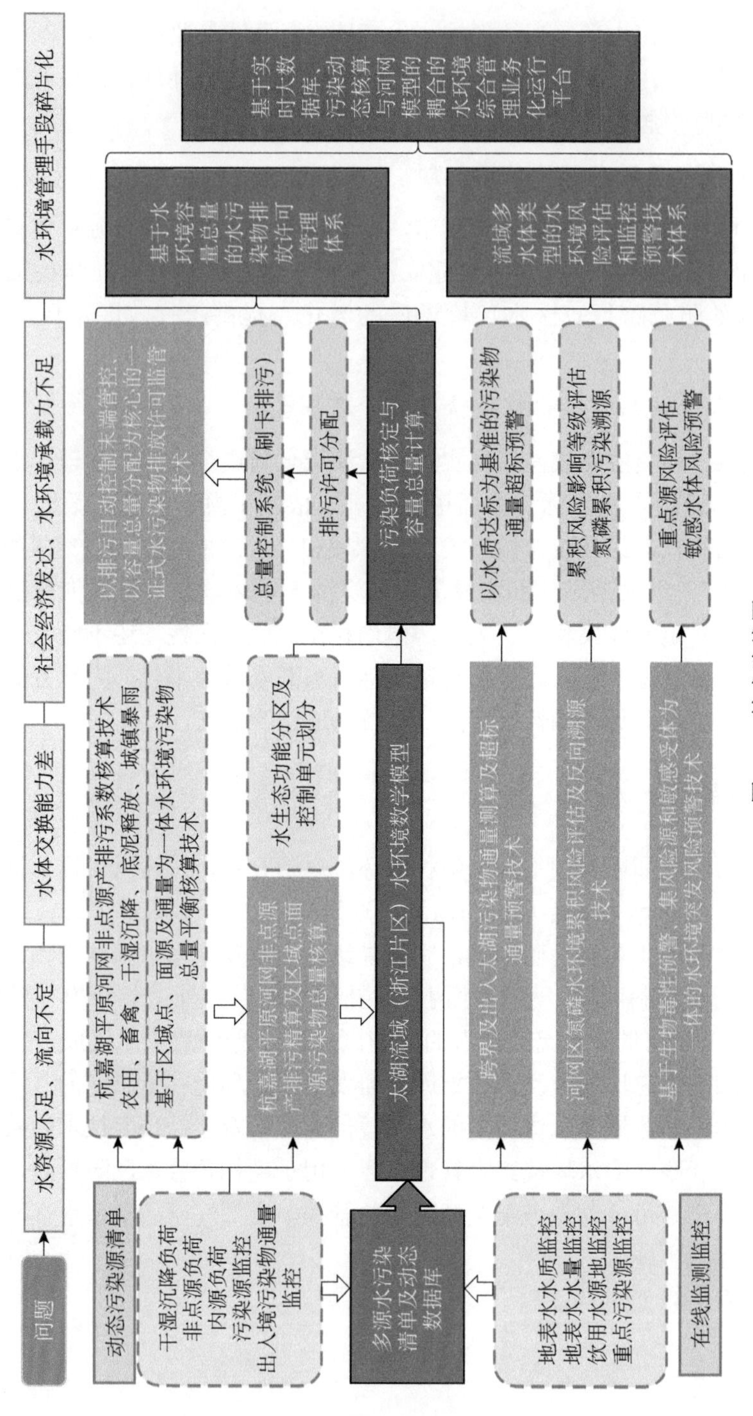
问题
水资源不足、流向不定
水体交换能力差
社会经济发达，水环境承载力不足
水环境管理手段碎片化
动态污染源清单
干湿沉降负荷
非点源负荷
内源负荷
污染源监控
出入境污染物通量监控
多源水污染清单及动态数据库
地表水水质监控
地表水水量监控
饮用水源地监控
重点污染源监控
在线监测监控
杭嘉湖平原河网非点源产排污系数核算技术
农田、畜禽、干湿沉降、底泥释放、城镇暴雨
基于区域点、面源及通量为一体水环境污染物总量平衡核算技术
杭嘉湖平原河网非点源产排污精算及区域点面源污染物总量核算
水生态功能分区及控制单元划分
太湖流域（浙江片区）水环境数学模型
跨界及出入太湖污染物通量测算及超标通量预警技术
河网区氮磷水环境累积风险评估及反向溯源技术
基于生物毒性预警、集风险源和敏感受体为一体的水环境突发风险预警技术
以排污自动控制末端管控，以容量总量分配为核心的一证式水污染物排放许可监管技术
总量控制系统（刷卡排污）
排污许可分配
污染负荷核定与容量总量计算
以水质达标为基准的污染物通量超标预警
累积风险影响等级评估
氮磷累积污染溯源
重点源风险评估
敏感水体风险预警
基于水环境容量总量的水污染物排放许可管理体系
流域多水体类型的水环境风险评估和监控预警技术体系
基于实时大数据库、污染动态核算与河网模型的耦合的水环境综合管理业务化运行平台

图 1-6 技术路线图

参考文献

胡尧文. 2010. 杭嘉湖地区引排水工程改善水环境效果分析. 杭州：浙江大学.

黄可谈. 2008. 受污染饮用水源水生物膜原位修复技术研究. 杭州：浙江大学.

李恒鹏，刘晓玫，黄文钰，等. 2004. 太湖流域浙西区不同土地类型的面源污染产出. 地理学报，59（3）：401-408.

王江飞. 2015. 杭嘉湖大气氮、磷沉降特征及其对水环境的影响. 杭州：浙江工业大学.

第2章

太湖流域（浙江片区）农业非点源产排污研究

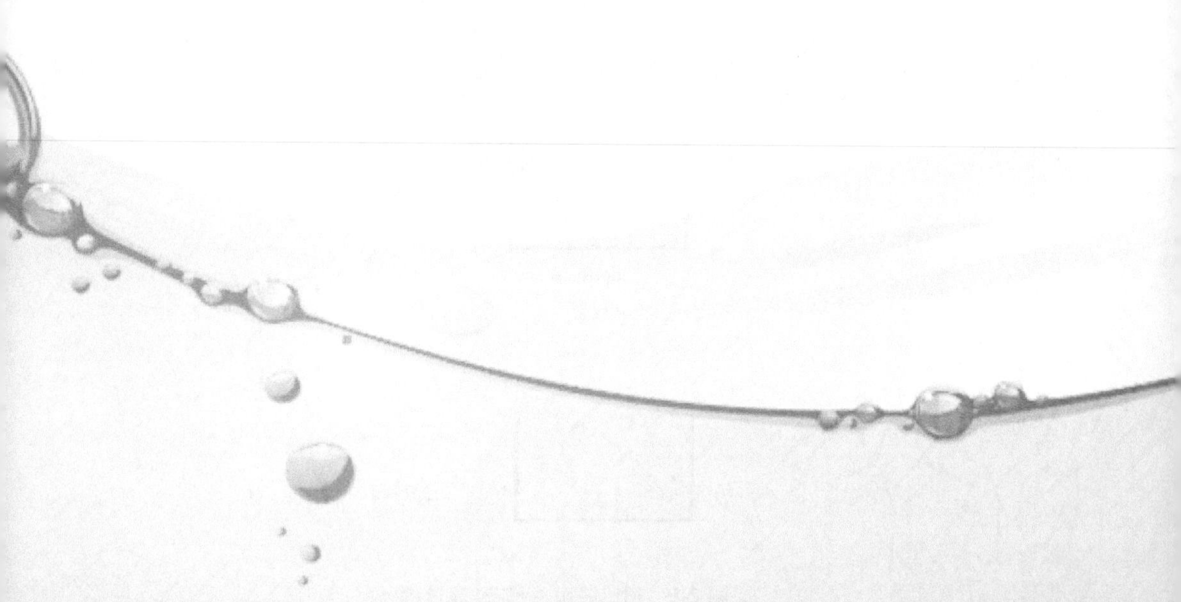

2.1 稻田非点源产排污核算方法

2.1.1 核算方法原理与应用范围

1. 核算方法原理

稻田产排污与旱地差异较大，主要表现在其产排污机理的特殊性上。由于水稻在耕作期间大部分时间处于淹水状态，且其周边均有修缮较好的田埂包围，除常规农事排水和降雨溢流外，污染物基本不会排放进入外界环境中。降雨时，雨滴通常也不会直接冲击土壤表面，因此其土壤的侵蚀较小，污染物的主要流失形态为水溶态及悬浮态。稻田氮素（TN）的流失途径主要有3种：一是通过淋失进入地下水体；二是通过地表径流或排水的方式进入地表水体；三是以侧渗形式进入毗邻沟渠。本书对稻田产区的产排污负荷主要是针对径流流失的污染物负荷量进行估算的。

本书将稻田产排污视为一个“蓄满产流”模型（图2-1），当降雨量造成的水位升高超过了田埂高度时，田面水中的污染物通过径流的方式进入外界环境中。

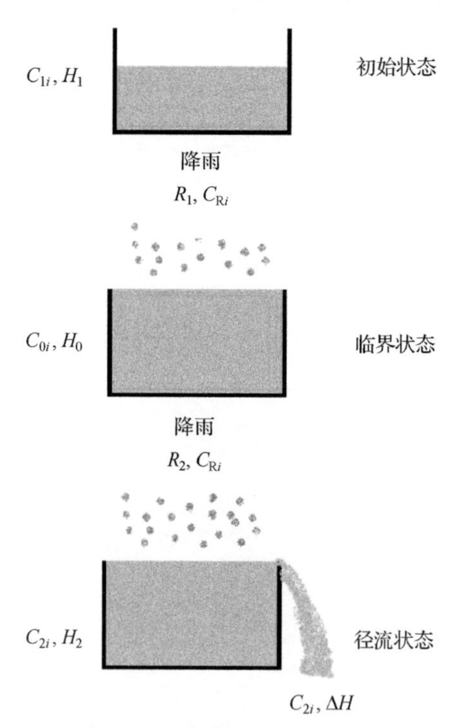

图 2-1　稻田降雨–径流产流过程

图2-1中，C_{1i}为降雨开始时水稻田表水层的污染物浓度（mg/L）；C_{0i}为临界

状态时水稻田表水层的污染物浓度（mg/L）；C_{2i}为径流状态时水稻田表水层的污染物浓度（mg/L）；H_1为初始状态时（降雨前）水稻田高度（m）；R_1为使水层达到临界状态时的降雨水深（m）；C_{Ri}为雨水中污染物浓度（mg/L）；ΔH为在降雨水深R_2的情况下产生的径流水深（m）；R_2为达到临界状态后的持续降雨水深（m）；H_0为田面水到排水口高度（m）；H_2为整个降雨水深（m）。

在降雨R_2情况下，水稻田由临界状态达到径流状态，这时降雨和径流同时发生。假定降雨和水稻田中的水均匀混合，径流水中氮磷浓度计算如下：

$$C_{2i}=\frac{C_{Ri}\Delta H+C_{0i}H_0}{H_0+\Delta H} \tag{2-1}$$

因此，水稻田瞬间磷氮径流流失量为

$$\Delta Q_i=A\times\Delta H\times C_{2i}=\frac{A\times\Delta H\times(C_{Ri}\Delta H+C_{0i}H_0)}{H_0+\Delta H} \tag{2-2}$$

式中，Q_i为稻田污染物流失量（g）；A为水稻田面积（hm^2）。其累积磷氮径流流失量为

$$Q_i=\sum\Delta Q_i=A\int_0^{R_2}C_{2i}\times dH \tag{2-3}$$

通过求积分可得单场降雨下稻田流失负荷计算公式为

$$Q_i=A[C_{Ri}R_2+H_1(C_{1i}-C_{Ri})(1-e^{-R_2/H_0})] \tag{2-4}$$

稻田磷氮流失量由水稻田面积、水稻田持水量、施肥量、降雨量及排水堰等因素决定。一般，施肥可以显著提高田面水氮磷等营养物质的浓度，其峰值与施肥量呈显著的正相关，该峰值大小与土壤类型也密切相关（周全来等，2006；张志剑等，2001）；当田面水氮磷浓度达到峰值后，便逐渐衰减，其浓度随时间呈指数型的动态变化。因此，通过监测不同施肥水平及不同土壤类型下的田面水氮磷浓度变化，并进行拟合，可用于模拟计算稻田流失负荷。

如果把降水、蒸发、田面水管理、田面水氮磷浓度变化、径流、径流流失等因素作为一个系统，分别以前一日的各参数和气象信息作为输入项，得到后一日的各参数，用于模型计算，便可以建立连续的负荷模拟计算模型。该模型的估算示意图如图2-2 所示，水量平衡和物料平衡方程如下。

水量平衡：第二天田面水初始量=第一天田面水初始量+第一天灌溉水量+第一天降雨量－第一天径流水深－第一天蒸发量。

物料平衡：第二天田面水N（P）浓度=［第一天田面水N（P）浓度×第一天田面水余量+降雨中N（P）浓度×降雨量－径流流失N（P）总量］/第二天田面水初始量。

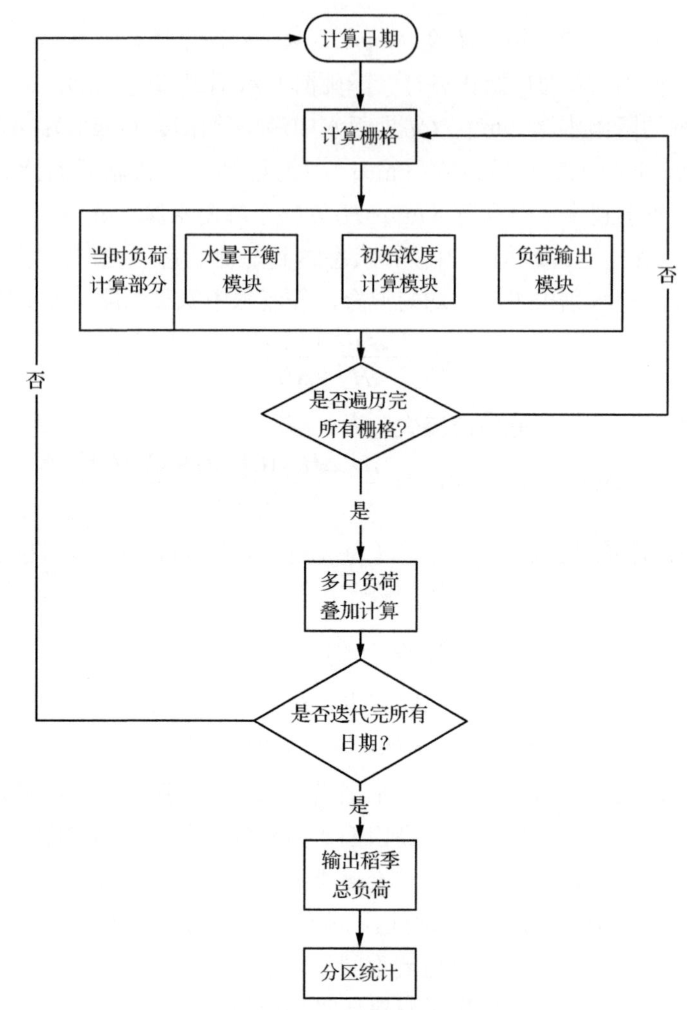

图2-2　平原区稻田产排污模型估算示意图

2. 应用范围

本方法适用于平原区稻田非点源污染物径流流失负荷估算。该方法从本质上讲是一个半经验式的黑箱模型，对污染物在稻田中的迁移转化过程做了简化处理，因此针对精度要求较高的污染负荷估算的适用性不强。

本方法通过将化肥施入稻田后田面水中污染物的迁移转化进行研究，得出其动态变化规律，并将该规律与降雨-产流模型进行耦合，用于计算降雨过程中的稻田氮磷流失负荷；同时利用“3S”技术，将该模型应用于流域范围内，可以模拟不同尺度下的稻田产区非点源产排污动态变化规律。与传统的单一输出系数法相比，该方法更能反映出非点源产排污系数的时空变化；另外，与机理性模型相比，本方法所需的基础资料和参数相对较少，模型构建较容易，运行效率较高。

此外，本方法中研究主要应用ArcGIS软件，但在实际使用过程中可以通过其他具有相似功能的GIS软件完成模型构建，或者采用GIS编程的方法完成上述步骤，不会对最终结果产生影响。由于施肥时间、排水口高度、田面水管理措施等因素通常具有随机性，并没有明显的空间分布特征，因此在有条件的情况下，可以采用先大量基础调查再统计分析的方法，确定其正态分布，并根据得到的结果，在GIS环境中进行相应的随机赋值；本方法中部分参数（如蒸发量、植物蒸腾量）应尽量采用实测资料，没有实测资料时可用历史均值或经验方程代替。

3. 同类研究成果

近年来，国内外学者均对稻田的氮磷流失进行了大量研究，利用SPSS统计软件对50篇文献中的175条稻田氮素流失负荷进行分析，其频率分布图如图2-3所示。

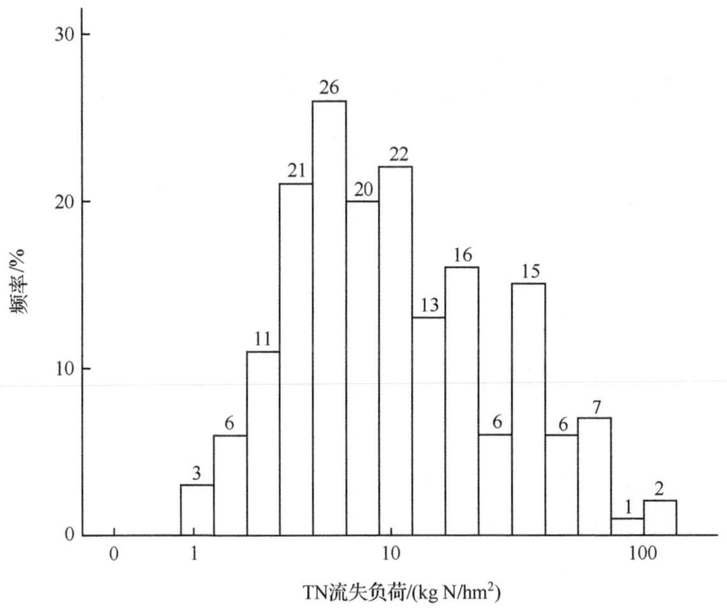

图2-3　文献报道中的稻田氮素流失负荷频率分布图

从图2-3可以看出，稻田的氮磷流失受诸多因素的影响，施肥水平、土壤类型、轮作方式、降雨量等均能在一定程度上影响稻田系统氮磷向环境的迁移转化；稻田氮磷流失是一个受多因素制约的复杂过程。但总体上看，施肥水平对稻田氮磷流失的影响较为显著，施肥量大的稻田氮磷流失相对较大。

稻田氮素流失负荷的均值为16.63kg N/hm^2，极小值为1.02kg N/hm^2，极大值为129kg N/hm^2。其箱图如图2-4所示。

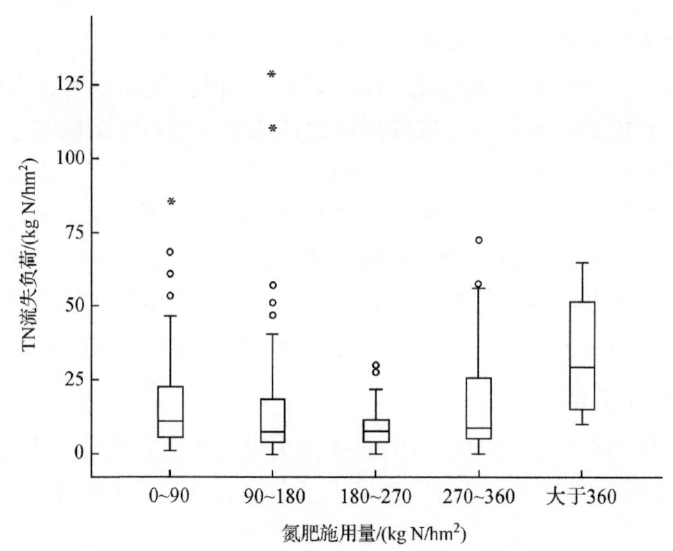

图 2-4　文献报道中的稻田氮素流失负荷箱图

图中“∘”和“*”代表不同程度的异常值，下同

稻田磷素流失负荷频率分布图如图 2-5 所示。

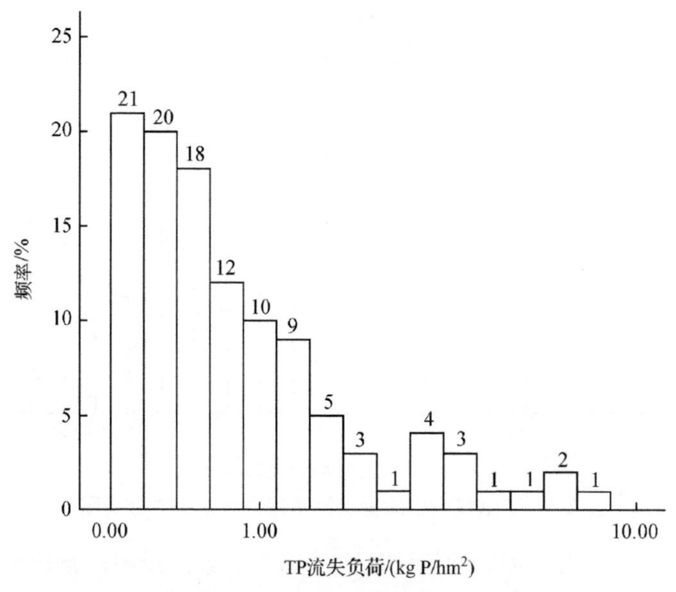

图 2-5　文献报道中的稻田磷素流失负荷频率分布图

稻田磷素流失负荷的均值为 1.11kg P/hm^2，中值为 0.53kg P/hm^2，极小值为 0.06kg P/hm^2，极大值为 8.72kg P/hm^2。其箱图如图 2-6 所示。

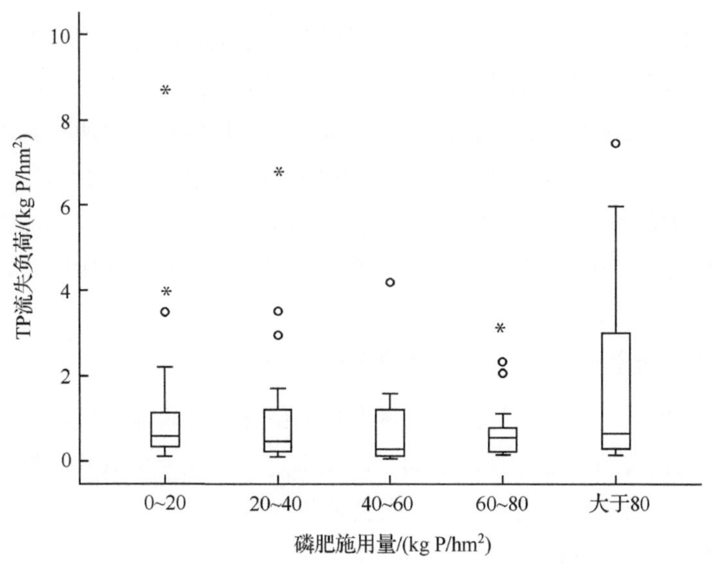

图 2-6　文献报道中的稻田磷素流失负荷箱图

2.1.2　核算方法数据资料准备

1. 基础资料收集

本方法所需的基础资料（不包括需要开展现场监测和调查的数据资料）主要涉及降雨、土地利用、土壤、行政区划等，具体的格式、精度要求如下。

（1）降雨量数据：具有至少3个气象站点的日降雨量数据。

（2）土地利用图：研究区域最新的土地利用图，格网精度在1km以内，Shapefile或GRID格式。

（3）土壤图：研究区域10年内土壤图，格网精度在1km以内，Shapefile或GRID格式。

（4）行政区划图：研究区域最新县级行政区划图，Shapefile或GRID格式。

2. 施肥情况调查

由于稻田施肥水平具有较强的地域性且受人为因素影响，施肥情况调查需先按地理特征进行分群，采用整群抽样法确定调查点位。按照行政区划和水稻田分布图利用网格法划分调查区块，并对其进行编号，区块的划分需考虑地理阻隔等因素影响；分别在每个调查区块内随机布设调查点位，并对其进行编号，单个区块内点位应分布均匀，防止大量点位聚集在小面积范围内；依次布设完各调查区块的点位后，从研究区域总体上对部分间距过大或过小的点位进行调整或删减，保持研究区域内调查点位样本量不少于30个，以多为佳。

按照上述方法设定的调查点位，根据调查工作量合理安排调查顺序。单个点位的施肥情况调查，应以问卷或入户询问的方式，记录5户及5户以上从事水稻种植业农户的施肥情况。施肥情况调查记录内容包括调查点位所在稻田的户主及其地址（所在县、乡镇、村组等），调查区块编号，点位编号，地块位置（经度、纬度），地块种植模式，水分管理方式，以及该点位不同农户施肥状况（肥料种类、施氮量、施磷量、施肥时间、施肥方式等），可以自行设计调查表开展调查和资料汇总整理。

3. 稻田田面水氮磷动态变化规律监测

有条件的地区，可以选择所在区域典型稻田开展氮磷流失现场监测试验，开展稻田田面水氮磷动态变化规律监测，以及率定、验证模型氮磷流失系数，优化建立本地化的稻田氮磷降雨径流流失负荷估算模型。

1）试验小区的选择

首先考虑土壤类型，对照该地区土壤类型分布数据，选取该地区占比较大（10%以上）的土种作为试验土壤；当条件不足时，按照土壤亚类分别选取该亚类下占比最大的土种作为试验土壤；所选试验小区田块近5年的常规农事操作和耕作制度应在该地区具有代表性；试验小区四周应有较大面积的试验保护区，周边自然环境应较为稳定，尽量防止恶劣环境或人为影响对试验的干扰；当研究区域范围较大时，同一土壤类型的试验小区应设置平行监测小区，扩大样本量，以保证试验结果代表性；本试验一般以大田监测进行，当试验条件不足时可以采集原状土壤样品进行实验室模拟。

2）试验小区设计

对整个田块进行平整和田埂修筑，建立试验小区，单个小区面积应不小于2m^2，田埂应进行包膜处理，防止小区之间相互串流，且田埂高度高于稻田排水口高度。试验小区四周应设置宽度不小于1m的试验保护区。

3）化肥施用

根据前期调查结果，设计5个施肥水平进行施肥，施肥水平间距视调查结果中施肥量统计分布而定。每个施肥水平设计3个平行样本，保证数据的可靠性。施肥时间及分次施肥比例按照当地农事操作习惯进行。

4）取样测定

于施肥后第1天、2天、3天、5天、7天、9天、18天、27天，分别对各小区进行取样，取样过程中同一小区应采集多处田面水混合样。水样进行相应预处理后，带回实验室于24小时内进行分析，分析方法参见《水和废水监测分析方法（第四版）》。每日取样完毕后应分别给各小区灌水，保持与前一天水位相同。

5）数据处理

利用 SPSS 20.0 统计分析软件对所得数据进行拟合，拟合方程为 $y=(A\times P+b)\mathrm{e}^{-kt}+c$，其中，$y$ 为施肥 t 天后田面水中污染物浓度；P 为施肥量；t 为施肥后天数；A、b、k、c 均为相关参数。

2.1.3　稻田氮磷降雨径流流失负荷估算模型构建

1. 输入文件准备

模型所需不同的图件作为输入文件之前需进行投影、重分类等。

1）施肥量及降雨量空间插值

（1）ArcGIS—Tools—Import XY Data，将施用量 Excel 导入。

（2）对导入的图层右键 Export Data 将图层转成 point.shp。

（3）插值方法可选择克里金（Krigging）插值或反距离加权（IDW）插值。进行插值时，点击 Environment，将 general settings 里的 extent、geodatabase settings 里的 XY domin、raster analysis settings 里的 mask 均改为研究区域的边界图；点击确定插值得到结果。

2）图件统一投影

为了方便图件统一管理及模型应用，推荐所有图件统一选择 Albers 等积投影，图件地理坐标系统一为 WGS1984。若原始图件与此坐标系不同，可在 ArcToolbox 中 Project 命令进行修改。

3）土壤图重分类

根据土壤图对应的土壤类型代码表，按照土壤亚类进行重分类，土种和土壤亚类的对应关系见《中国土壤分类与代码》（GB/T 17296—2009）。重分类采用 ArcGIS—Arctoolbox—3DAnalysis—栅格重分类—重分类工具进行赋值。

4）水田分布图提取

根据 ArcGIS—Arctoolbox—Spatial Analyst—提取分析—按属性提取工具进行提取，利用 SQL 语句选择水稻田对应的 VALUE 值。

2. 单次稻田氮磷降雨径流流失负荷估算

单次降雨所产生的径流污染负荷采用 ArcGIS 中的栅格计算器进行计算。打开 ArcGIS—Arctoolbox—Spatial Analyst—地图代数—栅格计算器。

按照径流负荷计算公式 $Q_i=A[C_{\mathrm{R}i}R_2+H_1(C_{1i}-C_{\mathrm{R}i})(1-\mathrm{e}^{-R_2/H_0})]$，将各图层及参数进行叠加计算。

将上述公式转化为栅格计算器计算语句的语法，即标准的 Python 语法，可在图层和变量列表中选择要用在表达式中的数据集和变量；通过在工具对话框中单击相应的按钮，也可将数值和数学运算符添加到表达式中。系统还提供了常用的条件分析工具和数学工具的列表。表达式中图层名称将括在双引号（" "）中，示例："inlayer"；长整型、双精度型或布尔型变量将括在百分号（%%）中。这些变量无须括在引号中，示例：%scale_factor%；表示数据集名称或字符串的变量应括在引号和百分号（"%%"）中，示例：inraster 如果是在变量列表中进行选择的，则其会在表达式中变为"%inraster%"。

径流负荷计算公式表述如下：

Output raster =float(%A%)*(float(%C_{Ri}%)*"%R_2%"+"%H_1%"*("%C_{1i}%"−float(%C_{Ri} %))*(1−Exp(−"% R_2%"/"%H_0%"))

若需要按不同土壤类型确定不同的计算公式系数，应采用条件语句Con() 进行计算，Con() 语句的基本语法如下：

Con(conditional，true_raster，false_raster)

如 Con(in_conditional_raster，true_raster，{false_raster})，该式计算所有大于5 的值的正弦和所有小于或等于 5 的值的余弦，并将结果发送至 OutRas 中。另外，可以在条件函数工具中嵌套另一个条件函数工具，如

OutRas=Con(InRas1>23,5,Con(InRas1>20,12,Con((InRas1>2)&(InRas1<17),Sin(InRas1),100)))

通过不同运算符和栅格图层及常数的组合，可以实现径流流失负荷的计算。

3. 多次稻田氮磷降雨径流流失负荷估算

在进行多次降雨径流污染负荷计算时，把降水、蒸发、田面水管理、田面水氮磷浓度变化、径流、径流流失等因素作为一个系统，分别以前一日的各参数和气象信息作为输入，得到后一日的各参数，用于模型计算，便可以建立连续的负荷模拟计算模型，用于对整个稻季或者多年的稻田降雨径流负荷估算。推荐采用GIS编程的方式进行，对每个栅格进行迭代。

2.1.4 平原区稻田非点源产排污系数核算实例

1. 杭嘉湖平原简介

杭嘉湖平原作为中国商品粮基地，是浙江省最大的产粮区，自古以来便是富庶的“鱼米之乡”。但随着工业化、城市化和农业现代化的发展，水环境质量日益恶化。在工业点源污染得到基本控制的同时，该地区农业非点源污染问题普遍比较突出，除中小规模的各种养殖废弃物和农村分散的生活污水的排放原因外，

农田化肥流失及其对环境的影响日益严重并受到人们的关注（王婧等，2007）。据浙江省农业农村污染调查表明，杭嘉湖地区的化肥施用量为平均每公顷443.26kg，高于375kg/hm^{2}的全国水平，按照氮素利用率的数据计算得到的纯氮的流失量为4975万t/a，平均流失率为23%（钱秀红等，2002）。在降雨条件下大量氮磷肥特别容易通过降雨径流和渗滤淋溶作用损失，污染地表和浅层地下水。化肥的不合理施用及氮磷的大量流失不仅在经济上造成巨大损失，还会对水体环境构成较大的危害。

2. 杭嘉湖平原施肥情况调查

按照前述方法，研究区域内布设的调查点位分布如图2-7所示。

图2-7　施肥情况调查点位图

按照事先设定的调查点位，合理安排调查顺序，每个点位以问卷或入户询问的方式，记录5户及5户以上从事水稻种植业农户的施肥情况。施肥情况调查的主要内容包括施肥量、施肥方式、施肥种类等。2013年5月完成对杭嘉湖地区内水稻种植施肥情况的调查，各点位的化肥施用量见表2-1。

表2-1　杭嘉湖地区化肥施用量调查结果

调查点位	北纬	东经	每亩稻田氮肥施用量/kg	每亩稻田其他化肥施用量/kg	折合纯氮/（kg N/hm^2）
1	30.88°	120.78°	尿素50	—	344.83
2	30.90°	120.85°	尿素45	—	310.34
3	30.90°	120.85°	尿素45	—	310.34
4	30.77°	120.88°	尿素45+碳铵35	复合肥40	310.34
5	30.71°	120.88°	尿素42.5	复合肥15	293.10

续表

调查点位	北纬	东经	每亩稻田氮肥施用量/kg	每亩稻田其他化肥施用量/kg	折合纯氮/（kg N/hm²）
6	30.40°	120.03°	尿素45	磷肥17.5	310.34
7	30.39°	120.00°	尿素25	复合肥10	172.41
8	30.36°	119.97°	尿素42.5	复合肥15	293.10
9	30.29°	119.97°	尿素32.5	—	224.14
10	30.29°	119.94°	尿素47.5	磷肥15	327.59
11	30.38°	119.86°	尿素25	复合肥5	172.41
12	30.38°	119.86°	尿素32.5	—	224.14
13	30.49°	119.94°	尿素32.5	复合肥55	224.14
14	30.49°	119.94°	尿素50	复合肥175	344.83
15	30.54°	120.12°	尿素27.5	—	189.66
16	30.53°	120.12°	尿素30	—	206.90
17	30.52°	120.13°	尿素40	复合肥10	275.86
18	30.46°	120.28°	尿素60	磷肥25	413.79
19	30.66°	120.01°	尿素32.5	—	224.14
20	30.67°	120.13°	尿素32.5	复合肥15	224.14
21	30.70°	120.32°	尿素45	—	310.34
22	30.77°	120.11°	尿素65	—	448.28
23	30.87°	120.29°	尿素37.5	—	258.62
24	30.96°	119.89°	尿素45	复合肥7.5	310.34
25	30.74°	120.51°	尿素40	—	275.86
26	30.45°	120.52°	尿素50	—	344.83
27	30.42°	120.59°	尿素50	复合肥12.5	344.83
28	30.40°	120.76°	尿素45	复合肥10	310.34
29	30.44°	120.42°	尿素60	—	413.79
30	30.71°	121.11°	尿素45	—	310.34
31	30.63°	120.50°	尿素40	—	275.86
32	30.52°	120.44°	尿素55	复合肥15	379.31
33	30.60°	120.29°	尿素32.5	—	224.14
34	30.58°	120.81°	尿素45	—	310.34
35	30.16°	120.08°	尿素58.3	复合肥25	402.31
36	31.06°	119.98°	尿素42.5	复合肥7.5	293.10

将结果利用ArcGIS进行IDW插值，得到杭嘉湖稻田氮素施用量分布图，如图2-8所示。

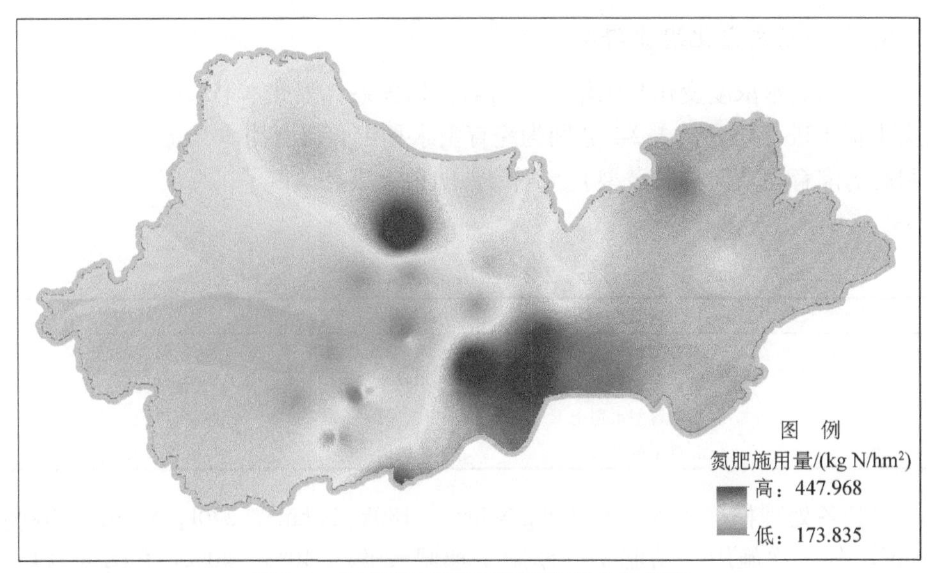

图 2-8 杭嘉湖地区稻田氮肥施用量插值图

通过前期的化肥施用量调查发现，杭嘉湖地区农民在日常农事管理中通常不单独施用磷肥，而是将同时含有N、P、K的复合肥作为基肥施用，满足作物的磷元素需求。因此，在本书中为了研究需要，假设该地区农民在施基肥时均选择磷含量适中的“NPK15-15-15”复合肥进行施用，磷肥施用量根据表2-1中该地区的氮肥施用量进行折算，即磷肥施用量=氮肥施用量×0.2，计算后的杭嘉湖地区磷肥施用量如图2-9所示。

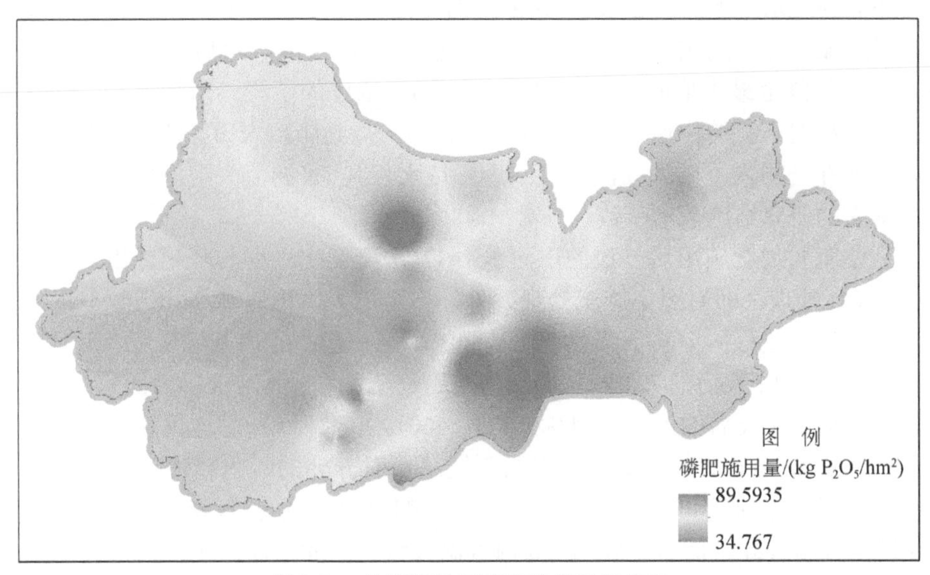

图2-9 杭嘉湖地区磷肥施用量插值图

3. 氮磷动态变化规律研究

由于田面水浓度变化与土壤类型有着密切关系，因此本书选取杭嘉湖平原中四类水稻土进行研究，表2-2分别为淹育型水稻土、渗育型水稻土、潴育型水稻土和脱潜潴育型（简称脱潜型）水稻土，四种土壤类型占了杭嘉湖地区水稻土的99.7%。

表 2-2 土壤类型信息

序号	土壤亚类	土种	采样点位置
1	淹育型水稻土	湖松田	长兴芦头港村
2	渗育型水稻土	小粉田	桐乡泉溪村
3	脱潜潴育型水稻土	青紫泥田	嘉善东路家河村
4	潴育型水稻土	黄斑田	桐乡田坂村

实验各处理梯度为N：0、90kg N/hm^2、180kg N/hm^2、270kg N/hm^2、360kg N/hm^2，分三次施用，苗肥∶分蘖肥∶穗肥=20%∶40%∶40%，P梯度为0、20kg P_2O_5/hm^2、40kg P_2O_5/hm^2、60kg P_2O_5/hm^2、80kg P_2O_5/hm^2，一次性作为基肥施入。三次施肥时间分别为2013-06-25、2013-07-13、2013-09-02，将灌溉水注入小区中，田面水高度为3.5cm。于施肥后第1天、2天、3天、5天、7天、9天、18天、27天、85天，分别记录各小区田面水高度，并用注射器分别取各小区水样50mL。取样完毕后给各小区补充蒸腾作用散失的水分，田面水保持在3.5cm高度。水样进行相应预处理后，带回实验室进行分析，指标包括TP、TN、NH_3-N、DRP。

不同施肥水平下的田面水中TN浓度的变化均具有明显的规律性（图2-10）。基肥施入后，田面水中TN浓度在第一天便达到最大值，随后迅速呈指数型衰减，一周后降至最大值的13%～28%；随后TN浓度的下降逐渐趋缓，并最终维持在一个相对平衡的位置。由此可见，施氮后一周是防止农田径流流失的关键时期，只要在一周内不发生径流或者不进行排水，其TN的流失潜能将大大降低，这与前人的研究结论基本一致。

分蘖肥与穗肥施用后导致的田面水中TN浓度变化过程与基肥施用后基本一致，除CK处理（即对照不施肥处理）外，均经历了“迅速升高—指数型下降—趋于平衡”的过程；但其下降速度比基肥施用后更快。施用基肥2天后田面水中TN浓度为施肥1天后的72%～92%，而施用分蘖肥和穗肥2天后田面水中TN浓度分别为施肥1天后的41%～64%和37%～60%（CK除外）。这可能是由于施基肥期间水稻尚处于幼苗返青期，根系不发达，对养分的吸收较慢所致（李慧，2008）。此外，施肥期的环境温度也会显著影响田面水中的TN衰减，后两次施肥后1周内气温较高，而基肥施用1周内气温较低，因此后两次施肥后田面水向大气氨挥发的速率较高，导致TN浓度下降较快。

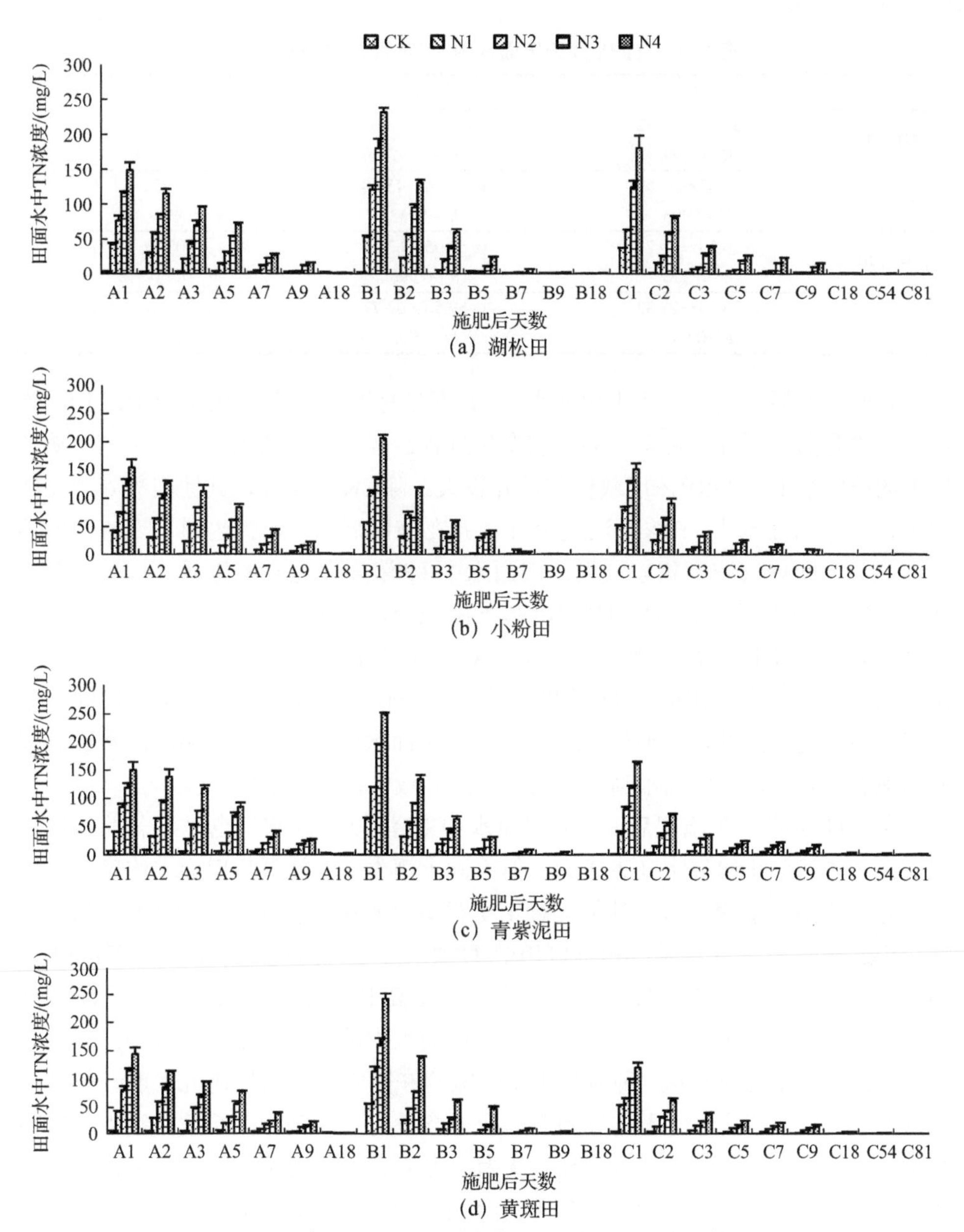

(a) 湖松田

(b) 小粉田

(c) 青紫泥田

(d) 黄斑田

图2-10　氮肥施入后田面水中TN浓度随时间变化情况

A、B、C分别代表基肥、分蘖肥和穗肥；A1代表基肥施用后1天，依次类推

另外，由图2-10可以看出，施肥后1天田面水中的TN浓度值与施肥量呈显著的线性相关，若以线性方程进行拟合，其R^2均达到0.97以上（表2-3）。但不同土壤类型之间的拟合方程斜率存在差异，其中分蘖期和抽穗期最为明显，这可能与不同土壤类型的理化性质有关。

表 2-3　施肥后 1 天田面水中 TN 浓度与施肥量关系

土壤类型	基肥	分蘖肥	穗肥
湖松田	y=36.37x−31.82 R^2=0.999	y=58.56x−58.07 R^2=0.997	y=44.73x−52.95 R^2=0.974
小粉田	y=39.03x−39.69 R^2=0.996	y=48.96x−45.60 R^2=0.983	y=36.27x−24.46 R^2=0.988
青紫泥田	y=36.59x−29.78 R^2=0.996	y=62.95x−63.21 R^2=0.998	y=40.27x−40.41 R^2=0.999
黄斑田	y=35.34x−29.32 R^2=0.998	y=59.50x−63.77 R^2=0.992	y=26.00x−7.757 R^2=0.980

磷肥施入后，四种水稻土田面水中TP浓度变化趋势基本相同（图2-11），均经历了“升高—下降—稳定”的动态变化过程；但相同施磷水平下，不同土壤类型下的田面水TP、DRP浓度数值却差异较大。除CK处理外，其他四种处理在磷肥施入后，田面水中TP浓度迅速上升，并在施磷后第1天就达到了峰值，但不同土壤类型间峰值浓度相差较大；田面水中TP浓度在达到峰值后，呈指数形式迅速下降，一周后田面水中TP浓度基本降低至峰值的15.5%～36.4%，此后TP浓度下降趋势变慢，最终保持在一个相对稳定的水平。但本试验与同类研究相比，相同施磷水平下田面水TP浓度数值上存在较大差异，这主要是由田间水分管理措施不同导致的，其他研究中通常保持田面水浓度在8～10cm，而本试验根据当地农事操作习惯田面水高度较低，由此导致本试验中TP浓度偏高。

图2-11表明，在施肥后1天的田面水中TP浓度与施肥量也呈显著的线性相关，其R^2均达到0.98以上（表2-4）。但不同土壤类型在施磷后田面水浓度存在较大差异，特别是小粉田对于其他三种土壤类型差异极为明显。以P80处理为例，湖松田、小粉田、青紫泥田和黄斑田的TP浓度分别为18.03mg/L、23.77mg/L、15.31mg/L和11.53mg/L，最大值比最小值浓度高106%，这主要与不同土壤的理化性质有关。土壤吸附作用与下渗作用是田面水中磷素的两个重要去向；章明奎等（2008）对杭嘉湖地区8种典型土壤的吸附和固定释放特性研究表明，该地区土壤的最大磷吸附容量主要与黏粒和有机质含量有关，其相关系数分别为0.96和0.84；另外，李卓（2009）通过研究认为，土壤容重、机械组成均与表征土壤下渗能力的稳定入渗速率之间呈极显著的负相关关系；由此可见土壤的不同理化性质会影响田面水磷素的吸附和下渗。由表2-4计算可得，小粉田的最大磷吸附容量仅为405.3mg/kg，而湖松田、青紫泥田和黄斑田的最大磷吸附容量分别为491.5mg/kg、645.2mg/kg和697.6mg/kg，小粉田土壤对磷的吸附性能明显较弱；且小粉田土壤黏粉粒含量较高，容重较大，导致其稳定入渗率仅为0.08mm/min，田面水下渗极为缓慢，而表层土壤吸附能力有限，土壤磷吸附容量小和下渗缓慢两个因素共同导致磷素大量存于田面水中，与其他三种土壤相比小粉田田

面水中磷素浓度相对较高。

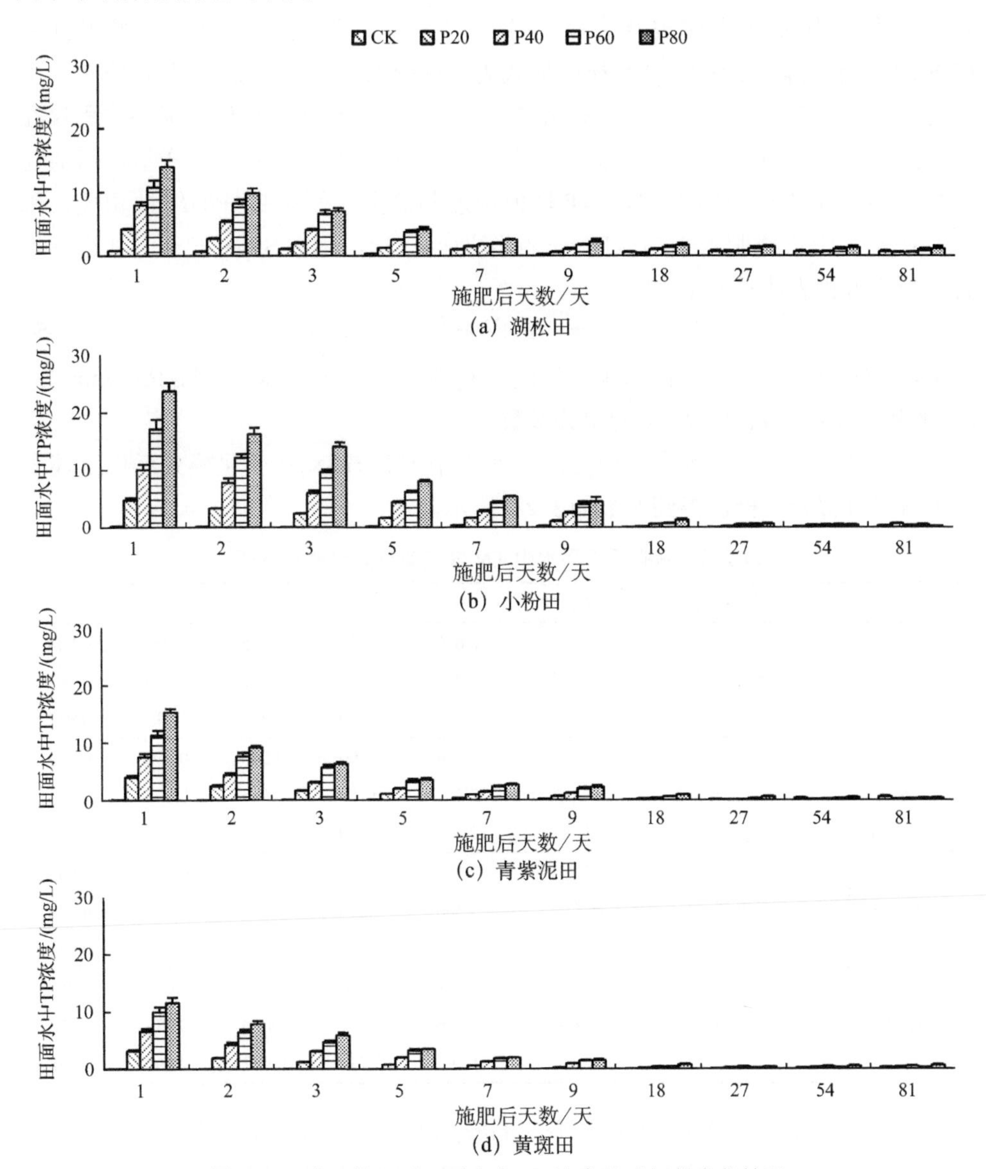

图 2-11　磷肥施入后田面水中 TP 浓度随时间的变化情况

表 2-4　施肥后 1 天田面水中 TP 浓度与施磷量关系

土壤类型	拟合方程	R^2
湖松田	y=3.271x−2.196	0.998
小粉田	y=5.943x−6.626	0.991
青紫泥田	y=3.573x−3.267	0.998
黄斑田	y=2.961x−2.608	0.987

化肥施入后田面水中TN、TP浓度随时间的变化具有明显的规律，因此可以利用方程对其变化规律进行表征，用于预测和估算其变化趋势。张志剑等（2001）、周萍等（2007）等均利用形式为$y=Ae^{-kt}+c$的指数方程对不同施磷水平下的田面水中TN、TP浓度动态变化进行表征，其拟合效果良好，但该方程仅在固定施肥水平下进行拟合，自变量仅为时间t，并没有考虑其他自变量，而前述分析表明，施肥后田面水TN、TP峰值浓度与施肥水平呈良好的线性相关。因此，在本书中将施肥水平与时间t一起作为自变量，利用SPSS 20.0对其进行拟合，拟合方程表达式如下：

$$y=(AP+b)e^{-kt}+c \tag{2-5}$$

式中，y为施肥第t天后田面水中磷浓度（mg/L）；P为施肥水平（kg P_2O_5/hm^2）；t为施肥后天数；A、k、b、c为相关参数。

对实验区域4种土壤类型施肥后田面水中TN浓度动态变化模式运用上述表征方程进行拟合分析，得到参数如表2-5所示。

表 2-5　施肥后田面水中 TN 浓度动态变化模式表征

土种	水稻土亚类	施肥类别	A	b	k	c	R^2
湖松田	淹育型	基肥	2.620	3.300	0.245	0.000	0.988
		分蘖肥	3.216	2.640	0.686	1.110	0.993
		穗肥	2.351	1.340	0.732	1.210	0.952
小粉田	渗育型	基肥	2.704	0.000	0.206	0.000	0.989
		分蘖肥	2.352	0.150	0.546	0.670	0.964
		穗肥	2.005	2.130	0.609	0.740	0.978
青紫泥田	脱潜型	基肥	2.585	6.200	0.195	0.000	0.984
		分蘖肥	3.366	0.260	0.667	0.720	0.993
		穗肥	2.209	2.130	0.718	1.002	0.965
黄斑田	潴育型	基肥	2.471	4.500	0.222	0.000	0.989
		分蘖肥	3.156	0.200	0.680	0.879	0.975
		穗肥	1.565	3.730	0.627	0.860	0.938

与TN不同的是，TP浓度动态变化的模式表征还需考虑土壤本身含磷量的影响。研究表明（傅朝栋等，2014），土壤类型和施磷水平对田面水中磷浓度影响效应存在阶段性。在施磷前期，田面水中的TP、DRP的浓度受施磷水平与土壤类型的共同影响；TP的输入在一定时间内能显著的提高田面水中TP水平，但这种提升效应持续时间有限，施磷水平对田面水中TP浓度的影响会随着距离施磷时间的延长而逐渐减弱，后期田面水中TP、DRP浓度主要与土壤类型有关。因此，在本研究中将施磷水平、土壤本身含磷量作为变量，利用SPSS 20.0对其进

行拟合，拟合方程表达式如下：

$$y = (AP + b)e^{-kt} + (cp + d) \tag{2-6}$$

式中，y为施磷第t天后田面水中磷浓度（mg/L）；P为施磷水平（kg P_2O_5/hm^2）；t为施磷后天数；p为土壤含磷量（g/kg）；A、k、b、c、d为相关参数。

对实验区域4种土壤类型施肥后田面水中TP浓度动态变化模式运用上述表征方程进行拟合分析，得到参数如表2-6所示。

表 2-6　施肥后田面水中 TP 浓度动态变化模式表征

土种	水稻土亚类	A	b	k	c	d	R^2
湖松田	淹育型	0.231	0.602	0.343	0.478	0.528	0.988
小粉田	渗育型	0.341	0.268	0.238	0.099	0.162	0.984
青紫泥田	脱潜型	0.253	0.134	0.372	0.215	0.363	0.979
黄斑田	潴育型	0.199	0.214	0.336	0.197	0.252	0.986

4. 杭嘉湖地区稻田降雨径流流失负荷估算系统构建

1）输入文件准备

本研究所采用的气象数据由国家科技基础条件平台——中国气象数据网及浙江省水文局提供，共计18个站点，其中杭州5个，湖州2个，嘉兴7个，临安4个。气象数据包括站点经纬度坐标及2008～2012年逐日降雨量信息。

杭嘉湖地区行政区划图来源为浙江省行政区划图，利用ArcGIS—Arctoolbox—Analysis tool—Clip工具进行切割而成。

杭嘉湖地区土壤图：该图原始图件取自联合国粮食及农业组织FAO网站（http://faostat.fao.org）所提供的HWSD数据集。根据土壤图对应的土壤类型代码表，按照土壤亚类进行重分类。土壤重分类采用ArcGIS—Arctoolbox—3DAnalysis—栅格重分类—重分类工具进行赋值。重分类后的土壤图如图2-12所示。

杭嘉湖地区水田分布图：该图源自地球系统科学数据共享平台中浙江省1∶10万土地利用数据，利用ArcGIS—Arctoolbox—Spatial Analyst—提取分析—按属性提取工具进行提取，利用SQL语句选择水稻田对应的Value值，将其进行栅格提取。提取得到水稻田分布图如图2-13所示。

2）基于Model Builder的稻田降雨径流流失负荷估算系统构建

稻田氮素多次降雨径流负荷计算以栅格为计算基本单元，将不同栅格图层的对应栅格值按日步长进行迭代运算；每次迭代均包含水量平衡、初始浓度计算和负荷输出模块三个部分，各模块均以第n−1天的各个参数作为第n天的输入数据，结合第n天的降雨量、蒸发量数据，按照模块内预设的公式计算第n天的各

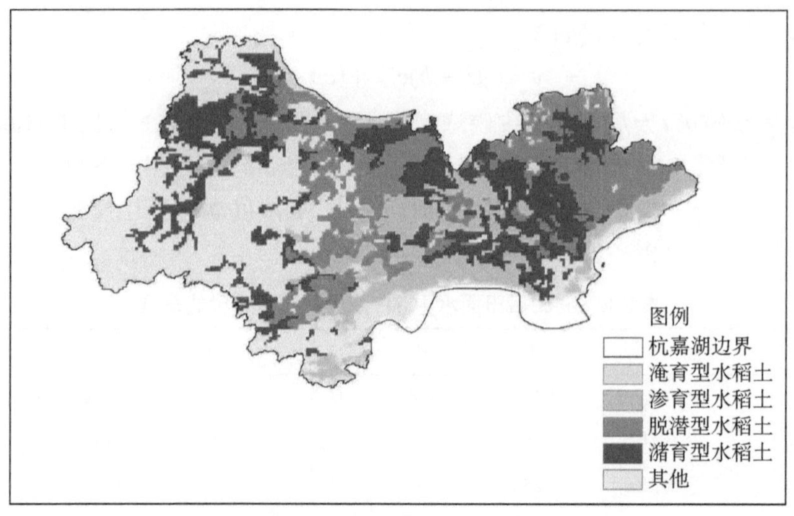

图 2-12　杭嘉湖地区土壤图

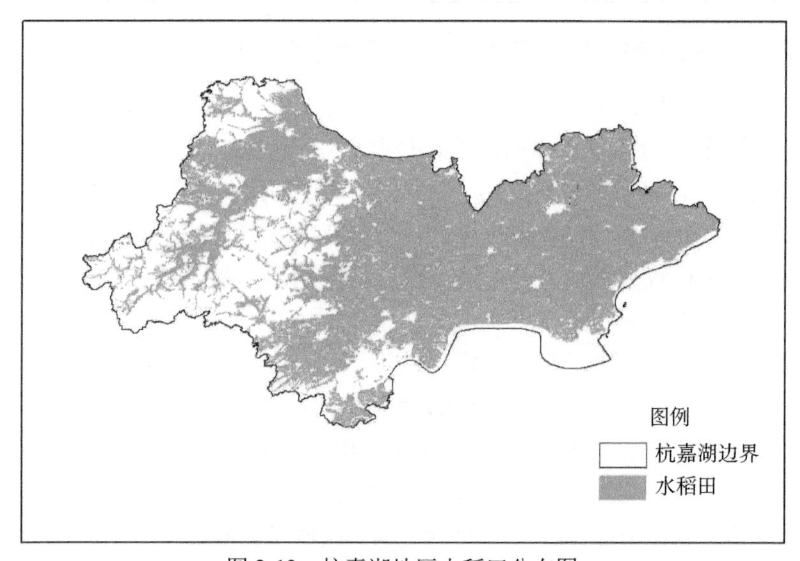

图 2-13　杭嘉湖地区水稻田分布图

个参数，生成包含新值的栅格图层，其对应的栅格值又作为第 n+1 天的各个公式的输入数据，依次循环，直至计算结束；第 1 日的计算以各种基础资料和实际调查得到的数据作为初始数据。

在本实例中，多次降雨径流负荷模型构建采用 ArcGIS 10.1 中自带的建模工具 Model Builder进行。

降雨是稻田径流流失的主要驱动力，因此本研究利用 Model Builder 迭代型选择工具对整个稻季的降雨数据进行迭代，依次作为模型的降雨量输入，实现模型的日步长连续模拟。

从迭代输出文件的输出行中分别读取各气象站点的当日降雨量并赋值给相应站点，再对各站点的降雨量进行Krigging插值，得到研究区域内各栅格单元的当日降雨量。

按空间分布将上述各栅格单元降雨量生成图层后，执行水量平衡模块，模块的原理是：第二天田面水初始量=第一天田面水初始量+第一天灌溉水量+第一天降雨量−第一天径流水深−第一天蒸发高度。

灌溉量的计算原则是：当日田面水高度小于田面水最低高度时，注水灌溉至田面水最高高度，当日田面水高度大于田面水最低高度时，不进行灌水。

径流水深计算原则是：当日降雨后田面水高度高于排水口高度时，发生径流，径流量=前日田面水初始高度+降雨量−排水口高度；否则不发生径流。

模型分为水量平衡模块、初始浓度计算模块和负荷输出模块三部分，其公式如下：

A. 水量平衡模块

水量平衡的各计算公式如下：

a. 径流量

当 $H_{\mathrm{R}}^{n}>(H_{\max}-H^{n})$ 时，

$$H_{\mathrm{Rf}}^{n}=H_{\mathrm{R}}^{n}-(H_{\max}-H^{n}) \tag{2-7}$$

当 $H_{\mathrm{R}}^{n}\leq(H_{\max}-H^{n})$ 时，

$$H_{\mathrm{Rf}}^{n}=0$$

b. 灌溉水量

当 $H^{n}+H_{\mathrm{R}}^{n}-H_{\mathrm{Rf}}^{n}-H_{\mathrm{e}}^{n}<H_{\min}$ 时，

$$H_{\mathrm{I}}^{n}=H_{\max}-(H^{n}+H_{\mathrm{R}}^{n}-H_{\mathrm{Rf}}^{n}-H_{\mathrm{e}}^{n}) \tag{2-8}$$

当 $H^{n}+H_{\mathrm{R}}^{n}-H_{\mathrm{Rf}}^{n}-H_{\mathrm{e}}^{n}\geq H_{\min}$ 时，

$$H_{\mathrm{I}}^{n}=0 \tag{2-9}$$

c. 田面水初始高度

当 n=0时，

$$H^{n+1}=H_{0} \tag{2-10}$$

当 n>0时，

$$H^{n+1}=H^{n}+H_{\mathrm{R}}^{n}-H_{\mathrm{Rf}}^{n}-H_{\mathrm{e}}^{n}+H_{\mathrm{I}}^{n} \tag{2-11}$$

式中，$H_{\max}$ 为稻田排水口高度（m）；$H_{\min}$ 为农事管理中稻田最低水深（m），取值为2；H^{n} 为第 n 天田间田面水初始高度（m）；H_{R}^{n} 为第 n 天降雨量（m）；H_{Rf}^{n} 为第 n 天径流水深（m）；H_{e}^{n} 为第 n 天蒸发量（m）；H_{I}^{n} 为第 n 天灌溉水深

（m）；H^{n+1} 为第 n+1天田面水初始高度（m）；H_0为初始田面水高度（m）。

B. 初始浓度计算模块

根据该栅格所属的水稻土亚类选择前述章节中相应拟合方程，同时计算当日距前次施肥的天数，并代入方程计算当日田面水中的初始浓度 C_s^n 。

计算初始浓度时的对应规则为：若该栅格单元在水田分布图中对应的栅格单元的土地利用种类为稻田，且在土壤图中对应的栅格单元的土种对应的土壤亚类为水稻土，则选择该土种所属的土壤亚类下的稻田田面水氮素浓度动态变化拟合公式进行计算；若该栅格单元在水田分布图对应的土地利用种类不是稻田，或在土壤图中对应的土壤亚类不是水稻土，则不选择任何一个拟合方程进行计算，C_s^n 设为NoData。

C. 负荷输出模块

第 n 天的稻田径流流失量计算公式如下：

$$Q_n = A\left[C_R^n H_{Rf}^n + H^n (C_S^n - C_R^n)(1 - e^{-\frac{H_{Rf}^n}{H_{max}}})\right] \tag{2-12}$$

式中，Q_n为稻田污染物流失量（g）；A为稻田面积（m^2）；C_S^n 为第 n 天降雨开始时水稻田表水层的氮素（TN）浓度（mg/L）；H^n 为第 n 天田面水初始高度（m）；H_{Rf}^n 为第 n 天径流水深（m）；C_R^n 为第 n 天雨水中污染物浓度（mg/L），取值为1；H_{max}为稻田排水口高度（m）。

施肥后 n 天内累计负荷计算公式如下：

$$Q = \sum_{i=0}^{n} Q_n \tag{2-13}$$

式中，Q_n为施肥后 n 天内累计负荷流失量（g）。

3）杭嘉湖地区稻田氮磷径流流失负荷分析

A. 氮素径流流失负荷分析

利用上述稻田氮素径流流失负荷估算系统对杭嘉湖地区2008～2012年的稻季氮素径流流失情况进行了模拟。历年流失情况如图2-14所示。

图2-14中可以明显看出稻季稻田径流氮素流失存在明显的时空变化特征。同一年份不同地区以及同一地区不同年份都存在显著差异。从5年平均值来看，南部余杭、海宁一带流失量最大，安吉、长兴一带次之，中部德清平原流失量最低。这是由于余杭、长兴地区氮肥施用量高于其他地区，导致田面水及径流中TN浓度也相应升高，流失加剧；而安吉、长兴一带属于西部山区，具有降雨量大、降雨集中等特点，在其他条件相同时也会导致流失加剧。

另外，不同年份间稻田径流流失负荷也存在显著差异（表2-7），氮肥表观流失率为0.24～26.38，最高年与最低年均流失负荷可达数十倍之差，这与不同年份的降雨情况差异有关。

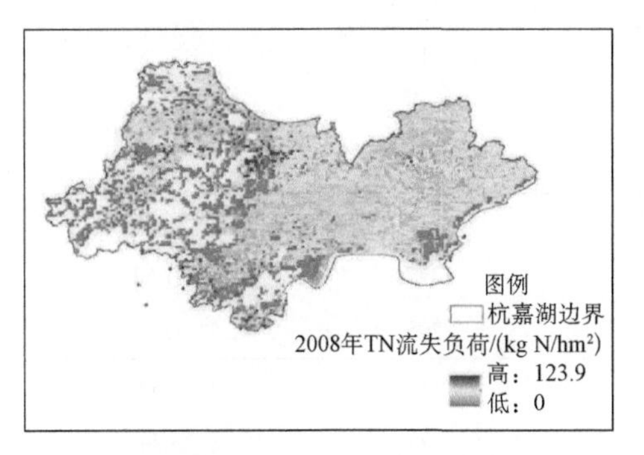

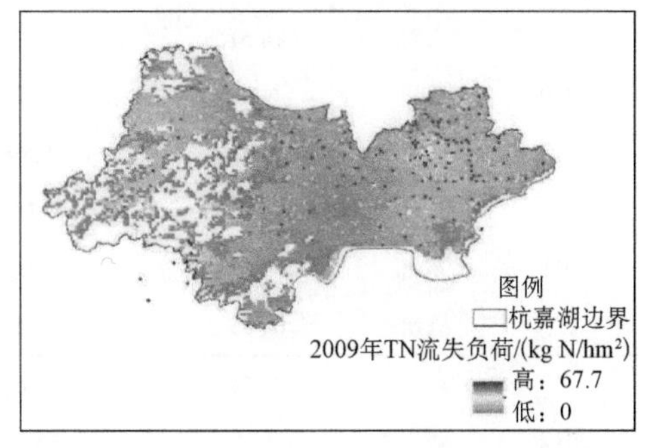

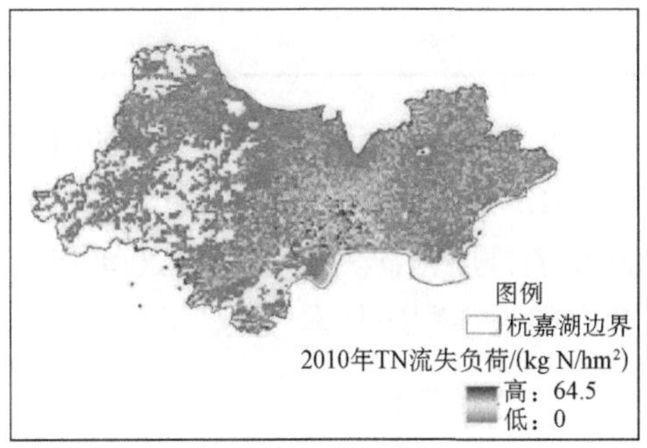

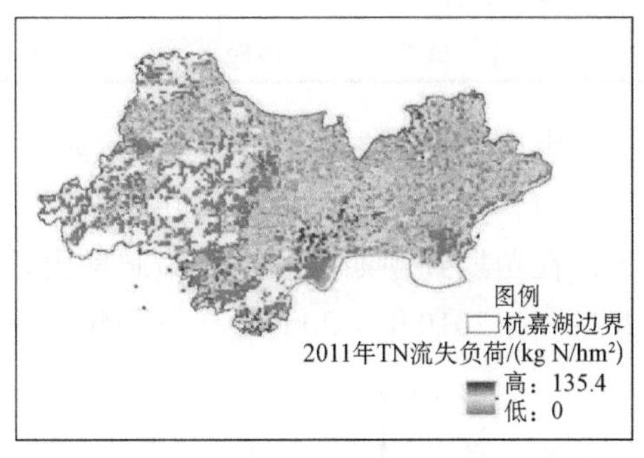

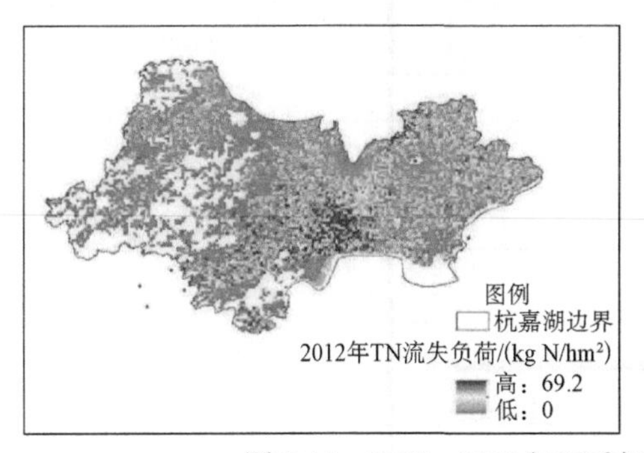

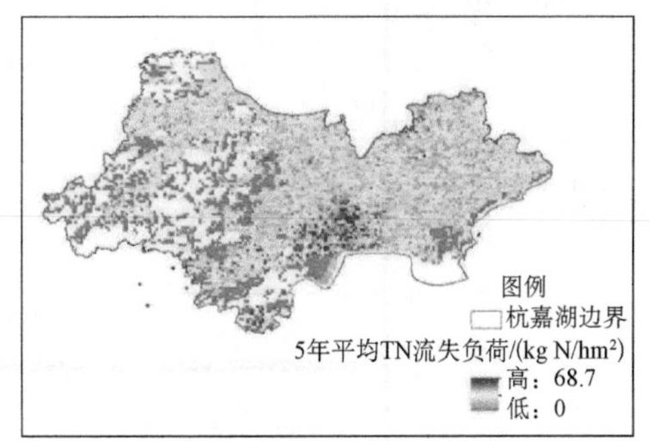

图 2-14　2008～2012 年稻季氮素稻田径流流失负荷模拟结果

表 2-7　2008～2012 年各市稻田氮素流失情况

年份	地级市	平均负荷/（kg N/hm²）	全市总流失负荷/t	平均氮素施用量/（kg N/hm²）	氮肥表观流失率/%
2008	嘉兴	59.62	212.41	317	18.81
	湖州	59.11	220.07	277	21.34
	杭州	48.31	60.49	295	16.38
2009	嘉兴	1.54	5.49	317	0.49
	湖州	0.99	3.70	277	0.36
	杭州	0.72	0.90	295	0.24

续表

年份	地级市	平均负荷/（kg N/hm²）	全市总流失负荷/t	平均氮素施用量/（kg N/hm²）	氮肥表观流失率/%
2010	嘉兴	14.51	51.71	317	4.58
	湖州	6.76	25.15	277	2.44
	杭州	5.50	6.89	295	1.87
2011	嘉兴	83.63	297.98	317	26.38
	湖州	59.68	222.18	277	21.54
	杭州	64.29	80.49	295	21.79
2012	嘉兴	23.21	82.69	317	7.32
	湖州	9.54	35.51	277	3.44
	杭州	18.86	23.61	295	6.39

由于降雨是造成稻田氮素径流流失的主要驱动力，降雨量和降雨发生的时间均会对稻田氮素径流流失产生影响。2008～2012年稻季降雨情况（图2-15）显示，在苗期到穗期这段主要施肥期内，降雨量的排序依次为2011年＞2008年＞2012年＞2010年＞2009年，这与年均流失负荷的大小顺序基本一致。

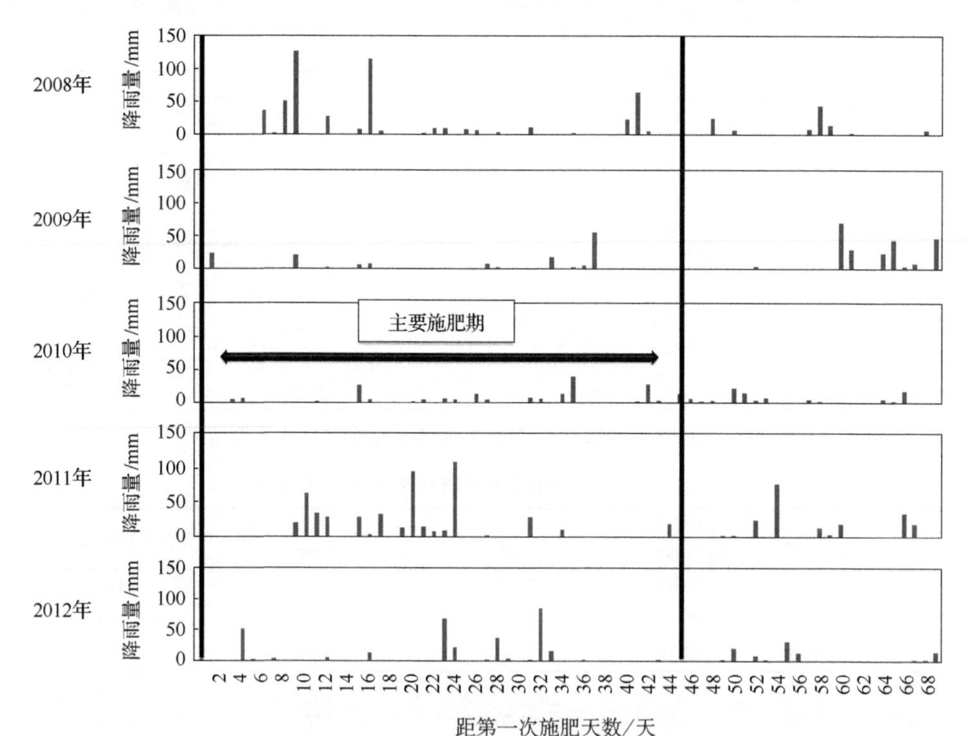

图2-15　2008～2012年稻季降雨情况

本研究中构建的氮素径流流失负荷模型模拟的稻季稻田氮素平均流失负荷在0.72～83.63kg N/hm^2，平均流失负荷30.42kg N/hm^2，氮肥表观流失率在0.24～26.38，平均流失率10.02；与国内外学者报道的数值相比，在合理范围内。另外，国内外众多学者也通过模型模拟对稻田的氮素径流流失情况进行了模拟，其模拟结果（表2-8）与本研究较为接近。

表2-8　杭嘉湖及周边地区部分研究模型模拟结果

研究地点	研究方法	最大值/（kg N/hm^2）	最小值/（kg N/hm^2）	氮素（TN）流失负荷/（kg N/hm^2）	表观流失率/%	参考文献
杭嘉湖	基于SCS的降雨-径流模型	88.82	<30.75	35.26	12.69	（田平等，2006）
南京	PRNSM模型	82.9	1.6	24.20	9.00	（李慧，2008）

B. 磷素径流流失负荷分析

利用磷素径流流失负荷估算系统对杭嘉湖地区2008～2012年的稻季磷素径流流失情况进行了模拟，历年流失情况如图2-16所示。

从图2-16中可以发现，与氮素结果类似，杭嘉湖地区稻田磷素流失负荷分布也具有明显的时空差异性。从空间上看，海宁余杭一带由于施肥量高，导致其TP流失负荷也很高，历年TP最高流失负荷甚至达到了8.17kg P/hm^2，而安吉一带由于地处西部山区，降雨量大于平原地区，因此其稻田径流中TP的流失负荷也相对较高；嘉兴地区由于施肥量及降雨量都不是很高，因此其TP流失负荷整

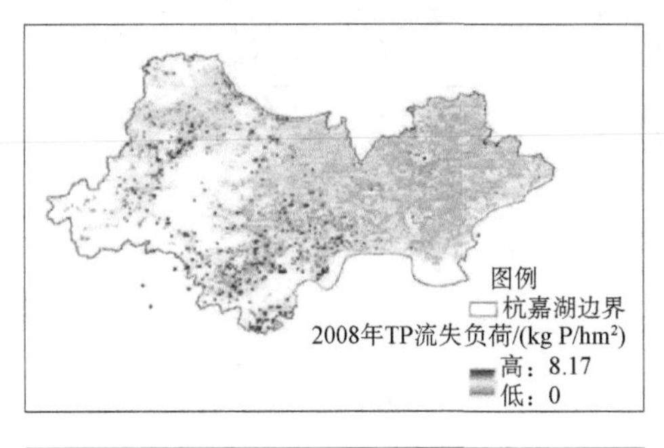

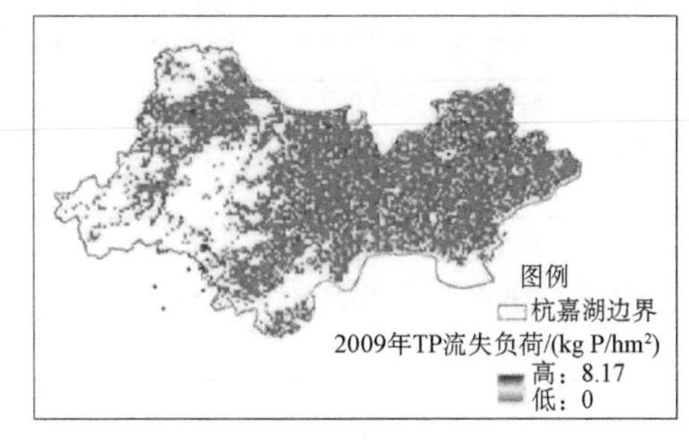

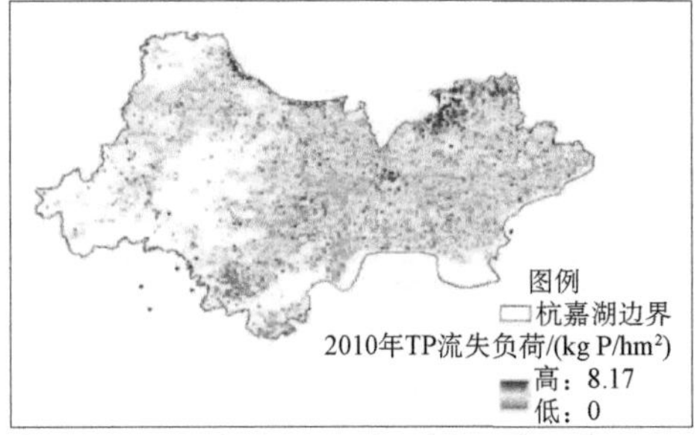

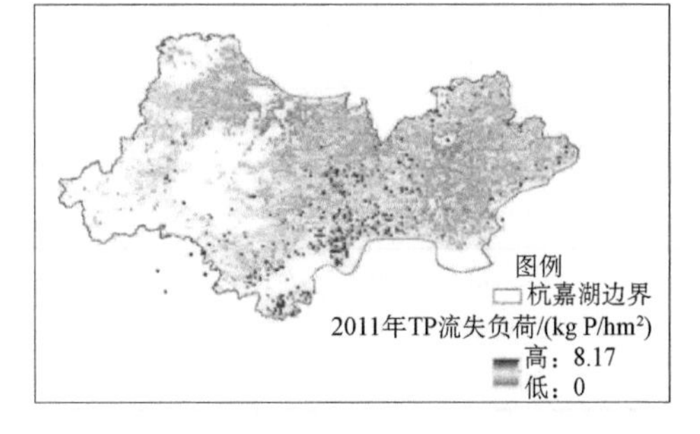

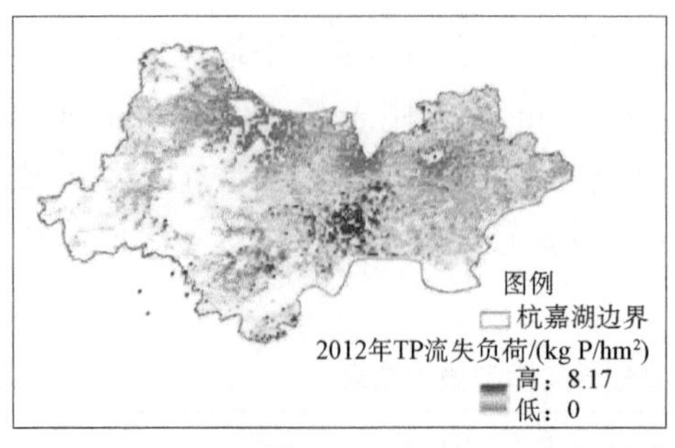

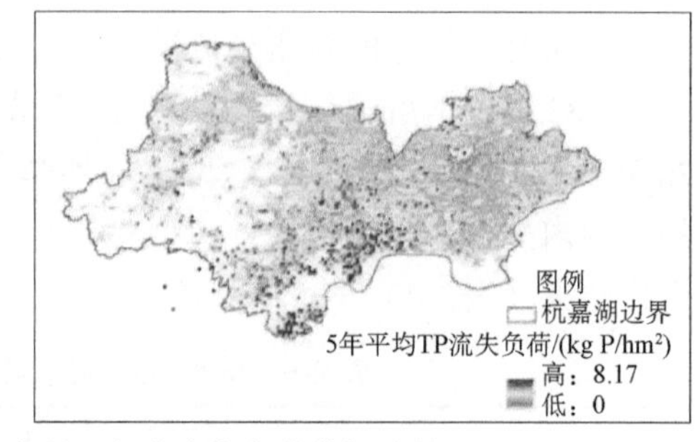

图2-16　2008～2012年稻季磷素稻田径流流失负荷模拟结果

体较其他地区小。

从时间上看，不同年际间各地级市稻田TP流失情况（表2-9）也差异较大，稻田径流TP流失负荷最大的为2011年，最小的为2009年，年际间平均负荷差异达数十倍，这主要与不同年份降雨量差异有关，与稻田径流氮素流失负荷的变化原因相同。2009年由于降雨量极少，在稻季施肥期间几乎没有发生能产生径流的暴雨或连续降雨，因此其平均流失负荷也极小，近乎0。另外，从TP流失负荷的地市分布来看，杭州市由于稻田面积较少，且西北部余杭一带施肥量大，造成的全市TP流失平均负荷也大大高于其他地市，但全市总流失负荷小于其他两市；而嘉兴市和湖州市在不同的年份呈现出不同的对比结果，2011年和2012年主要受到空间上的降雨量差异影响。

表2-9　2008～2012年各市稻田TP流失情况

年份	地市名称	最小负荷/（kg P/hm²）	最大负荷/（kg P/hm²）	平均负荷/（kg P/hm²）	标准差	全市总流失负荷/t	平均磷肥施用量/（kg P/hm²）	表观流失率/%
2012	嘉兴市	0.00	2.42	0.40	0.26	1.12	63.40	1.77
	湖州市	0.00	1.29	0.29	0.20	0.71	55.40	1.28
	杭州市	0.00	1.32	0.57	0.19	0.42	59.00	0.71
2011	嘉兴市	0.61	7.35	1.72	0.80	4.88	63.40	7.70
	湖州市	0.52	5.05	1.61	0.57	3.95	55.40	7.13
	杭州市	1.02	7.17	2.44	1.00	1.77	59.00	3.01
2010	嘉兴市	0.00	1.48	0.32	0.16	0.91	63.40	0.51
	湖州市	0.00	1.31	0.33	0.14	0.82	55.40	0.60
	杭州市	0.00	0.72	0.24	0.15	0.17	59.00	0.41
2009	嘉兴市	0.00	0.11	0.0002	0.00	0.0006	63.40	0.00
	湖州市	0.00	0.10	0.0002	0.00	0.0006	55.40	0.00
	杭州市	0.00	0.18	0.001	0.01	0.0009	59.00	0.00
2008	嘉兴市	0.45	5.98	1.44	0.60	4.09	63.40	6.45
	湖州市	0.46	6.31	2.02	0.74	4.94	55.40	8.92
	杭州市	0.12	8.17	2.35	1.36	1.71	59.00	2.89

2.2 规模化养殖场产排污系数测算方法

2.2.1 核算方法原理与应用范围

1. 核算方法原理

畜禽养殖场产排污及入河是一个复杂的过程，主要包括产生、排放、入河三个过程。畜禽养殖污染在由养殖场所向水体迁移的过程中，其污染物负荷将受到沿程多种人为或自然环境因素的影响。因此在开展核算工作之前，应首先对规模化养殖场产排污的影响因素进行分析，从而得到畜禽养殖场产排污系数的影响因素，再根据不同的影响因素选取典型养殖场进行长期定点观测。针对养殖场而言，影响产排污的主要因素有畜禽种类、养殖规模、粪便清理方式、污水处理方式等。畜禽种类、养殖规模及粪便清理方式主要影响畜禽的产污系数，而污水处理方式主要对排污系数产生影响；另外，养殖场排污河道的自然状况，如河宽、流速、动植物生长情况等，对系数的影响主要体现在入河系数上。

畜禽产污系数是指单个饲养个体在正常生活条件下，单位时间内排放出猪圈的污染物总量，主要包括尿液和清洗养殖区域的过程中冲刷的粪便及其他污染物。畜禽的排泄量受畜禽品种、体重、性别、生长期、生长情况、饲料组成、饲喂方式及环境因子等诸多因素的影响；另外，清粪方式对冲刷物含量也有显著影响，因此生猪的产污系数主要受生长期、生长情况、环境因子及清粪方式的影响，分别选取典型的养猪场建立长期定点观测，可得到不同影响因素下生猪的产污系数。

畜禽排污系数是指养殖场将产生的粪便、尿液及冲洗用水等混合污染物在经过相应的设施处理后剩余的比率，计算公式为

$$排污系数=\frac{污水处理设施处理后排放的污染物量}{该养殖场产生的污染物总量}\times 100\%$$
$$=100\%-处理设施削减率$$

为确定排污系数，主要对养殖场进行实时监测，通过浓度及排污量来确定该系数。排污系数主要受污水处理工艺、固体利用方式等因素的影响，经过相关文献资料比对分析，其中污水处理方式是排污系数的关键影响因素。选取不同养殖场污水处理设施进行长期定点监测，分析处理前后的污染物浓度，得出不同污水处理方式下各污染指标COD、NH_3-N、TN、TP的削减率，从而计算该处理方式下的排污系数。

畜禽入河系数是指单个养殖场排放进入周边主干河网的污染物量与污水处理设施处理后的污染物排放量的比率，计算公式如下：

$$入河系数=\frac{养殖场排放进入周边主干河网的污染物量}{污水处理设施处理后排放的污染物量}$$

由于自然河道存在物理、化学及生物的净化作用，因此污染物从排放口流向主干河网的过程中，会不断地被吸附、降解，其入河系数是一个与距离有关的函数，可以用一级动力学方程进行拟合。通常情况下，自然河道的断面不规则，其流量的测定存在较大困难，因此当排污河道流量变化不大时以沿程污染物浓度来表征其污染物通量，因此入河系数计算公式可以演化为

$$入河系数=\frac{河道沿程的污染物浓度}{排放口处河道中污染物浓度}$$

对于不同规模化养殖场的排放口处河道污染物浓度及沿程浓度变化进行监测，并对其按上述公式进行拟合，得到入河系数随河道长度的变化函数，在养殖场出现多个排污口的情况下，分别进行监测。

2. 应用范围

本方法测算的畜禽养殖污染产排污及入河系数，对不同畜禽种类、养殖方式、清粪方式等做了简单分类，可应用于畜禽养殖的产排污及入河系数的初步测算，但由于畜禽养殖污染排放及迁移进入水体的机理复杂，影响因素众多，因此对精度要求较高的畜禽养殖污染负荷核算适用性较差。

本方法以生猪为计算单位，其他畜禽种类的产排污系数可按猪当量进行折算，折算比例参照《畜禽养殖业污染物排放标准》(GB 18596—2001)：30只蛋鸡折算成1头猪，60只肉鸡折算成1头猪，1头奶牛折算成10头猪，1头肉牛折算成5头猪，3只羊换算成1头猪。

3. 同类研究成果

近年来，国内外学者对生猪产污系数进行了大量研究，利用SPSS统计软件对28篇文献中的227条数据中生猪产污系数进行分析，生猪COD产污系数的均值为294g/(头·d)，极小值为24g/(头·d)，极大值为590g/(头·d)；生猪NH_3-N产污系数的均值为9.48g/(头·d)，极小值为1.21g/(头·d)，极大值为37.50g/(头·d)；生猪TN产污系数的均值为31.83g/(头·d)，极小值为2.98g/(头·d)，极大值为80.00g/(头·d)；生猪TP产污系数的均值为6.05g/(头·d)，极小值为0.02g/(头·d)，极大值为20.93g/(头·d)，其箱图如图2-17所示。

利用SPSS统计软件对28篇文献中的227条数据中生猪排污系数进行分析，生猪COD排污系数的均值为118g/(头·d)，极小值为5g/(头·d)，极大值为427g/(头·d)；生猪NH_3-N排污系数的均值为4.46g/(头·d)，极小值为0.77g/(头·d)，极大值为20g/(头·d)；生猪TN排污系数的均值为14.17g/(头·d)，极

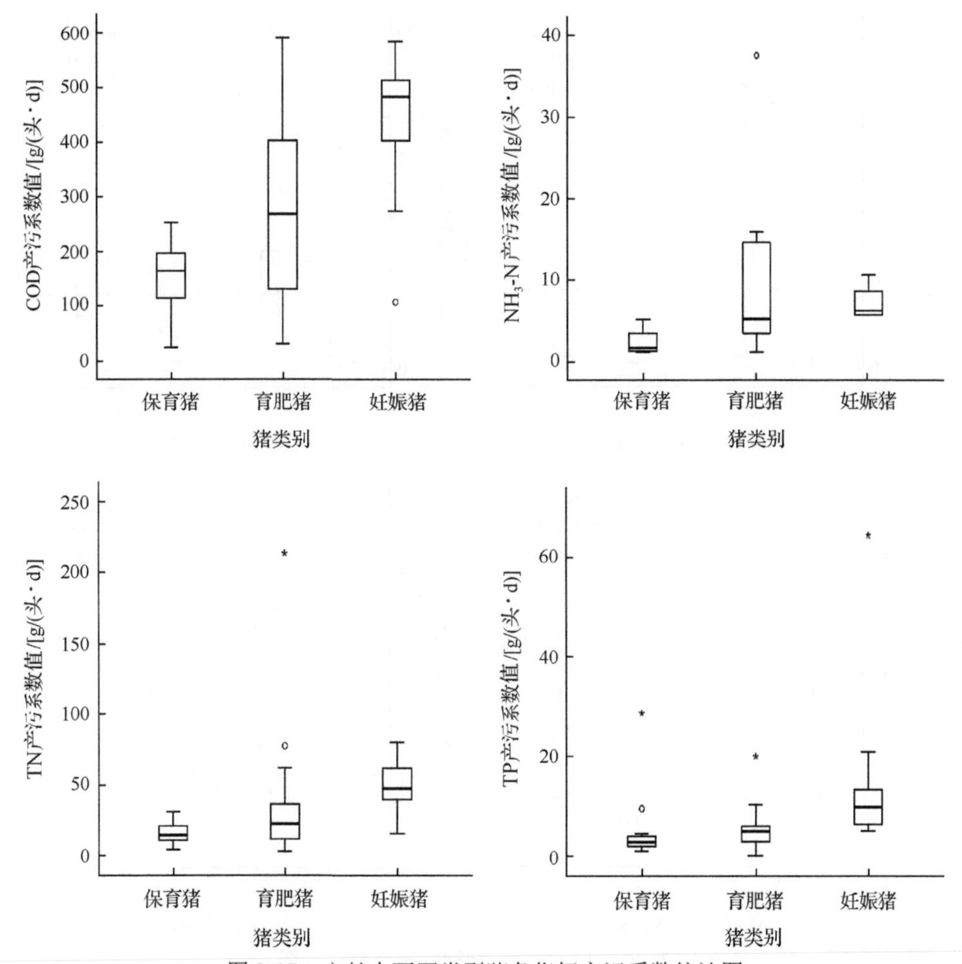

图 2-17　文献中不同类型猪各指标产污系数统计图

小值为 1.50g/(头・d)，极大值为 52.67g/(头・d)；生猪 TP 排污系数的均值为 2.12g/(头・d)，极小值为0.19g/(头・d)，极大值为9.1g/(头・d)，其箱图如图2-18所示。

2.2.2　核算方法数据资料准备

1. 基础资料收集

本方法所需的基础资料有以下三方面。

（1）研究区域规模化畜禽养殖信息：规模化养殖场名称、所在位置经纬度、养殖规模、养殖种类、清粪方式、污水处理方式等。

（2）河网分布信息：研究区域内河网水系空间分布图及主要河道基本信息。

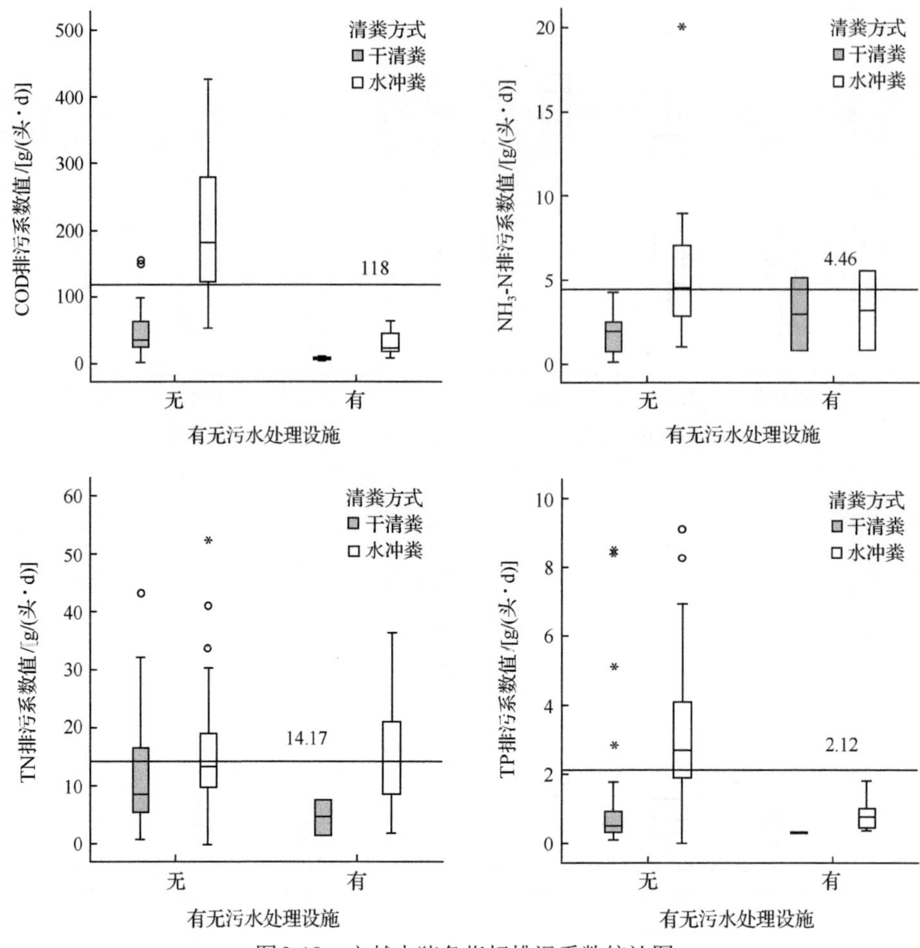

图2-18 文献中猪各指标排污系数统计图

（3）行政区划信息：研究区域最新县级行政区划空间分布图及基本信息。

收集上述图件的Shapefile或GRID格式数据。所有收集的资料应尽量为最新版本，与实际情况保持一致；同时对数据要进行仔细核查，对明显错误进行删除或更正。

2. 畜禽养殖情况调查

1）典型规模化养殖场选取

根据前期获得资料与数据，分析研究区域内规模化畜禽养殖场主要采用的清粪方式和污水处理方式，并针对每种方式分别选取具有代表性的4～6个养殖场作为备选养殖场。

2）备选规模化养殖场现场调查

对上述备选规模化畜禽养殖场及周边河道环境等情况进行实地调查和踏勘，

收集包括养殖场的实际规模、养殖种类、不同生猪生长阶段圈舍分布及清粪方式、污水处理方式及处理规模、处理设施污水排放口位置及排放方式、入河排污口位置、受纳水体名称及上下游汇流情况等信息。

3）规模化畜禽养殖污染监测对象确定

在上述现场调查及资料分析的基础上，根据规模化畜禽养殖污染迁移转化规律研究需求，选取其中1～3个满足要求的养殖场作为现场监测对象，为后续监测方案的制订、现场监测的开展提供支持。

在实际条件允许的情况下，应尽量选取更多的养殖场同时进行监测，增加样本数量，降低误差影响。

3. 规模化畜禽养殖污染产排污规律监测

1）监测点位布设

A. 养殖场圈舍监测点位布设

在每个开展现场监测的养殖场中，对应不同生猪生长阶段（如保育猪、育肥猪、妊娠猪），分别选择1～3个猪圈作为采样点，按顺序编号，在每个猪圈排水口安装带计量刻度的污水槽作为排水计量收集装置，并记录每个圈舍生猪的数量、生长阶段、排水时段、排水量等信息。

B. 养殖场污水处理设施监测点位布设

对每个开展现场监测的养殖场，统计每个圈舍对应排放的污水处理设施，在每套污水处理设施的养殖污水进水口和出水口均布设采样点，按顺序编号，记录污水处理方式、排放方式、排水量等信息。

C. 受纳水体监测点位布设

在养殖场污水入河排污口上下游，分别布设1个水质背景监测点、若干个河道水质沿程变化监测点，水质背景监测点建议选取入河排污口上游50m附近，水质沿程变化监测点位建议从入河排污口进入河道位置开始、每隔50～200m设置一个点位。入河排污口周边的河道应满足以下条件：入河排污口所在河道位置的上游100m、下游200m以上，没有其他河道汇入或分流；有条件的情况下，尽量选择河道的监测河段长度在500～1000m，河道周边应具备采样和仪器搬运条件。

2）监测频次和样品采集

A. 采样频率与周期

每季度至少采样1次，每次连续采集2～3天，每天于不同时间段（如上午8点、中午12点、下午4点）进行采集，采样频率和周期可视采样点实际情况进行调整，并在养殖场冲洗高峰期前后加密采样。

B. 圈舍污水槽样品采集

在每次采样前，应先对污水槽中的水量进行记录；污水槽中的样品采集可以参考固废样品采集方式，分别在上、中、下层布设采样点，对不同采样点进行等量采集混合样，同时采集平行样，样品采集数量根据污水槽大小进行设置，采样完毕后清空污水槽并进行冲洗清理。

C. 污水处理设施样品采集

对污水处理设施的进水口和出水口的污水进行采样，连续排放的养殖污水，可以等时间间隔采集样品，间歇性排放的养殖污水，根据实际排放时段分别采集样品。

D. 受纳水体水质样品采集

对受纳水体的河道设置水质监测点位，在养殖污水排放的时段进行河道水质样品的采集。

3）监测指标及样品分析

畜禽养殖污染主要监测指标为总氮、总磷、氨氮、硝酸盐氮、可溶性磷酸盐和化学需氧量，样品分析方法参照《畜禽养殖业污染物排放标准》（GB 18596—2001）中给出的各项指标现行有效的监测标准方法。

2.2.3 规模化养殖场产排污系数测算

1. 产污系数测算方法

对圈舍污水槽监测分析结果进行处理，并计算生猪产污系数，其计算公式为

$$W=\frac{\sum(C_iQ_i)}{1000Nt} \tag{2-14}$$

式中，W 为产污系数［g/（头·d）］；C_i 为第 i 监测时段污水槽中污染物浓度（mg/L）；Q_i 为第 i 监测时段污水槽中污水量（L）；N 为该猪圈采样点生猪头数（头）；t 为该次监测持续时间（d）。

2. 排污系数测算方法

对规模化畜禽养殖场污水处理设施监测结果进行处理，并计算生猪排污系数，其计算公式为

$$P=\frac{C_2}{C_1} \tag{2-15}$$

式中，C_2 为污水处理设施后污染物的浓度（mg/L）；C_1 为污水处理设施前污染物的浓度（mg/L）；P 为该养殖场的排污系数。

3. 入河系数测算方法

对规模化畜禽养殖场污水入河排污口河道水质监测结果进行处理，并计算养殖场排污系数，其计算公式为

$$\lambda_x = \frac{C_x}{C_0} \tag{2-16}$$

式中，C_x 为距离该养殖场排污口 x km 处河道的污染物浓度（mg/L）；C_0 为该养殖场排污口处河道的污染物浓度（mg/L）；λ_x 为距离该养殖场排污口 x km 处的污染物入河系数。

2.2.4 规模化养殖场产排污系数测算实例

1. 养殖业情况调查

以太湖流域（浙江片区）的畜禽养殖业为对象，开展该地区养殖业产排污及入河系数的研究。2013 年本书撰写组以实地走访和统计数据搜集相结合的方式，对地区生猪养殖业基本情况进行了统计和调查。结果表明，该地区的生猪养殖基本采用了干湿分离的饲养模式，清粪方式主要以干清粪为主，水冲粪为辅。近年来，主要通过施入耕地的方式对畜禽粪便进行处理；而污水处理利用方式主要有灌溉农田、生产沼气、排入鱼塘等几种途径，其中处理工艺有沉淀、好氧处理、氧化塘等，大型养殖场主要采用沼气和好氧处理的方式，少数使用排入鱼塘和氧化塘的方式进行处理，中小型规模化养殖户主要采用排入鱼塘和氧化塘的方式进行处理，小型农户污水处理的方式也存在未处理直接排放的情况。在该地区大型养猪场中，干清粪比例达90%以上，有污水处理的养猪场占78.2%（表2-10）。

表 2-10　杭嘉湖地区大型养猪场污染处理情况

污染处理措施		样本数	所占比例/%
清粪方式	干清粪	218	90.1
	水冲粪	24	9.9
污水是否处理	处理	223	78.2
	未处理	62	21.8

太湖流域（浙江片区）畜禽养殖业在近年来发展迅速，尤其是生猪产业。以德清县为例，2013 年生猪年存栏达到 46.82 万头，占到全县畜禽饲养总量的 75%以上，生猪产业已成为该县四大农业支柱产业之一。迅速发展的畜禽养殖业对杭嘉湖平原的水环境造成了不可忽视的压力，特别是部分位于苕溪及其他主干河网的养殖场向水体排放了大量富含 N、P 等营养物质的污水，对水环境质量造成了较大的影响。

2. 畜禽养殖污染产排污规律研究

1）采样点选择

根据前期获得资料与数据及实地踏勘结果，本研究选取两种清粪方式（干清粪、水冲粪）和四种典型污水处理方式（不处理、种植业或鱼塘处理、氧化塘处理、氧化塘加沼气池处理）为畜禽产排污系数的影响因素，选择德清县四个代表性区块的养殖场。

四个采样的养殖场均采用干清粪+水冲粪的方式，上述四个养殖区域的污染物处理方式如表2-11所示。

表2-11　采样区域信息

采样区域	地点	规模/头	清粪方式	污水处理设施	河道流量/(m^3/s)
1	乾元镇	10000	干清粪+水冲粪	氧化塘、沼气池	0.60
2	乾元镇	5000		氧化塘为主	0.20
3	新市镇	2500		周边种植业及鱼塘	0.36
4	雷甸镇	500		基本不处理	0.21

2）采样时间

2013年11月至2014年6月每季度采样1次，每次采集2天，分别于每天的不同时间段（上午8点、中午12点、下午4点）进行采集。

3. 德清养殖场产排污系数测算

1）产污系数

选择相应的猪圈，设置污水槽，用于收集猪圈产生的污水。每次采样前，对污水槽中的水位进行测定，并换算为污水量进行记录；然后对污水槽中的污水进行搅拌混匀，对不同采样点污水槽中的混合液进行采集，并取三个平行样本。采样完毕后清空污水槽，并用清水对污水槽进行冲洗。不同清粪方式下的污水量分析结果显示干清粪的用水量明显小于水冲粪，不同类型猪圈的用水量也存在显著差异，即保育猪<育肥猪<妊娠猪（表2-12）。

表2-12　不同清粪方式下的污水量　（单位：L）

生猪种类	干清粪	水冲粪
保育猪	6±2	9±2
育肥猪	23±2	26±4
妊娠猪	40±3	48±2

不同清粪方式下污染物浓度情况如表2-13所示，结果显示不同清粪方式下污染物浓度差异明显，通常情况下水冲粪的污染物浓度为干清粪的2～3倍，个别达到5倍，说明清粪方式是影响污染物浓度和产污系数的关键因素。

表 2-13　不同清粪方式下的污染物浓度　　（单位：mg/L）

监测指标	生猪种类	干清粪	水冲粪
COD 浓度	保育猪	4573±788	9392±2641
	育肥猪	1739±236	6720±1369
	妊娠猪	1786±290	6173±232
NH_3-N 浓度	保育猪	160.0±50.3	275.5±43.9
	育肥猪	76.0±6.3	169.0±10.2
	妊娠猪	97.8±7.2	152.5±9.3
TN 浓度	保育猪	421.5±132.6	790.3±112.6
	育肥猪	286.8±28.3	445.0±35.6
	妊娠猪	311.0±12.9	463.3±16.2
TP 浓度	保育猪	48.3±1.1	167.5±1.7
	育肥猪	15.5±0.9	90.0±2.5
	妊娠猪	24.8±0.9	102.3±0.9

通过猪圈用水量的统计以及不同清粪方式下污染物浓度的监测分析，不同生猪类型是影响生猪产污系数的关键因素，同时清粪方式对产污系数的影响也尤为显著，水冲粪下的产污系数明显高于干清粪下的产污系数，不同因素下的生猪产污系数如表 2-14 所示。

表 2-14　生猪产污系数　　［单位：g/（头・d）］

监测指标	生猪种类	干清粪	水冲粪
COD 产污系数	保育猪	26.7±9.4	87.6±39.3
	育肥猪	39.0±5.2	173.6±22.9
	妊娠猪	71.8±12.0	296.7±22.4
NH_3-N 产污系数	保育猪	1.0±0.6	2.5±0.9
	育肥猪	1.7±0.3	4.5±0.7
	妊娠猪	4.0±0.5	7.3±0.3
TN 产污系数	保育猪	2.6±1.1	7.1±1.7
	育肥猪	6.5±0.9	11.8±2.5
	妊娠猪	12.5±0.9	22.2±0.9
TP 产污系数	保育猪	0.3±0.2	1.5±0.5
	育肥猪	0.3±0.1	2.4±0.4
	妊娠猪	1.0±0.1	4.9±0.5

因污水处理设施前后，进出水量基本保持不变，因此可以采用出水口和进水口的浓度比值来作为其排污系数。对污水处理设施的进水口和出水口的污水进行采样，采样频率与产污系数测定相同，分别于每天的不同时间段进行采集。对不同类型的污水处理设施监测得到不同污染物指标的削减情况，如表 2-15 所示。

表 2-15 不同污水处理方式下各监测指标的削减情况

监测指标		无处理	种植基地及鱼塘	氧化塘为主	氧化塘及沼气池
COD	原水浓度/(mg/L)	1734±623	1650±465	1725±568	1800±563
	排水口浓度/(mg/L)	—	354±143	287±101	299±96
	削减率/%	0	79±4	83±1	83±1
NH_3-N	原水浓度/(mg/L)	91±14	89±23	78±23	94±12
	排水口浓度/(mg/L)	—	26±8	19±5	28±5
	削减率/%	0	71±2	76±1	70±2
TN	原水浓度/(mg/L)	356±82	346±56	322±104	299±43
	排水口浓度/(mg/L)	—	58±12	34±14	51±13
	削减率/%	0	83±4	90±2	83±3
TP	原水浓度/(mg/L)	33±10	27±10	30±7	25±6
	排水口浓度/(mg/L)	—	7±3	4±0	8±2
	削减率/%	0	75±2	85±4	68±1

结果显示：小规模养猪场对污水未进行处理就排放，因此各污染物的削减率可视为0；以2500头生猪养殖为主的养猪场，主要的污水处理方式为配合养猪场建立的种植基地及鱼塘，各指标的削减率主要在71%～83%；以5000头生猪养殖为主的养猪场，主要的污水处理方式为氧化塘，各指标的削减率为76%～90%；以10000头生猪养殖为主的养猪场，主要的污水处理方式为氧化塘及沼气池相结合，各指标的削减率在68%～83%。含有氧化塘的污水处理方式对各指标的削减作用最为显著，其次为种植基地及鱼塘的生态处理。

通过2.2.1节中所述，排污系数与削减率之和为1，因此计算得到不同污水处理方式下各污染物的排污系数见表2-16。

表 2-16 不同污水处理方式下各污染物的排污系数

污染物	无处理	种植基地及鱼塘	氧化塘为主	氧化塘及沼气池
COD	1.00	0.21±0.06	0.17±0.02	0.17±0.01
NH_3-N	1.00	0.29±0.02	0.24±0.01	0.30±0.02
TN	1.00	0.17±0.05	0.10±0.02	0.17±0.04
TP	1.00	0.25±0.03	0.15±0.06	0.32±0.02

2）入河系数

通过实地踏勘，本研究选取3个养猪场的污水排放河道作为监测河道。在河道上设置6个监测断面。以其中一条河道为例，各监测断面与养猪场的距离及其监测的水质数据如表2-17所示。

表 2-17　养猪场各断面的污染物监测情况

样品号	距离/km	COD/(mg/L)	NH_3-N/(mg/L)	TN/(mg/L)	TP/(mg/L)
A	0	66	12.84	36.88	4.99
B	0.10	52	10.98	34.17	3.74
C	0.21	49	10.50	30.43	3.33
D	0.31	48	9.45	29.54	2.63
E	0.40	49	7.04	30.16	2.81
F	0.55	42	6.48	29.13	2.64

将监测断面各污染物浓度与养殖场排污口的距离用指数函数进行拟合分析得到图2-19。

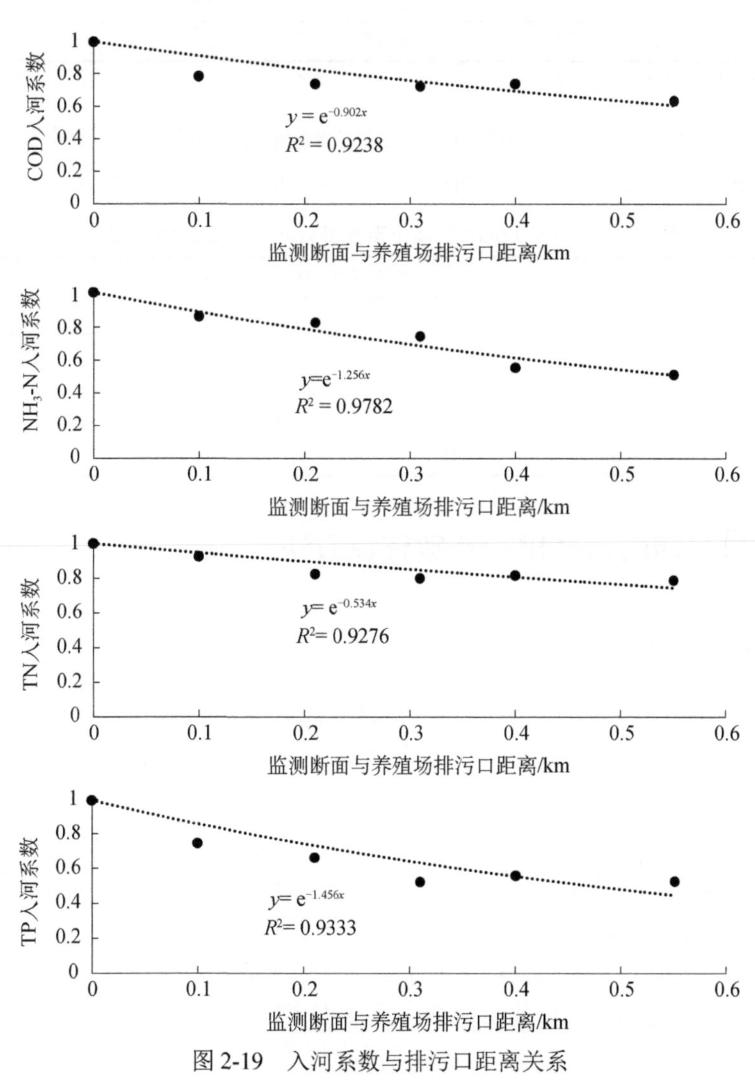

图 2-19　入河系数与排污口距离关系

由图 2-19 可知，入河系数与排污口之间的距离关系呈指数变化，随着距离的增大，入河系数逐渐趋于稳定，符合一级动力学规律。

为保证数据的准确性，本研究在同一区域内选取3条典型排污河道进行定点观测。通过分析不同河流的入河情况，对其中的降解系数k进行了平均，从而得到沿程各污染物入河系数，如表 2-18 所示。

表 2-18 沿程各污染物入河系数

监测河道	COD	NH_3-N	TN	TP
1	$e^{-0.902x}$	$e^{-1.256x}$	$e^{-0.543x}$	$e^{-1.456x}$
2	$e^{-0.715x}$	$e^{-0.976x}$	$e^{-0.690x}$	$e^{-1.586x}$
3	$e^{-1.021x}$	$e^{-1.236x}$	$e^{-0.643x}$	$e^{-1.125x}$
平均值	$e^{-0.879x}$	$e^{-1.156x}$	$e^{-0.625x}$	$e^{-1.389x}$

注：x为监测断面与排污口之间的距离（km）。

通过沿程各污染系数的平均值，结合监测断面与排污口之间的距离得到在0.1～0.5km 距离下畜禽养殖场各指标入河系数的取值，如表2-19所示。

表 2-19 0.1～0.5km 距离下畜禽养殖场各指标入河系数值

监测指标	监测断面与排污口距离/km				
	0.1	0.2	0.3	0.4	0.5
COD	0.92	0.84	0.77	0.70	0.64
NH_3-N	0.89	0.79	0.71	0.63	0.56
TN	0.94	0.88	0.83	0.78	0.73
TP	0.87	0.76	0.66	0.57	0.50

2.3 农村生活污水产排污系数核算方法

2.3.1 核算方法原理

非点源污染中的农村生活污水是指农村居民在日常生活中产生的污水，包括厨房、厕所、洗澡、洗衣等产生的污水。其污染物监测指标包括产生量、COD、NH_3-N、TN、TP。

农村生活污水产污系数是指农村居民每人每日产生的生活污水中的污染物量，主要通过农户生活中所产生的生活污水的量和污染物浓度来进行核算。本方法主要将农村居民按高、中、低三类收入水平以及有无污水处理设施分为六类农户，并对这六类农户每人每日产生的生活污水中污染物量进行核算。

$$产污系数=\frac{生活污水产生量\times污水污染物质浓度}{人口数}$$

农村生活污水排污系数是指农村居民每人每日排放到环境中的生活污水的污染物量。其中，生活污水进入沼气池和直接利用（如喂养畜禽、浇园）的部分不计入排放系数。主要是根据已有的经验公式，在产污系数的基础上，仅考虑未被利用和处理并排到环境中的污染物量。实际操作是先对农户日常生活中污水的利用率和处理效率进行实地调查，得到利用和处理效率的经验值和调查值后代入公式进行排污系数的具体核算：

$$排污系数=\left(1-\frac{污水利用量}{污水产生量}\right)\times\left(1-\frac{污水处理量}{污水产生量-污水利用量}\times污染物质处理效率\right)$$

农村生活污水入河系数主要表现为污染物质从排放口流向主干河网的一个沿河削减过程。由于自然河道存在物理、化学及生物的净化作用，因此污染物在从排放口流向主干河网的过程中，会不断地被吸附、降解，其入河系数是一个与距离有关的函数，可以用一级动力学方程进行拟合。通常情况下，自然河道的断面不规则，其流量的测定存在较大困难，因此当排污河道流量变化不大时以沿程污染物浓度来表征其污染物通量，因此入河系数计算公式可以演化为

$$入河系数=\frac{河道沿程的污染物浓度}{排放口处河道中污染物浓度}$$

对农村生活污水排放口处河道污染物浓度及沿程浓度变化进行监测，并对其按上述公式进行拟合，得到入河系数随河道长度的变化函数。

本方法进行农村生活污水系数核算，首先通过实地考察与访谈，了解村镇卫生基本状况、生活污水排放、厕所使用（使用类型包括：水冲厕、浅坑旱厕、深坑旱厕和公共厕所等的比例）等情况，实地调查主要包括典型农户抽样调查以及对流域内进行统计年鉴的数据调查。采用入户调查的方法，对不同季节不同家庭生活污水产生量、使用量、污水处理量及处理效率等基本信息进行详细调查，获得村镇生活污染基本特征数据；并将研究区域的农户按照高、中、低收入水平以及有无污水处理设施分为六类，然后对农村居民生活污水进行水质水量监测，监测项目主要有COD、氮、磷及排放量等，最后对农村生活产排污系数进行具体核算比对及分析，整个研究过程主要采用了统计调查结合定点定量监测的方法，核算过程简单，可操作性强。

2.3.2　核算方法数据资料准备

1. 农村生活污水情况调查

1）采样点位设置原则

代表性：根据研究区域经济水平选取经济收入低、中、高典型农户，并选取每类农户至少3户。

可控性：将生活污水收集池设立于室内，避免外界环境干扰。

经济性：在允许条件下，建立统一的污水收集池及污水收集管道，也可以通过一般的收集桶进行收集并定时测量。

可操作性：选取积极配合调查及监测工作开展的农户。

2）采样操作

采样前制订采样方案并准备采样器具。生活污水污染物浓度高，且存在液体混合不均的问题，因此在采样前需将收集池或收集桶内的样品混合均匀。收集池按照早、中、晚分不同时段进行采样，收集桶则按照桶内水集满为准，在每次换水前进行采样。采样过程中不可控因素多，因此采样过程须严格按照具体操作规程进行。

3）实验分析

实验分析时将生活污水水样进行适当稀释，确保测试结果有效。相关指标测定优先选用国家和环境保护行业标准监测分析方法，并严格按照测定方法执行，注意实验操作规范和流程，测定平行样品，做误差分析，保证样品实验室测定结果的准确性，尽量减少由于实验误差对最终核算结果造成的影响。若测定指标平行样相差较大，需重新进行实验测定。

4）系数核算

农村生活污水产排污系数按具体系数定义公式进行。产污系数主要是通过农户生活中所产生的生活污水的量和污染物浓度来进行测算；排污系数界定为农户未利用而出户部分的生活污水，在对农户实际日常生活污水处理利用量及利用率进行实地调查的基础上进行排污系数的核算；入河系数则反映污水污染物从排放口流向主干河网的一个沿河削减过程。

5）硬件设施

结合监测点农户庭院地形建设污水收集池，便于污水的收集和排放。污水收集池由承担监测任务的单位统一组织施工建设。分两种类型：有下水农户，在污水排放途中或出口处建设污水收集池收集生活污水；无下水农户，在农户庭院内建设污水收集池收集生活污水，辅助建设一定的污水收集管道和设施，保证能把全部生活污水收集起来。污水收集池的容积根据夏季单人日用水量来确定。

2. 农村生活污水产排污规律监测

1）统计调查

非点源农村生活污水统计调查是进行农村生活污水核算的前提，根据研究区域实际情况确定农村生活污水统计调查步骤，有助于农村生活污水产排污研究工作的开展。统计调查过程主要包括资料收集及抽样调查，进行汇总分析，为监测工作的开展提供依据。

调查的内容主要包括：农户经济收入水平、农村污水处理情况，其中典型农村生活污水调查问卷表如表 2-20 所示。

表 2-20　农村生活污水调查问卷表

农户编号		人口数		收入水平（高、中、低）		污水处理设施名称	
三天累计用水量/L		三天累计污水利用量/L		三天累计污水处理量/L			

2）监测方法

定点监测农村生活污水的产生量及其特征污染物、浓度等参数，为测算农村生活污染源产排污系数提供数据基础。确定科学合理的产排污系数监测方法是准确测算产排污系数的首要任务（张玉华等，2010）。农村生活污染源监测方法研究的主要技术路线如图2-20 所示。

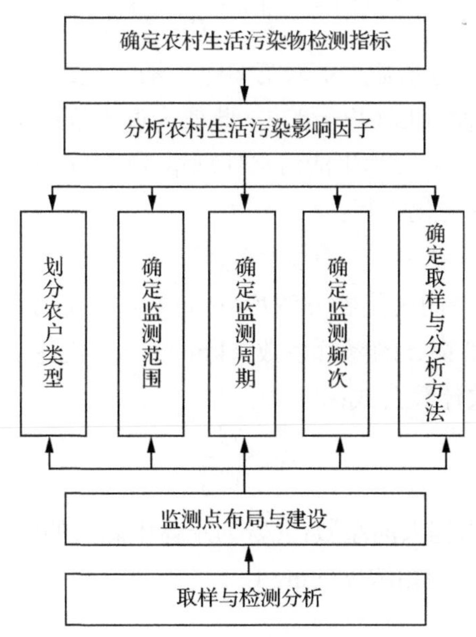

图 2-20　农村生活污染源监测方法研究的主要技术路线图（张玉华等，2010）

3）监测步骤

（1）选择研究区域内高、中、低三类收入水平，以及有无污水处理设施的六类农户，每类各取三户典型农户为监测点。

（2）在每户农户设立生活污水收集池或分发收集桶，调查每户农户的人口数。

（3）生活污水收集池汇集三天产生的生活污水，统计三天产生的污水量。统计收集桶累计三天产生的生活污水。

（4）充分混匀生活污水，采集三个样品，混合均匀后用高密度聚乙烯瓶收集。

（5）按照国标规定的检测方法进行样品相关指标测试。

（6）污水样品采集后要及时分析，若不能及时分析需在4℃条件下冷藏，最长保存一周时间。

4）系数核算

生活污水产污系数计算公式（孙兴旺，2010）：

$$W = \frac{QC}{1000n} \tag{2-17}$$

式中，W 为生活污水产污系数［g/（人·d）］；Q 为生活污水产生量［L/（户·d）］，此值为监测值；C 为污染物的浓度（mg/L），此值为检测值；n 为人口数（人/户），此值为调查值。

生活污水排放系数计算公式（孙兴旺，2010）：

$$P = \left(1 - \frac{A}{B}\right)\left(1 - \frac{C}{B - A} \times \eta\right) \tag{2-18}$$

式中，P 为生活污水排污系数；η 为第 k 种污染物处理效率（%），此值为调查值；A 为生活污水利用量［L/（户·d）］，此值为调查值；B 为生活污水产生量［L/（户·d）］，此值为监测值；C 为生活污水处理量［L/（户·d）］，此值为调查值。

生活污水入河迁移转化方程：

$$C_{a1} = C_{a0}\mathrm{e}^{-kx} \tag{2-19}$$

式中，C_{a1} 为水体中剩余的污染物 a 浓度（mg/L）；C_{a0} 为水体中污染物 a 的初始浓度（mg/L）；k 为污染物 a 的降解系数（km^{-1}）；x 为迁移距离（km）。

生活污水入河系数计算公式：

$$\lambda_{ax} = \frac{C_{a1}}{C_{a0}} \tag{2-20}$$

式中，λ_{ax} 为污染物 a 沿程入河系数；C_{a1} 为水体中剩余的污染物 a 浓度（mg/L）；C_{a0} 为水体中污染物 a 的初始浓度（mg/L）。

2.3.3 农村生活污水产排污系数核算实例

1. 德清县新市镇水北村概况

浙江省湖州市德清县新市镇水北村，位于德清县中西部地区，当地居住人口为856人，共231户，主干河流贯穿全村，区域内无统一污水收集管道。首先对该村的农村生活污水进行实地调查，继而按照相关研究文献中太湖流域农户人均年收入水平划分标准（表2-21），将各收入水平的农户各取3户进行定点定量监测。

表 2-21　太湖流域农户人均年收入水平划分标准（王文林等，2010）

流域	高收入/元	中收入/元	低收入/元
太湖	(9000, +∞)	[7000, 9000]	[0, 7000)

2. 德清县新市镇水北村生活污水监测情况

通过以上研究方法，针对研究区域水北村农村生活污水进行了监测分析，高收入水平农户污水氨氮浓度明显高于其他收入水平的农户，COD、总氮及总磷浓度也处于较高水平（表 2-22）。

表 2-22　水北村农村生活污水监测数据　（单位：mg/L）

收入水平	COD	NH_3-N	TN	TP
高	246±16	49.7±8.5	82.7±23.1	4.2±2.0
中	224±31	44.5±3.2	87.4±13.4	4.3±1.0
低	257±10	43.9±6.5	75.9±12.9	3.4±0.5

3. 德清县新市镇水北村生活污水产排污系数核算

1）产污系数

对研究区域农户进行人均年收入水平的划分，测得研究区域农村生活污水各污染物指标，结合实地调查农户生活污水产生量，得到该地农村生活污水产污系数（表2-23）。

表 2-23　水北村农村生活产污系数　[单位：g/（人・d）]

收入水平	COD	NH_3-N	TN	TP
高	10.63±2.01	2.11±0.26	3.53±0.89	0.18±0.08
中	6.80±1.46	1.36±0.23	2.64±0.47	0.13±0.03
低	6.51±1.86	1.10±0.33	1.87±0.34	0.09±0.02

数据表明，随着收入水平的提高，农户生活产污系数也随之提高。

2）排污系数

排污系数是在对农户实际日常生活污水处理利用量及利用率进行实地调查的基础上进行核算的。根据表2-24进行调查统计，得到该研究区域内生活污水的产生量、处理量及利用量的情况。

表 2-24　水北村农村生活污水统计情况　（单位：L/户）

收入水平	有无处理	污水产生量	污水处理量	污水利用量
高	有	181±10	144±5	14±1
	无	166±5	0	9±2

续表

收入水平	有无处理	污水产生量	污水处理量	污水利用量
中	有	129±6	96±7	14±1
	无	115±3	0	9±2
低	有	108±2	78±2	15±1
	无	92±17	0	10±2

通过对该研究区域生活污水的统计情况，结合农村生活污水的产污系数，得到农村生活污水排污系数（表 2-25），研究表明污水处理设施能削减农村生活污水排污量的75%左右。

表 2-25　农村生活污水排污系数

污水处理	COD	NH_3-N	TN	TP
有	0.24±0.01	0.25±0.03	0.23±0.06	0.27±0.13
无	0.91±0.03	0.91±0.03	0.92±0.03	0.92±0.04

3）入河系数

对该村庄的农村生活污水在河道中的迁移转化情况进行了研究，得到该村庄主要集中式排污口附近河流各断面监测情况（表 2-26）。分析可得农村生活污水中各污染物浓度随迁移距离的增加呈指数下降，为确保入河系数的有效性，在同一区域内选取宽度及流速相近的3条河流，通过分析不同河流的入河情况，并对其中的降解系数k进行了平均，得到沿程各污染物入河系数的平均值（表 2-27）。

表 2-26　该村庄主要集中式排污口附近河流各断面监测情况

样品号	距离/m	COD/(mg/L)	NH_3-N/(mg/L)	TN/(mg/L)	TP/(mg/L)
A	0	30	6.5	11.2	2.3
B	0.10	24	5.3	10.9	2.0
C	0.19	20	4.5	10.3	1.9
D	0.37	20	3.8	9.1	1.7

表 2-27　沿程各污染物入河系数

监测河道	COD	NH_3-N	TN	TP
1	$e^{-1.363x}$	$e^{-1.579x}$	$e^{-0.572x}$	$e^{-0.886x}$
2	$e^{-1.054x}$	$e^{-0.659x}$	$e^{-0.669x}$	$e^{-0.546x}$
3	$e^{-1.001x}$	$e^{-1.701x}$	$e^{-0.241x}$	$e^{-0.778x}$
平均值	$e^{-1.139x}$	$e^{-1.313x}$	$e^{-0.494x}$	$e^{-0.736x}$

注：x为监测断面与排污口之间的距离（km）。

将农村生活监测断面的各污染物浓度与集中式排污口的距离用指数函数进行拟合分析得到如下结果（图2-21）。

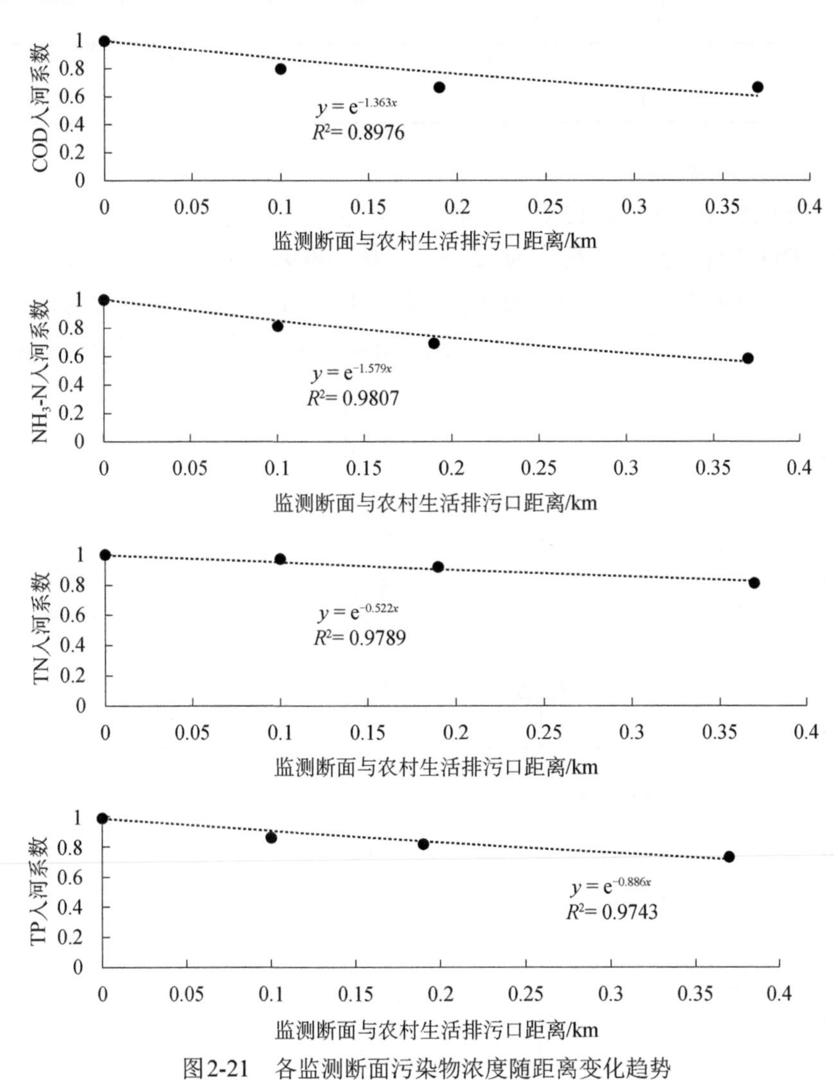

图2-21　各监测断面污染物浓度随距离变化趋势

通过沿程各污染系数的平均值，结合监测断面与排污口之间的距离获得在0.1～0.5km距离下生活污水各指标入河系数的取值（表2-28）。

表2-28　0.1～0.5km距离下生活污水各指标入河系数值

监测指标	监测断面与排污口距离/km				
	0.1	0.2	0.3	0.4	0.5
COD	0.89	0.80	0.71	0.63	0.57
NH_3-N	0.88	0.77	0.67	0.59	0.52

续表

监测指标	监测断面与排污口距离/km				
	0.1	0.2	0.3	0.4	0.5
TN	0.95	0.91	0.86	0.82	0.78
TP	0.93	0.86	0.80	0.74	0.69

4）产排污系数统计

利用SPSS统计软件对12篇文献中的42组农村生活产排污系数进行分析，农村生活COD产排污系数的均值为22.65（1.98～69.90）g/（人・d），NH_3-N产排污系数的均值为2.52（0.07～7.95）g/（人・d），TN产排污系数的均值为2.71（0.02～10.40）g/（人・d），TP产排污系数的均值为0.26（0.03～1.09）g/（人・d），如图2-22所示。

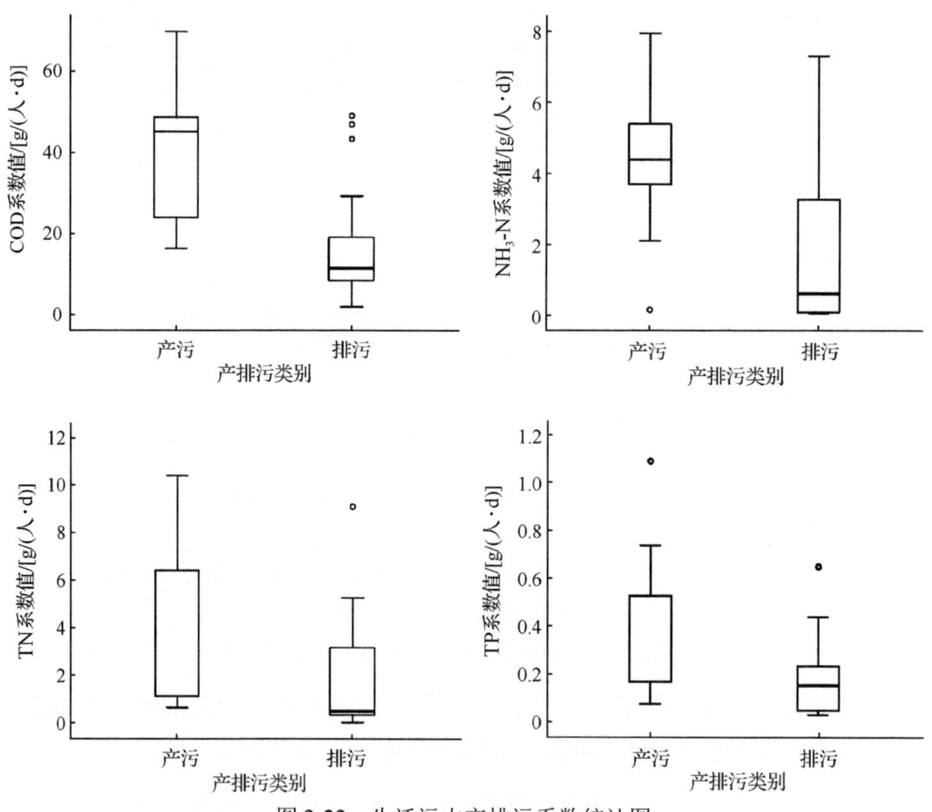

图2-22　生活污水产排污系数统计图

2.4　小流域非点源污染负荷输出规律

2.4.1　小流域概况

全城坞村小流域（119°41′50.12″～119°43′50.92″E，30°29′23.82″～30°27′37.59″N）位于浙江省杭州市余杭区鸬鸟镇，东邻黄湖镇，南连临安区横畈镇，北接百丈镇，西接安吉县山川乡，占地面积约647.14hm²，人口为1028人；全年平均气温17.5℃，夏季平均气温16.2℃，冬季平均气温3.8℃，无霜期230～260天，平均相对湿度为70.3%，年降水量约为1454mm，年日照时数约为1765h。境内河流均起源于区域内山地，封闭性好，监测方便。流域平均坡度为19.46°，主要地类为林地、农田、农村生活用地；其中农田占地18.92hm²，以水稻田为主，部分为蔬菜用地，农村生活用地为18.07hm²，主要集中在流域的中部地区。通过收集离采样点最近的仙佰坑气象观测站降雨量、降雨历时、气温等气象数据，作为分析该小流域非点源污染的水文气象资料。

2.4.2　水质监测点布设

为研究全城坞村小流域氮磷产排污系数，根据该流域的水文、地类情况，在流域河道断面布设了4个水质监测点（其中包括3个上游竹林监测点位和1个流域总出口监测点位）、1个农田径流监测区域以及1个农村生活监测区域，其编号分别为W1、W2、W3、W4、W5和W6（图2-23），主要监测指标为TN、TP。

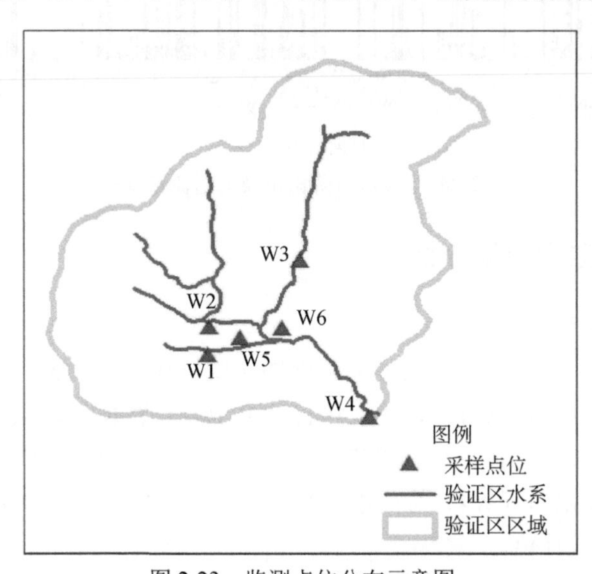

图 2-23　监测点位分布示意图

2.4.3 降雨及流量变化特征

2014年研究区域降雨量由浙江省实时雨水情网格化WebGIS发布系统获得（图2-24），自2014年1月1日～12月31日，该研究区域全年累积降雨量1438.5mm，其中5～8月的降雨量占全年降雨量的54%（全年最大一次降雨事件发生在7月27日，降雨量为87mm，最大雨强为30mm/h），本地区降雨较多且雨量充沛。在当年的1月、2月、11月降雨较少，三个月累计降雨量仅占全年降雨量的18%。

监测结果表明研究区域全年的监测平均流量为78.71L/s，其中，7月的平均流量最大，为163.1L/s，1月、11月的平均流量较小，约为39.0L/s，月最大流量约为最小流量的4倍。自6月起，因梅雨季节的长时间降雨，导致该区域在其后三个月中河道流量高于50L/s。降雨是导致流量变化的关键因素，降雨的年内分布不均匀，使得流量呈现出季节性变化，流量高峰主要集中在夏季。

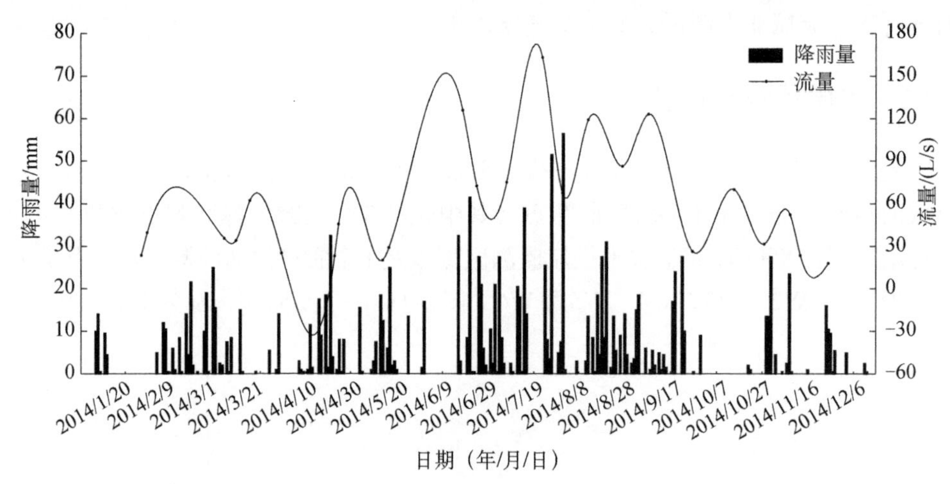

图2-24 小流域日降雨量及河道流量变化

2.4.4 小流域监测结果分析

1）氮磷流失特征

在2014年1～12月，分别采集非降雨期流域竹林径流（W1、W2、W3）、农村生活（W5）及出口（W4）有效水样12次共108组数据，图2-25为非降雨期各监测点位氮磷浓度统计值；分别采集降雨期流域竹林径流（W1、W2、W3）、农田径流（W6）及出口（W4）有效水样12次共112组数据，图2-26为降雨期各监测点位氮磷浓度统计值。

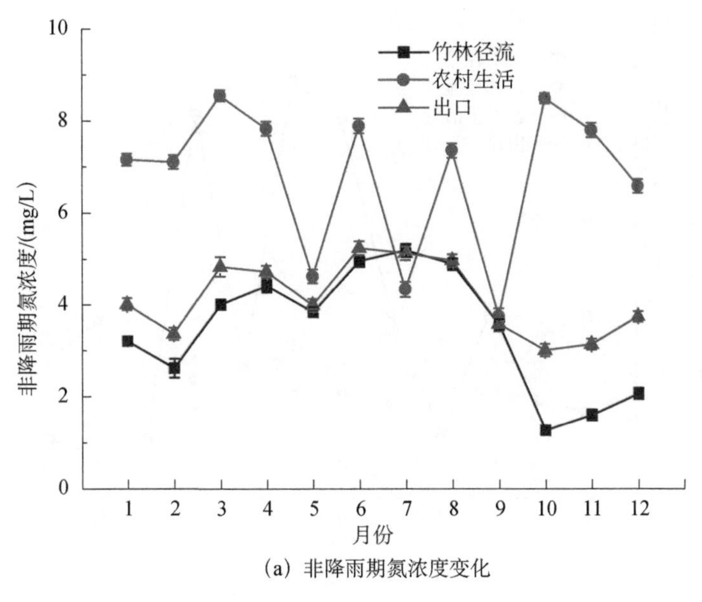

(a) 非降雨期氮浓度变化

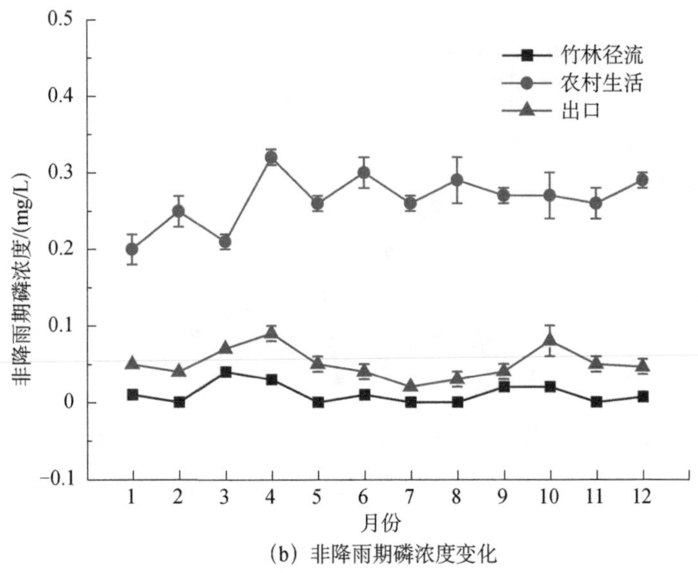

(b) 非降雨期磷浓度变化

图 2-25　非降雨期各监测点位氮磷浓度变化

从图2-25中可以看出非降雨期生活污水氮浓度均值处于3.75～8.54mg/L水平，磷浓度均值处于0.20～0.32mg/L水平。由于春夏两季农户月际用水不均，污水量的增加自然稀释了一部分污染物的浓度，在2014年4～9月氮磷浓度均处于波动状态。总体看来，夏秋两季的污染物浓度水平低于春冬两季。同时通过对比研究图2-25、图2-26中非降雨期与降雨期农村生活污水中氮磷浓度变化发现，生活污水中每月氮磷浓度的变化差异不大，相对稳定，因此，在计算降雨期生活污

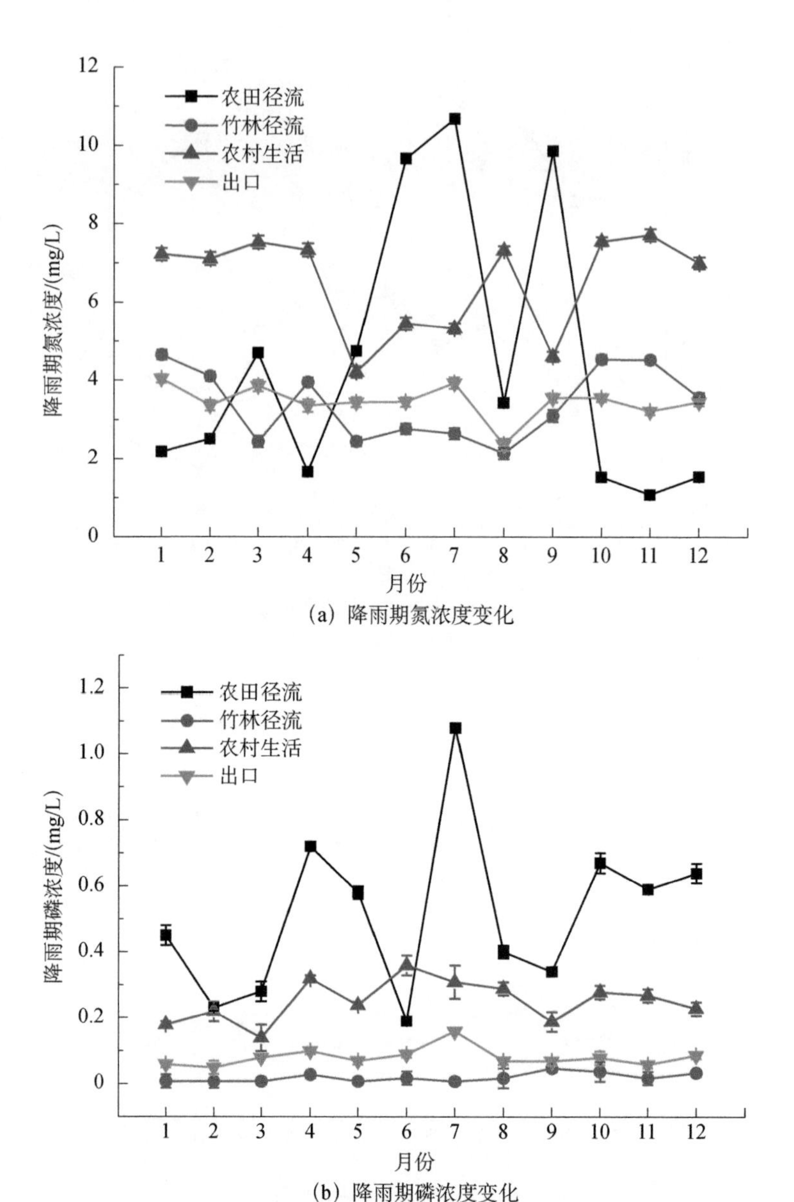

(a) 降雨期氮浓度变化

(b) 降雨期磷浓度变化

图 2-26　降雨期各监测点位氮磷浓度变化

染氮磷负荷强度时，可以假设降雨期与非降雨期无差异，并且在评估每月生活氮磷污染负荷强度中，以非降雨期农村生活污水采样日作为当月的代表日计算。

从图2-26中可以看出降雨期4月、9月、10月竹林径流氮磷浓度普遍偏高，经调查是竹林施肥的原因，山间主要种植毛竹作为经济林种，因农事需要，一般会施用少量复合肥促进毛竹的生长，因此对水源产生了一定影响。降雨期农田径流总氮浓度均值处于1.08～10.68mg/L 水平，总磷浓度均值处于0.19～1.08mg/L

水平。在5～11月的农田耕作期，氮磷浓度均值显著增高，在施肥期农田径流总氮浓度最高值超过10mg/L，总磷浓度最高值超过1mg/L，农田耕作期正值降雨高峰期，因此在5～11月降雨期，农田径流污染是本研究小流域氮磷污染的重要组成部分。

2）小流域日氮磷流失负荷强度

根据非降雨期污染物质量及流量守恒方程式计算得到农村生活流量，再结合监测所得农村生活浓度与调查所得该研究区域的农村生活人口，可计算得到2014年1～12月非降雨期农村生活污水负荷强度（即产排污系数），经过非降雨期与降雨期农村生活进一步监测得到农村生活污水浓度差异不显著，由此将非降雨期农村生活污水负荷强度作为该月农村生活污水负荷强度（表2-29）。

表2-29　农村生活污水负荷情况

负荷强度/［g/(人·d)］	采样月份											
	1月	2月	3月	4月	5月	6月	7月	8月	9月	10月	11月	12月
总氮	2.91	3.38	3.28	1.37	1.48	4.49	2.02	1.25	1.96	4.53	5.12	3.69
总磷	0.08	0.11	0.08	0.13	0.09	0.19	0.13	0.17	0.16	0.14	0.13	0.06

总体而言农村生活污水负荷强度随季节变化相对稳定，总氮负荷强度为1.25～5.12g/(人·d)，总磷负荷强度为0.06～0.19g/(人·d)。与太湖流域农村生活污水产排污系数相关研究（王文林等，2010）中总氮排污系数3.15～5.25g/(人·d)以及总磷排污系数0.22～0.37g/(人·d)的研究结果较为接近。

降雨径流是形成非点源污染的主要影响因素（李家科，2009），根据非降雨期计算所得农村生活流失情况以及降雨期污染物质质量和流量守恒方程式计算得到农田径流及竹林径流的流量，再结合监测所得农田径流及竹林径流浓度，可计算得到2014年1～12月农田径流及竹林径流负荷强度，并通过农田径流与竹林径流负荷强度相加得到该流域降雨径流负荷强度（表2-30）。

表2-30　降雨期流失情况

流失负荷/（kg/d）		采样月份											
		1月	2月	3月	4月	5月	6月	7月	8月	9月	10月	11月	12月
农田径流	总氮	2.76	5.89	10.84	1.78	3.69	6.19	22.95	4.28	6.51	4.10	2.53	1.49
	总磷	0.09	0.01	0.31	0.16	0.07	0.66	2.01	0.37	0.09	0.12	0.06	0.07
竹林径流	总氮	8.12	1.06	6.57	10.06	3.46	26.84	30.49	18.97	29.46	12.77	6.76	1.73
	总磷	0.03	0.03	0.04	0.10	0.02	0.14	0.12	0.18	0.49	0.21	0.08	0.09
降雨径流	总氮	10.87	6.96	17.41	11.85	7.15	33.03	53.44	23.25	35.97	16.87	9.29	3.21
	总磷	0.12	0.04	0.35	0.26	0.09	0.78	2.12	0.55	0.58	0.33	0.13	0.11

对比分析农田径流全年氮磷流失情况得到6月、7月流失强度最大，经调查

得到该地区一般种植单季稻，通常情况下在6月中下旬施基肥，7～8月再进行追肥，而菜地分布在农田周边，以种植日常食用品种（青菜、红豆、番薯等）为主，一般施用有机肥维持作物肥效，但种植种类以及耕作习惯差异导致施肥时段的不同也是导致农田径流氮磷流失负荷强度月际差异的一个重要因素。

对比分析竹林径流及降雨径流氮磷流失负荷可得，4～10月为氮磷流失的高峰期，该流域竹林总氮流失负荷强度普遍较高，该时期为丰水期且日降雨强度大。经过地理分析得到该地区竹林面积占90%以上，林地地势较陡，雨水的冲刷效应明显，造成的氮磷流失较大，因此丰水期竹林径流氮磷流失是造成该流域降雨径流氮磷流失的关键。

3）小流域月氮磷流失负荷强度

根据每月降雨期采样时当天降雨量与本场次降雨产生磷素流失负荷强度（农田负荷与竹林负荷之和）建立起来的关系（图2-27），可以看出此小流域降雨量与日氮磷流失负荷强度存在一定正相关性。再结合仙佰坑气象观测站得到该研究区降雨期采样日降雨量，可以求得该研究小流域2014年1～12月降雨日的氮磷流失情况。

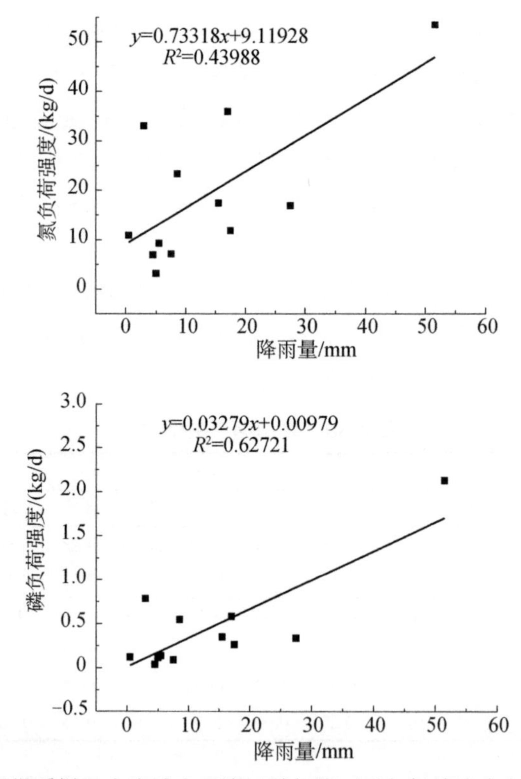

图2-27 降雨期采样日小流域当天降雨量与降雨引起氮磷流失负荷强度的关系

通过将该小流域每月降雨日氮磷流失量叠加得到月降雨流失负荷，结合日农村生活流失负荷强度与该月天数相乘得到的月农村生活流失负荷，该流域每月氮磷流失总负荷主要由月降雨流失负荷及农村生活流失负荷组成。进一步通过该小流域面积换算得到每公顷流域面积的氮磷流失负荷（即流域产排污系数）（表2-31）。

表2-31 流域氮磷流失情况

月流失负荷	采样月份											
	1月	2月	3月	4月	5月	6月	7月	8月	9月	10月	11月	12月
总氮/(kg/hm²)	0.19	0.31	0.25	0.20	0.20	0.40	0.38	0.31	0.27	0.29	0.34	0.20
总磷/(g/hm²)	5.80	11.92	7.55	12.07	9.95	17.46	19.34	19.69	15.26	9.69	10.22	3.29

该小流域每月非点源污染氮负荷强度为0.19～0.40kg/hm²，磷负荷强度为3.29～19.69g/hm²。在施肥与降雨的作用下，6～8月该小流域的氮磷流失情况相比其他月份较大。研究表明（李恒鹏等，2006），太湖地区蠡河流域每月非点源污染氮负荷为0.98kg/hm²，磷负荷强度为43.26g/hm²，相比本研究所得值偏高，主要原因是蠡河流域耕地面积占总面积41%，不同地类输出强度具有显著差异，耕地输出强度大于林地输出强度（黄金良等，2004；赵广举等，2012；刘瑞民等，2006）。

2.5 大尺度流域非点源产排污规律

2.5.1 研究区域概况

本节所选研究区域为东苕溪上源部分，位于浙江省西北部，流经临安、余杭两地。河源可细分为南、中、北苕溪，以南苕溪为正源，发源于临安东天目山北部，与中苕溪、北苕溪相继汇流，最终汇于余杭区瓶窑镇。主干河道长约70km，流域总面积在1832km²。研究区以山地为主，地势自西南向东北倾斜，南苕溪源头天目山脉为最高点，海拔1462m，至瓶窑段高程降为2m，整个区域平均高程为175m。

2.5.2 基础数据库构建

1. 输入数据收集

输入数据收集是模型建立的基础，数据精度将影响研究区域子流域、水文响应单元等计算单元的划分，从而影响流域径流、沉积物、营养物产生总量，最终影响输出结果。表2-32中前三项为空间数据，为地理图层，后五项则是属性数据。

表 2-32 输入数据收集清单及来源

编号	数据名称	来源	备注
1	DEM（数字高程模型）图	地理空间数据云	30m×30m，GRID
2	土地利用图	国家地球系统科学数据中心 南京师范大学地理科学学院	1∶100000，Shapefile
3	土壤图	浙江省及地方土壤志 浙江大学农业遥感与信息技术研究所	1∶50000，Shapefile
4	土壤数据	浙江省及地方土壤志 中国土壤科学数据库	以土壤亚类为单位
5	气象数据	中国气象数据网 浙江省水文局	日数据：降雨、气温、太阳辐射、风速及相对湿度
6	水文数据	浙江省水文局	日均数据：水库、河道流量
7	污染源/水质数据	浙江省生态环境监测中心	月数据：TN、TP、NH_3-N
8	农事管理信息	研究区域实地调查	种植周期、施肥量等信息

2. 数据初步处理及数据库构建

不同的地理坐标系统及投影方式对图形的变形效果有很大差异，使用数据时需要进行统一，以减少不必要的误差。由于空间数据源于不同机构，各个数据原始空间信息均不相同。

1）重投影

本研究使用ArcGIS对所有数据进行重投影，地理坐标选择Beijing1954，投影方式为Albers等积投影（表2-33）。

表 2-33 重投影坐标选择及相关参数

地理坐标系	投影方式	中央经度	第一纬线	第二纬线	单位
Bejing1954	Albers等积	120°	28°	32°	m

2）天气发生器

天气发生器（.WGN）是SWAT必要的输入数据之一，当实测气象数据中出现缺失值或需要对未来进行模拟预测时可通过天气发生器生成所需气象数据。本研究中使用国家气象科学数据中心（中国气象数据网）提供的1990～2012年的逐日气象数据，借助辅助软件pcpSTAT.exe，dew2.exe计算获得主要参数。

3）土壤数据库

SWAT土壤输入数据包括土壤物理属性、土壤化学属性两部分。土壤物理属性影响到土壤中水、气的运输转移能力，对流域水文、化学物质的循环影响很大，而模型自带的数据库是按照美国土壤特性制作而成，需要重新建立土壤数据库（张楠等，2007；蔡永明等，2003）。本书所收集的土壤图共包含68种土壤，故以亚类为单位对土壤进行重分类，得到21类土壤（表2-34）。属性参数的收集和计算与新划分的土壤类型对应。

表2-34　土壤重分类

编号	土壤亚类	SWAT名称	原始土壤名称
1	黄红壤	HHR	潮红土、黄红泥土等
2	棕红壤	ZHR	棕黄泥、棕黄筋泥等
3	黄壤	HR	山地黄泥土、山地石砂土
4	酸性紫色土	SXZST	酸性紫砂土
5	黑色石灰土	HSSHT	黑油泥
6	棕色石灰土	ZSSHT	油黄泥
7	基中性火山岩土	JZXHSYT	棕泥土、灰黄泥土
8	酸性粗骨土	SXCGT	片石砂土、石砂土等
9	灰潮土	HCT	潮闭土、潮泥土等
10	渗育型水稻土	SYXSDT	油泥田、湖松田等
11	潴育型水稻土	ZYXSDT	堆叠泥田、红砂土等
12	脱潜潴育型水稻土	TQZYXSDT	青紫泥田、青粉泥田
13	潜育型水稻土	QYXSDT	烂泥田、烂青紫泥田等
14	水成新积土	SCXJT	清水砂土
15	滨海盐土	BHYT	涂泥土
16	潮化盐土	CHYT	咸泥土
17	潮间盐土	CJYT	潮间滩涂
18	红壤	HongR	粉红泥土、红黏土等
19	红壤性土	HRXT	红粉泥土、堆叠土
20	石灰性紫色土	SHXZST	紫砂土、红紫泥土
21	淹育型水稻土	YYXSDT	白粉泥田、白砂田等

4）土地利用重分类

由南京师范大学地理科学学院提供的土地利用图共包含21种土地利用类型，模型HRU分析时只识别面积最大的10种地类并将它们扩展至未覆盖部分以保证模型的顺利运行。为尽量避免信息丢失，结合SWAT中crop、urban两个数据库中的信息对土地利用进行重分类（表2-35）。

表2-35　土地利用重分类

编号	重分类名称	SWAT 名称	原编号	原分类
1	混合林	FRST	21	有林地
			22	灌木林
			23	疏林地

续表

编号	重分类名称	SWAT 名称	原编号	原分类
2	果园	ORCD	24	其他林地
3	草原	PAST	31	高覆盖度草地
			32	中覆盖度草地
			33	低覆盖度草地
4	水体	WATR	41	河渠
			42	湖泊
			43	水库坑塘
			45	滩涂
			46	滩地
5	城镇	URBN	51	城镇用地
6	中低密度居民区	URML	52	农村居民点
7	工业区	UIDU	53	其他建设用地
8	水稻田	RICE	111	山地水田
			112	丘陵水稻
			113	平原水田
9	普通耕地	AGRL	121	山地旱地
			122	丘陵旱地
			123	平原旱地

以上为模型运行所需的基础数据，将基础数据处理完毕后就可运行SWAT模型。在运行操作过程中可以得到子流域、HRU划分和土地利用、土壤分布情况等信息。

3. 数据库信息编辑

完成HRU定义后，需要输入/编辑本小节中提及的各类数据信息，除气象信息为必备数据外，点源信息、水库信息、农事管理信息等可以依照实际情况选择性输入。

2.5.3 SWAT模型率定

SWAT-CUP 是一个开放的、免费的软件，它可以将 SUFI-2（sequential uncertainty fitting version-2）、GLUE、ParaSol等程序与SWAT连接起来，对已建

立的SWAT模型进行敏感性分析、率定、验证及不确定分析等，提高模拟值与实测值的匹配度。

本研究选择SUFI-2 对模型进行率定。该程序可以针对多项模拟指标，同时对多个参数进行校准，操作时只需将实测数据、需校正参数按规定格式输入程序，即可由软件自动完成率定过程。SUFI-2 采用拉丁超立方体抽样法（Latin hypercube sampling，LHS）对待校准参数进行取值：在设定参数取值范围及模拟次数N后，将每个参数的取值范围划分为N个等距区间，从每个参数中随机抽取一个区间后组合，得到N个参数区间组合，再从每个区间中随机抽样得到N组参数数值集合，将这些参数集合一一代入模型运行并将输出结果与实测值比较，最终模拟结果最优的数据集合即为最佳参数，作为率定结果反馈给使用者。

率定结果用确定性系数R^2和纳什系数（Nash-Sutcliffe efficiency，NSE）评价。R^2取值范围在0～1，用于表示实测值与模拟值之间的数据吻合程度；纳什系数取值范围在$-\infty$～1，是一个基于平均值的评价系数。NSE越接近1表示模拟效果越好，当其小于0时则表示模拟结果精度过低，此时使用平均值进行评价分析更为可信。研究参与率定的有四项指标，分别为流量、总氮、总磷和氨氮，要求最终结果$R^2>0.7$，NSE>0.5。

SWAT-CUP内设的参数共600多个，其中大部分还可根据土壤水文分组、土壤质地、土地利用方式、坡度、土壤层号、作物及子流域等进行细分，参数数量巨大且并非所有参数均需校准，在率定前需对参数进行筛选。利用SWAT自带模块进行参数敏感性分析，选择前8个在SWAT-CUP中进行率定，率定参数及其最终取值参见表2-36。

表 2-36　最终率定参数

编号	参数名称	最终值
1	CN2.mgt	40.80
2	BIOMIX.mgt	0.64
3	CANMX.hru	0.51
4	ESCO.hru	0.27
5	USLE_P.mgt	0.43
6	RCHRG_DP.gw	0.65
7	ALPHA_BF.gw	0.49
8	GWQMN.gw	205

最终模拟值精度见表2-37，所有的R^2均大于0.70，NSE均大于等于0.60，模拟结果达到要求，其中流量的模拟精度极高，R^2达0.97，对应NSE为0.83。模型

输出结果可信，可用于进一步评价与分析。

表 2-37　四项模拟指标模拟精度

模拟指标	R^2		NSE	
	验证期	率定期	验证期	率定期
流量	0.98	0.97	0.82	0.83
TP	0.89	0.84	0.86	0.83
TN	0.81	0.84	0.69	0.81
NH_3-N	0.85	0.73	0.80	0.60

图 2-28～图 2-31 分别为瓶窑站实测流量、TP、TN 及 NH_3-N 与模拟值的对比，从图中可以看出降雨峰值与水文水质监测值高峰出现时期基本一致，表明降雨对流量及非点源污染的产生有驱动作用，通过模型输出，可进一步研究流域尺度上降雨量与非点源污染产污负荷间的关系。

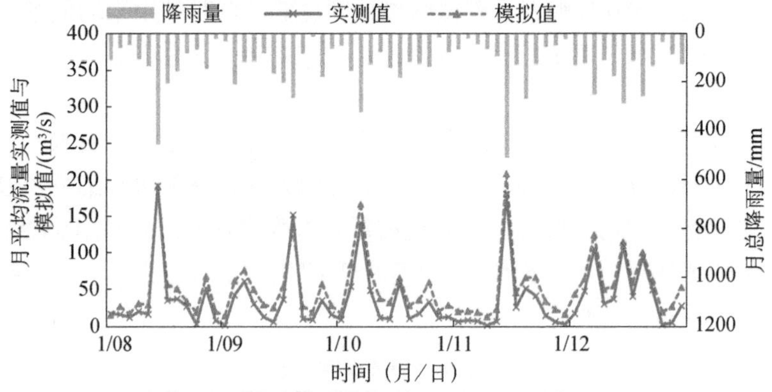

图 2-28　瓶窑站月平均流量实测值与模拟值比较

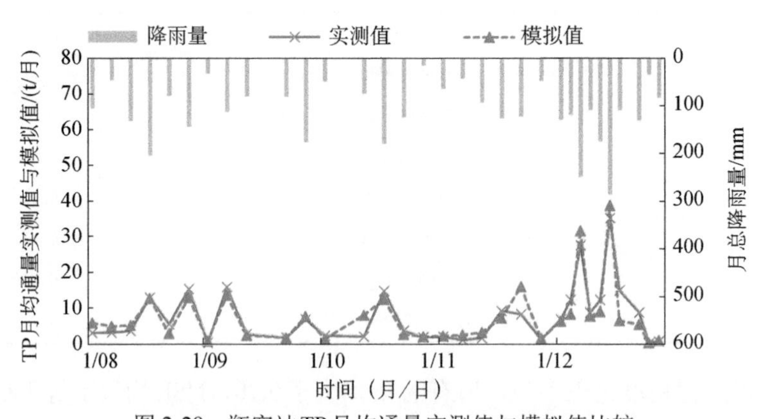

图 2-29　瓶窑站TP月均通量实测值与模拟值比较

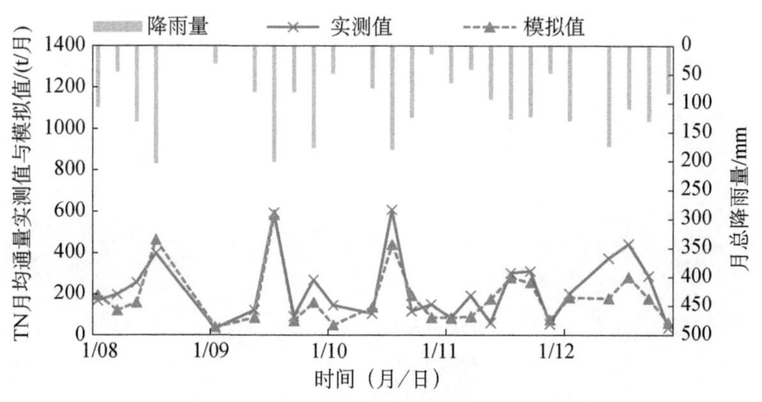

图2-30　瓶窑站TN月均通量实测值与模拟值比较

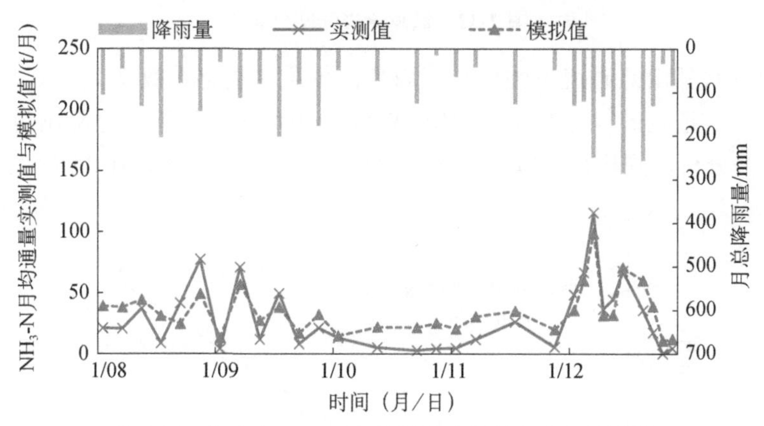

图2-31　瓶窑站NH_3-N月均通量实测值与模拟值比较

2.5.4　SWAT模型输出结果分析

1. 山区流域氮磷流失强度时空分布

经过参数率定及校正，SWAT模型所得结果可以较好地反映研究区域非点源污染物输出量、河道污染物通量等信息。

图2-32中氮磷流失时间分布差异很大，不同子流域的氮磷流失强度相差较大。总体上，TN、TP流失强度分别在7.2～22.7kg/hm^2和0.56～6.80kg/hm^2。从图2-32中可以看出TN、TP流失强度分布较为接近，最大污染负荷均出现在流域南部18号子流域。

2. 两种土地利用下降雨–氮磷流失强度回归分析

由图2-33、图2-34可知，农田氮磷的流失负荷与降雨量呈正相关关系，该结论与其他研究者研究结果一致（邬伦和李佩武，1996）。本书在前期研究中通

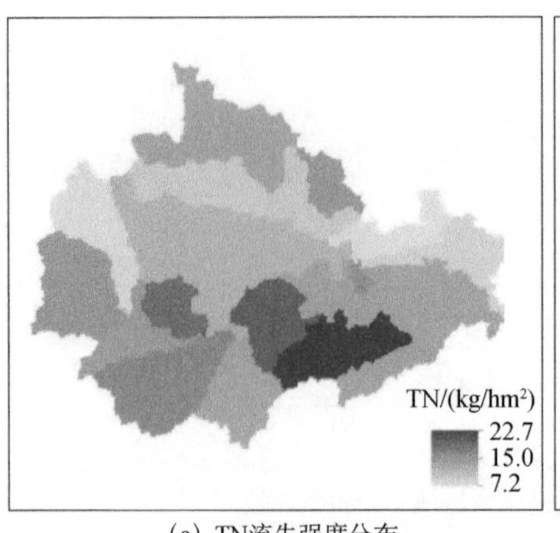

(a) TN流失强度分布

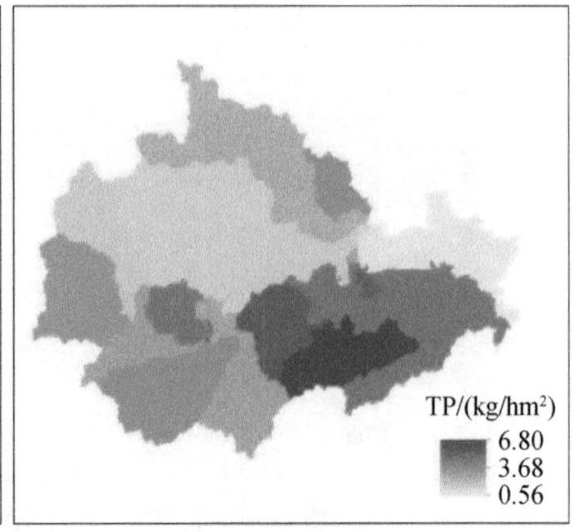

(b) TP流失强度分布

图 2-32　氮磷流失强度分布

过实验得到水稻田氮磷流失强度与降雨量的关系，决定系数 R^2 均在 0.75 以上，拟合度良好；童晓霞等（2010）利用 SWAT 输出结果作漳河灌区降雨量-氮磷流失强度回归分析，同样得到拟合度很好的线性回归方程，R^2 均在 0.9 以上。

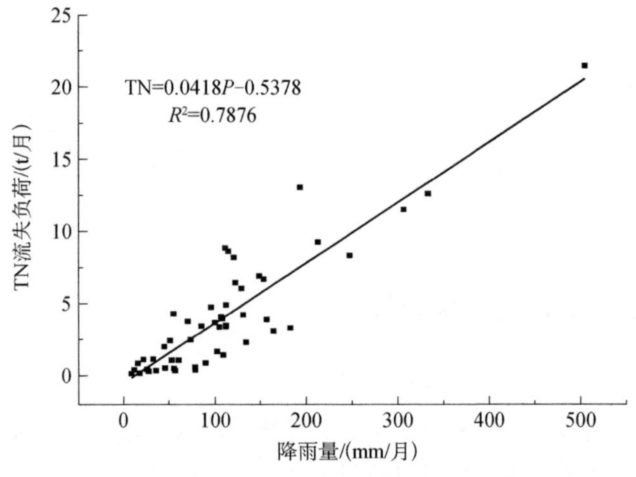

图 2-33　降雨量-TN 流失负荷回归曲线

除降雨外，土地利用模式也对非点源污染的流失有较大影响，影响因素包括植被覆盖率、土壤性质、管理措施等。王晓燕（1996）、黄云凤等（2004）、宋泽芬等（2008）研究成果都显示，植被覆盖率越高的土地，植被的林相越复杂，人工干扰植被越少，TN、TP、SS 等污染物流失就越少。农事管理中的施肥操作则会导致土壤氮磷的累积，在水土流失强度不变的情况下增加了氮磷流失强度（焦加国等，2006；罗春燕等，2009；李东等，2009）。研究氮磷流失特性必须对土地利用进行区分。

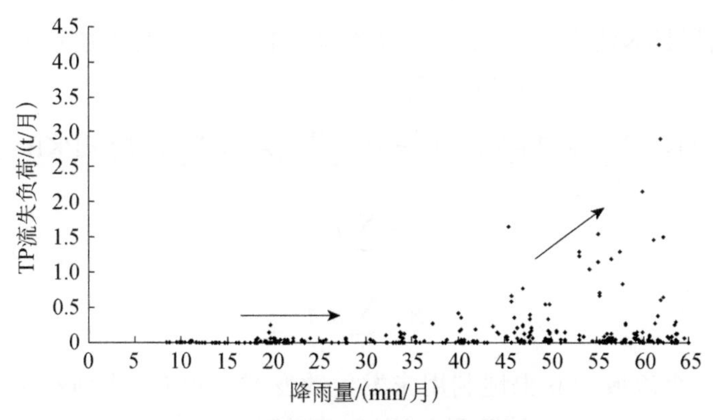

图2-34　降雨量-TP流失负荷散点图

传统的研究降雨量与农田氮磷流失强度关系的方法主要有：人工降雨器模拟、试验田观测等，所得结果多是小范围、短时间内的降雨–氮磷流失关系（梁新强等，2005；方楠等，2008）。为保证研究结果，这些实验中很多因素会受到人为控制，往往与实际情况存在一定偏差。因此本研究使用SWAT模型的输出结果，以面积大于20km^{2}的子流域为单位进行数据分析获得氮磷流失强度与降雨的相关关系。

简化公式可以在需要时进行宏观尺度的氮磷流失负荷预测估算，为污染管理措施的制定提供依据。相比于建立模型再进行模拟计算，通过简化公式进行估算能更快获得结果，尤其在精度要求相对较低的情况下。同时，所得的简化公式也可通过编程方式成为其他污染模拟模型的非点源计算模块，实现不同模型间的耦合。

1）回归分析

由于SWAT是一个流域尺度的模型，模拟数据的准确性以整个流域的月输出为率定单位，将输出结果过度细分会大大降低数据精度。因此，本书选择子流域的月输出值用于数据分析，以期建立非点源污染流失负荷与降雨量之间的关系方程，而后结合各子流域的土地利用分布情况，反推获得每种土地利用下氮磷流失强度与降雨量的关系式。研究面积过小的子流域（<20km^2）不在分析范围之内。

假设每一种土地利用的氮磷流失强度与降雨量呈线性关系，则有公式（以TN为例）：

$$\mathrm{TNL}_i = k_i P + b_i \tag{2-21}$$

式中，TNL_i为i类土地利用的TN流失强度（t/km^2）；P为降雨量（mm）；k_i为流失强度系数［t/(km^2 • mm)］；b_i为修正常数（t/km^2）。

一个流域的N、P流失负荷可看作各土地利用流失负荷的和，即

$$\mathrm{TN} = \sum_i^n \mathrm{TNL}_i A_i \tag{2-22}$$

式中，TN为流域TN流失负荷（t/月）；A_i为流域中第i种土地利用的面积（km^2）。

结合式（2-21）、式（2-22），可得到：

$$TN = \sum_{1}^{n}\left[\left(k_i P + b_i\right) \times A_i\right] = P \times \sum_{1}^{n}\left(k_i A_i\right) + \sum_{1}^{n}\left(b_i A_i\right) = PKB \tag{2-23}$$

$$K = \sum_{1}^{n} k_i A_i \tag{2-24}$$

$$B = \sum_{1}^{n} b_i A_i \tag{2-25}$$

对于同一个流域，其土地利用未发生改变时，第i种土地利用对应的A_i不变，则可视K、B为常量，降雨量与流域非点源污染物流失负荷呈线性相关。通过回归分析，可以获得研究区内多个子流域氮磷流失负荷与降雨量的关系方程，也即可获得每个子流域对应的K、B值，再结合各子流域的土地利用分配情况，做多元回归分析，即可获得每种土地利用对应的K、B值。

2）异常值去除

模型校正过程中只保证研究区的整体精度，并不是每一个模拟值都精确有效，即认为数据中存在异常值，分析时需删除。本书使用残差分析实现异常值的判断与剔除，提高数据的可靠性（张璇等，2012；王鑫等，2003）。

残差e是每个x值对应的实际y值与拟合线y值间的差，有多少数据即有多少残差。残差与其标准差σ的比称为标准化残差（standardized residual）ZRE，与残差e相比，ZRE便于制定比较标准，通常认为$|ZRE|>3$的为异常值，分析时需将这些值删除后进行再次拟合（拉依达准则，3σ准则）。使用Origin软件进行回归分析时可直接计算ZRE。数据经过处理后再次拟合，新结果中仍可能有部分数据的$|ZRE|$在3以上，此时不能无限制地删减数据，该新结果即为最终结果。

农田磷流失主要以固体态/胶体态形式流失（王振旗等，2011；王晓燕等，2008；黄云凤等，2004），降雨量过小时无法产生径流或冲刷作用不明显，对应的磷流失负荷会较小甚至为0。因此，在进行降雨-TP流失负荷拟合时，仅对开始产生磷流失的数据进行分析。

3）子流域选择

研究区土地利用共9种，分别为混合林（FRST，58.3%）、水稻田（RICE，27.1%）、普通耕地（AGRL，4.0%）、城镇（URBN，4.0%）、中低密度居民区（URML、2.4%）、草原（PAST，1.7%）、水体（WATR，1.6%）、果园（ORCD，0.9%）和工业区（UIDU，0.1%）。其中混合林和水稻田所占比例最大，两者共占总面积的85.4%。在模型建立过程中，当某种土地利用在子流域中所占比例小于用户设置的阈值（一般是0～20%），模型会将其忽略并将对应的面积分配给其他土地利用，目的在于减少子流域HRU数目，提升模型处理能力。一方面，在各子流域中广泛分布的仅有面积比例较大的水稻田和混合林，其他类型仅在部分子流域中存在。另一方面，在进行模型率定时，混合林与水稻田的部分参数（CN2、CANMX、USLE_P等）进行了单独调整，其余土地利用使用的则是全局调参时所得结果，主要参数数值相同。相较之下，模型输出数据中混合林及水稻田的产流产污情况精度更高。鉴于上述两个因素，本研究仅分析混合林、水稻田两种土地利用类型的产污负荷与降雨间的相关性。选择混合林与水稻田总面积占90%以上的子流域参与分析并忽略其他土地利用类型的产污。

研究区共分24个子流域，其中5～7号、9号、19号及20号子流域面积不到10km²，不用于分析。剩余18个子流域中有9个子流域混合林和水稻田所占比例大于90%，分别为1号、2号、11号、13号、14号、17号、18号、21号和24号子流域，主要分布于研究区西北部及中部山区。9个子流域面积为20.66～271.99km²，两种土地利用面积比例在91.0%～97.6%，具体信息见表2-38。

表 2-38　所选子流域土地利用分布情况

编号	子流域	子流域面积/km²	混合林/km²	水稻田/km²	（混合林+水稻田）比例/%
1	1	98.41	85.29	8.71	95.6
2	2	164.56	127.29	26.35	93.4
3	11	271.99	196.34	61.02	94.6
4	13	103.93	92.70	8.71	97.6
5	14	128.09	105.58	17.40	96.0
6	17	50.38	38.17	8.41	92.5
7	18	101.97	47.75	45.06	91.0
8	21	20.66	15.89	3.72	94.9
9	24	90.16	75.04	12.84	97.5

3. TN流失强度与降雨的关系

通过残差分析删除异常值后，每个子流域参与分析的样本量在50～58（总数为60）。图2-33显示的是1号子流域的TN月流失负荷与月降雨量间的线性拟合曲线，样本量共51个。可以看出1号子流域面上平均月降雨量主要集中在0～200mm（90%），降雨量最大值为505mm。1号子流域每月的TN流失负荷与降雨量呈较好的正相关关系，拟合曲线的决定系数R^2达0.79。每月TN流失负荷主要在10t/月以下（92%），最大流失负荷在降雨量最大时出现，为21.4t/月。对应的标准化残差分析显示，ZRE大小随机分布在−3～3，这说明回归分析基本满足假设，也即降雨量-TN流失负荷呈线性相关这一假设是合理的。

子流域TN流失负荷与降雨量线性相关方程见表2-39。结果显示，降雨量与子流域TN流失负荷呈极显著正相关关系。除13、14号子流域外，其他回归方程的决定系数R^2均在0.72及以上，最高时R^2可达0.85。回归方程的截距均小于0，说明在降雨量较小时不发生氮素流失或氮素流失较少。

表2-39　子流域TN流失负荷与降雨量线性相关方程

编号	子流域	样本量	回归方程	R^2
1	1	51	TN=0.042*P*−0.538	0.79
2	2	50	TN=0.076*P*−2.063	0.85
3	11	52	TN=0.126*P*−1.730	0.80
4	13	55	TN=0.053*P*−0.638	0.59
5	14	57	TN=0.116*P*−3.597	0.66
6	17	58	TN=0.062*P*−2.417**	0.77
7	18	52	TN=0.088*P*−1.108**	0.72
8	21	52	TN=0.013*P*−0.344**	0.80
9	24	51	TN=0.053*P*−1.262**	0.75

注：TN为子流域每月TN流失负荷，t/月，TN≥0；*P*为子流域面上平均降雨量，mm/month。**p<0.01。

对降雨量-TN流失负荷回归曲线的斜率K和截距B与混合林和水稻田面积进行多元回归分析，得式（2-26）与式（2-27），据此可获得混合林和水稻田降雨量-TN流失强度关系方程［（式（2-28）、式（2-29）］。对应的标准化残差分析结果显示，9个标准化残差均在−3～3，无异常值，且分布随机，表明回归方程基本合理。

$$K = 0.0005A_{\text{FRST}} + 0.0011A_{\text{RICE}},\ R^2=0.89,\ p<0.01 \tag{2-26}$$

$$B = -0.0151A_{\text{FRST}} + 0.002A_{\text{RICE}},\ R^2=0.56,\ p<0.05 \tag{2-27}$$

$$\text{TNL}_{\text{FRST}} = 0.0005P - 0.0151 \tag{2-28}$$

$$\text{TNL}_{\text{RICE}} = 0.0011P + 0.002 \tag{2-29}$$

式中，K为降雨量-TN流失回归方程的斜率；B为降雨量-TN流失回归方程的截距；A_{FRST}为子流域中混合林的面积（km^2）；A_{RICE}为子流域中水稻田的面积（km^2）；TNL_{FRST}为混合林TN的流失强度［t/(km^2·月)］，≥0；TNL_{RICE}为水稻田TN的流失强度［t/(km^2·月)］，≥0；P为月降雨量（mm/月）。

从TN流失强度方程中可以看出，相同降雨情况下水稻田TN流失强度超出混合林的两倍，远高于后者。一方面，这与水稻田高达345kg N/hm^2（50kg尿素/亩）的年施肥量有关。施肥后土壤及土壤溶液中氮磷含量急剧上升，约一周后下降至一般水平，此时间段内氮磷流失风险较大（王振旗等，2011；谢学俭等，2008；黄宗楚等，2007）。同时，长期施肥导致土壤氮磷累积（陈怀满，2005）。另一方面，林地地上部分的叶面积、冠层截留率等都高于水稻田，可以减少降雨对地表的冲击力，降低非点源污染的产生量。这个结果与主流认知一致，宋泽芬等（2008）的研究证实，在相同的降水量下，植被覆盖率较高的灌草丛和次生林都有较好的调节径流和减少土壤流失的作用。黄云凤等（2004）在九龙江流域选取了植被覆盖率在40%～100%的四个典型小流域，结果表明在降雨量相近的情况下，植被覆盖率越高，TN、TP、SS等污染物流失越少。

前期研究中，通过试验田获得水稻田降雨-TN流失强度关系式：TNL=0.004−0.078P（梁新强等，2005）。一方面，本书是基于流域尺度的长时间连续模拟，所得结果受到各种因素的综合影响，与条件控制严格的试验田TN流失规律存在一定差异。另一方面，以月为尺度，通过分析5年数据所得，而前期研究所测定的是施肥后19天内的氮磷流失数据，氮磷流失强度将大于年内其他时间段属合理现象。因此本研究所得结果并不适用于小范围、特定农田的TN流失负荷估算。

4. TP流失强度与降雨的关系

TP主要以胶体/固体吸附等形式流失，降雨量较少时对土壤的冲刷作用较低，土壤流失负荷较少，相应的TP流失负荷也会很低甚至为零。作降雨量-TP流失负荷散点图（图2-34），从图中可以看出，当降雨量低于44mm时，大部分TP流失负荷数值为零，数据计算结果显示，该部分TP流失负荷平均值仅0.02kg/hm²。这一部分数据并不符合流失负荷与降雨量成正比这一规律，因此在研究中只选取降雨量超过44mm的数据进行分析，降雨量低于44m时视TP流失负荷为0。

图2-35显示的是1号子流域的降雨量-TP流失负荷回归曲线，样本量共49个，存在2个异常值，线性拟合曲线的R^2约为0.72。从图中可以看出，1号子流域的TP流失负荷比TN流失负荷要小很多，对应的标准化残差分析结果显示，

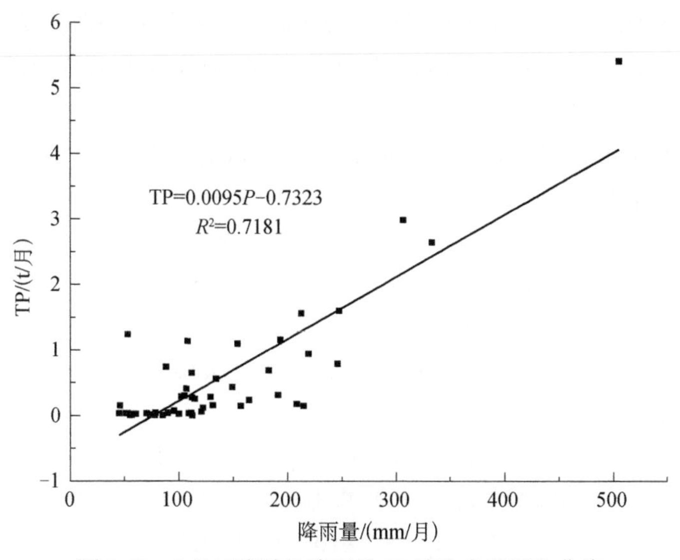

图2-35　1号子流域的降雨量-TP流失负荷回归曲线

ZRE值随机分布于−3～3，回归分析合理。9个子流域降雨量-TP流失负荷回归方程及决定系数R^2见表2-40。从表中可以看出，TP流失负荷与降雨量呈极显著正相关。回归方程斜率K的分布规律与TN的类似，K值与子流域面积呈正相关但不成正比。笔者前期研究所得水稻田降雨量-TP流失负荷方程为：$TPL=1.0\times10^{-3}P-0.022$（梁新强等，2005）。与本书研究所得结果较为接近，表明本次研究结果较符合实际情况。

表2-40 子流域TP流失负荷与降雨量线性相关方程

编号	子流域	样本量	回归方程	R^2
1	1	49	$TP=0.010P-0.732^*$	0.72
2	2	49	$TP=0.028P-2.442^*$	0.71
3	11	49	$TP=0.031P-2.730^*$	0.75
4	13	49	$TP=0.012P-1.147^*$	0.60
5	14	48	$TP=0.021P-1.698^*$	0.69
6	17	48	$TP=0.016P-1.488^*$	0.63
7	18	50	$TP=0.038P-3.377^*$	0.55
8	21	50	$TP=0.005P-0.500^*$	0.66
9	24	46	$TP=0.006P-0.376^*$	0.59

注：TP为子流域每月TP流失负荷，t/月，TP≥0；P为子流域面上月均降雨量，mm/月，$P\geq44$mm/月。
$^*p<0.05$。

对降雨量-TP流失负荷回归曲线的斜率K和截距B与混合林和水稻田面积进行多元回归分析，得式（2-30）与式（2-31），对应的混合林和水稻田降雨量-TN流失强度关系方程为式（2-32）及式（2-33）。标准化残差的绝对值均不超过3，无异常值，且ZRE随机分布于0两侧，表明回归方程基本合理。从TP流失强度公式中还可看出，降雨量低于78mm时混合林TP流失强度为负，说明需在降雨量大于78mm时使用公式，而对于水稻田的TP流失方程，月降雨量最低限为88mm时。通过计算可知，在P>89mm之后TPL_{RICE}将大于TPL_{FRST}。也即在SWAT所得TP流失规律中，水稻田TP流失强度大于林地TP流失强度，这个结果与其他研究一致（王晓燕等，2008；黄云凤等，2004；宋泽芬等，2008）。除混合林覆盖度高，具有较好的水土保持作用外，水稻田长期淹水状态也可能导致其TP流失强度高于混合林。淹水状态下易造成磷酸盐溶出，发生径流时易随之流失，而对于土壤干燥的混合林，TP主要以吸附态或固态存在于土壤中，冲刷作用较小时不易发生TP流失（王振旗等，2011）。

$$K=3.2\times10^{-5}A_{FRST}+6.2\times10^{-4}A_{RICE}\text{，}R^2=0.86\text{，}p<0.01 \quad (2-30)$$

$$B=-0.0025A_{FRST}-0.0548A_{RICE}\text{，}R^2=0.84\text{，}p<0.01 \quad (2-31)$$

$$TPL_{FRST}=3.2\times10^{-5}P-0.0025 \quad (2-32)$$

$$TPL_{RICE} = 6.2 \times 10^{-4} P - 0.0548 \tag{2-33}$$

式中，K 为降雨-TP 流失回归方程的斜率；B 为降雨-TP 流失回归方程的截距；A_{FRST} 为混合林面积（km^2）；A_{RICE} 为水稻田面积（km^2）；TPL_{FRST} 为混合林 TP 流失强度［t/(km^2・月)］，≥0；TPL_{RICE} 为水稻田 TP 流失强度［t/(km^2・月)］，≥0；P 为每月降雨量（mm/月）。

5. 氮磷流失强度与水稻田比例关系

对于太湖流域（浙江片区）而言，因种植面积广泛、施肥量大等原因，水稻田一直是非点源污染研究的重点，且由上文可知，在多数情况下水稻田氮磷流失强度远大于混合林，水稻田的面积比例对区域氮磷流失总量具有较大影响。

子流域年均非点源污染强度及土地利用信息为 SWAT 模拟所得苕溪流域 24 个子流域的氮磷流失强度及水稻田比例。数据处理过程中发现，当水稻田面积比例低于 45%时流域氮磷流失负荷与水稻田面积比例具有一定相关性，本研究对这部分数据进行了回归性分析。由于氮磷流失负荷与多个因素相关，分析时设定了限制条件，数据筛选如下：

（1）降雨量与氮磷流失负荷呈显著正相关，对于一个地区而言，区域间降雨量差异并不是很大。在 24 组数据中保留降雨量在 1500±50mm 部分，初步删除 2 号、4 号、15 号、23 号子流域数据；

（2）总流域面积为 1832km^2，面积过小的流域所对应的数值存在较大误差可能性较高，故删除面积小于 10km^2 的子流域相关数据，删除 5～7 号、9 号、19 号、20 号子流域数据；

（3）最终参与分析的子流域为 1 号、3 号、11 号、13 号、14 号、16 号、17 号、18 号、21 号、22 号、24 号，获得水稻田面积比例-氮磷流失负荷相关性，所得回归方程分别为

$$TNL = 0.289x + 6.864,\ R^2=0.674,\ p<0.01 \tag{2-34}$$

$$TPL = 0.1x + 0.772,\ R^2=0.594,\ p<0.01 \tag{2-35}$$

式中，TNL、TPL 为区域年平均 TN、TP 流失强度［kg/(hm^2・a)］；x 为水稻田在区域中所占面积比例。

从图 2-36、图 2-37 可以看出，随着水稻田面积比例的增加，流域单位面积的氮磷流失强度随之上升，回归曲线拟合度良好。而从表 2-41 可以看出，水稻田面积比例继续上升时，氮磷流失强度不再具有明显的变化规律。这可能与不同子流域间土地利用分配差异有关。在水稻田面积比例较小时，对应的子流域主要处于山区，混合林占据主导地位（表 2-41），水稻田面积比例的增加相当于将混合林转换为水稻田，变化情况较为单一。而当水稻田面积比例继续上升时，子流域开

始向平原转移，一方面混合林面积比例急速下降，另一方面城镇等的面积比例开始上升，其对整体的氮磷流失影响加大，此时水稻田面积比例上升时对应的土地利用转变情况更为复杂，导致流域氮磷流失强度变化难以出现特定规律。

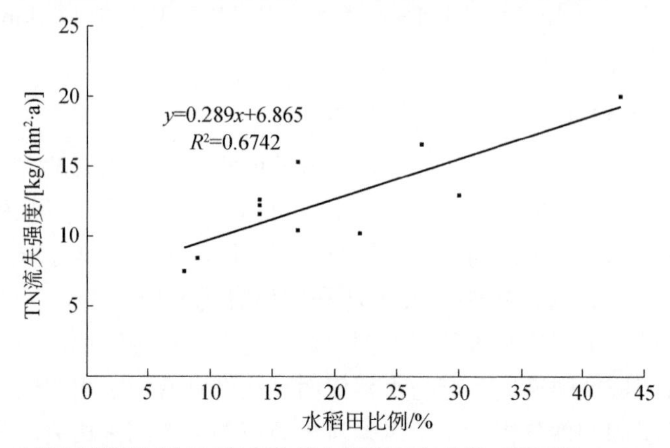

图2-36　水稻田面积比例-TN年平均流失强度回归曲线（降雨量：1500±50mm）

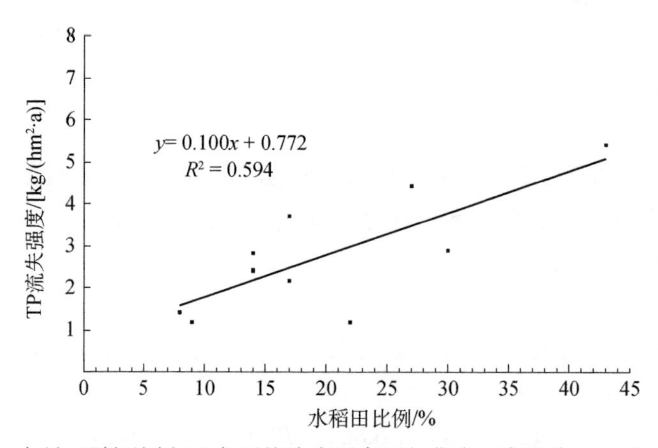

图2-37　水稻田面积比例-TP年平均流失强度回归曲线（降雨量：1500±50mm）

为探讨流域尺度下不同土地利用类型的N、P流失规律，本书对SWAT输出结果进行分析，得到9个子流域尺度的月降雨量-TN流失负荷、月降雨量-TP流失负荷的线性回归方程，并根据这一结果使用多元回归分析，得到混合林与水稻田的月降雨量-TN流失强度、月降雨量-TP流失强度相关方程。

表2-41　子流域年均非点源污染强度及土地利用信息

子流域	面积/km^2	降雨量/mm	TN强度/[kg/(hm^2·a)]	TP强度/[kg/(hm^2·a)]	水稻田比例/%	混合林比例/%
1	98.20	1531	8.41	1.17	9	87
2	164.21	1763	11.79	2.08	16	77

续表

子流域	面积/km²	降雨量/mm	TN 强度/[kg/(hm²·a)]	TP 强度/[kg/(hm²·a)]	水稻田比例/%	混合林比例/%
3	43.54	1486	12.94	2.89	30	54
4	63.23	1704	8.83	1.96	36	39
5	7.06	1486	7.29	1.26	63	0
6	2.7	1486	10.62	2.29	97	0
7	0.17	1502	12.60	4.04	81	0
8	55.59	1483	7.19	0.56	71	11
9	8.37	1502	13.46	4.31	100	0
10	83.45	1536	8.25	0.64	55	0
11	271.40	1531	10.19	1.20	22	72
12	49.50	1502	12.07	3.64	61	22
13	103.73	1542	7.52	1.43	8	89
14	128.22	1538	12.60	2.81	14	82
15	192.56	150	12.04	3.74	48	26
16	82.49	1547	16.56	4.43	27	63
17	50.27	1543	15.33	3.70	17	76
18	105.31	1491	19.98	5.42	43	46
19	0.12	1547	18.12	5.79	44	3
20	0.22	1580	22.75	6.80	23	16
21	22.09	1547	10.41	2.17	17	72
22	61.53	1538	12.22	2.42	14	75
23	144.26	1641	14.09	2.96	17	69
24	93.96	1527	11.54	2.39	14	81

结果显示，TN、TP流失负荷与月降雨量呈极显著正相关，所有p值均小于0.01。降雨量-TN流失负荷回归方程的决定系数R^2在0.59～0.85，而TP的R^2相对较小，在0.55～0.75。同等情况下，不同子流域同等降雨量的TN、TP流失负荷随流域面积的增大而增大，但不同土地利用的分布情况会导致面积相近子流域的氮磷流失规律存在较大差异。

对于不同土地利用类型的非点源污染物流失强度研究显示，降雨量相同时水稻田单位面积的TN流失强度大于混合林。当月降雨量大于89mm时，TP流失强度也出现相同规律。说明研究区域非点源污染控制的重点主要在于分布广泛且氮磷流失强度高的水稻田上。

在流域氮磷流失强度与水稻田面积比例关系分析中发现，当水稻田面积比例小于45%时，流域氮磷流失负荷随水稻田面积比例的增大而增大。TN流失强度-水稻田比例与TP流失强度-水稻田比例回归方程的决定系数R^2分别达0.674和

0.594。

获得大尺度不同土地利用下的氮磷流失规律有助于制订科学、规范的环境规划，但仍需注意这样的结果有其局限性。本研究是基于流域尺度的SWAT月输出数据，所得结果综合了多种因素的影响，对于大范围的非点源污染产排污估算更有实际意义，但对较小流域、特定农田的氮磷流失负荷计算适用性有待研究。

参 考 文 献

蔡永明，张科利，李双才，等. 2003. 不同粒径制间土壤质地资料的转换问题研究. 土壤学报，（4）：511-517.

陈怀满. 2005. 环境土壤学. 北京：科学出版社.

方楠，吴春山，张江山，等. 2008. 天然降雨条件下典型小流域氮流失特征. 环境污染与防治，（9）：51-54.

傅朝栋，梁新强，赵越，等. 2014. 不同土壤类型及施磷水平的水稻田面水磷素浓度变化规律. 水土保持学报，28（4）：7-12.

黄金良，洪华生，张珞平，等. 2004. 基于GIS的九龙江流域农业非点源氮磷负荷估算研究. 农业环境科学学报，（5）：866-871.

黄云凤，张珞平，洪华生，等. 2004. 不同土地利用对流域土壤侵蚀和氮、磷流失的影响. 农业环境科学学报，（4）：735-739.

黄宗楚，郑祥民，姚春霞，等. 2007. 上海旱地农田氮磷随地表径流流失研究. 云南地理环境研究，（1）：6-10.

焦加国，武俊喜，杨林章，等. 2006. 不同区域人口密集的乡村景观中土地利用对土壤氮磷的影响. 水土保持学报，（3）：97-101.

李东，王子芳，郑杰炳，等. 2009. 紫色丘陵区不同土地利用方式下土壤有机质和全量氮磷钾含量状况. 土壤通报，40（2）：310-314.

李恒鹏，黄文钰，杨桂山，等. 2006. 太湖地区蠡河流域不同用地类型面源污染特征. 中国环境科学，（2）：243-247.

李慧. 2008. 基于田面水总氮变化特点和“水-氮耦合”机制的稻田氮素径流流失模型研究. 南京：南京农业大学.

李家科. 2009. 流域非点源污染负荷定量化研究. 西安：西安理工大学.

李卓. 2009. 土壤机械组成及容重对水分特征参数影响模拟试验研究. 杨凌：西北农林科技大学.

梁新强，田光明，李华，等. 2005. 天然降雨条件下水稻田氮磷径流流失特征研究. 水土保持学报，（1）：59-63.

刘瑞民，杨志峰，丁晓雯，等. 2006. 土地利用/覆盖变化对长江上游非点源污染影响研究. 环境科学，（12）：2407-2414.
罗春燕，张维理，雷秋良，等. 2009. 农村土地利用方式对嘉兴土壤氮磷含量及其垂直分布的影响. 农业环境科学学报，28（10）：2098-2103.
钱秀红，徐建民，施加春，等. 2002. 杭嘉湖水网平原农业非点源污染的综合调查和评价. 浙江大学学报（农业与生命科学版），（2）：31-34.
宋泽芬，王克勤，孙孝龙，等. 2008. 澄江尖山河小流域不同土地利用类型地表径流氮、磷的流失特征. 环境科学研究，（4）：109-113.
孙兴旺. 2010. 巢湖流域农村生活污染源产排污特征与规律研究. 合肥：安徽农业大学.
田平，陈英旭，田光明，等. 2006. 杭嘉湖地区淹水稻田氮素径流流失负荷估算. 应用生态学报，（10）：1911-1917.
童晓霞，崔远来，史伟达，等. 2010. 降雨对灌区农业面源污染影响规律的分布式模拟. 中国农村水利水电，（9）：33-35.
王婧，单保庆，张钧，等. 2007. 杭嘉湖水网地区农村面源污染研究. 农业环境科学学报，（S2）：357-361.
王文林，胡孟春，唐晓燕，等. 2010. 太湖流域农村生活污水产排污系数测算. 生态与农村环境学报，26（6）：616-621.
王晓燕. 1996. 非点源污染定量研究的理论及方法. 首都师范大学学报（自然科学版），（1）：91-95.
王晓燕，秦福来，欧洋，等. 2008. 基于SWAT模型的流域非点源污染模拟——以密云水库北部流域为例. 农业环境科学学报，（3）：1098-1105.
王鑫，吴先球，蒋珍美，等. 2003. 用Origin剔除线性拟合中实验数据的异常值. 山西师范大学学报（自然科学版），（1）：45-49.
王振旗，沈根祥，钱晓雍，等. 2011. 淀山湖区域茭白种植模式氮、磷流失规律及负荷特征. 生态与农村环境学报，27（1）：34-38.
邬伦，李佩武. 1996. 降雨-产流过程与氮、磷流失特征研究. 环境科学学报，（1）：111-116.
谢学俭，陈晶中，宋玉芝，等. 2007. 磷肥施用量对稻麦轮作土壤中麦季磷素及氮素径流损失的影响. 农业环境科学学报，（6）：2156-2161.
张楠，秦大庸，张占庞，等. 2007. SWAT模型土壤粒径转换的探讨. 水利科技与经济，（3）：168-169，172.
张璇，程敏熙，肖凤平，等. 2012. 利用Origin对数据异常值的剔除方法进行比较. 实验科学与技术，10（1）：74-76，118.
张玉华，刘东生，徐哲，等. 2010. 重点流域农村生活源产排污系数监测方法研究与实践. 农业环境科学学报，29（4）：785-789.
张志剑，董亮，朱荫湄，等. 2001. 水稻田面水氮素的动态特征、模式表征及排水流失研究.

环境科学学报，(4)：475-480.

章明奎，郑顺安，王丽平，等. 2008. 杭嘉湖平原水稻土磷的固定和释放特性研究. 上海农业学报，(2)：9-13.

赵广举，田鹏，穆兴民，等. 2012. 基于PCRaster的流域非点源氮磷负荷估算. 水科学进展，23 (1)：80-86.

周萍，范先鹏，何丙辉，等. 2007. 江汉平原地区潮土水稻田面水磷素流失风险研究. 水土保持学报，(4)：47-50，116.

周全来，赵牧秋，鲁彩艳，等. 2006. 施磷对稻田土壤及田面水磷浓度影响的模拟. 应用生态学报，(10)：1845-1848.

第3章

太湖流域（浙江片区）多源水污染物总量核算

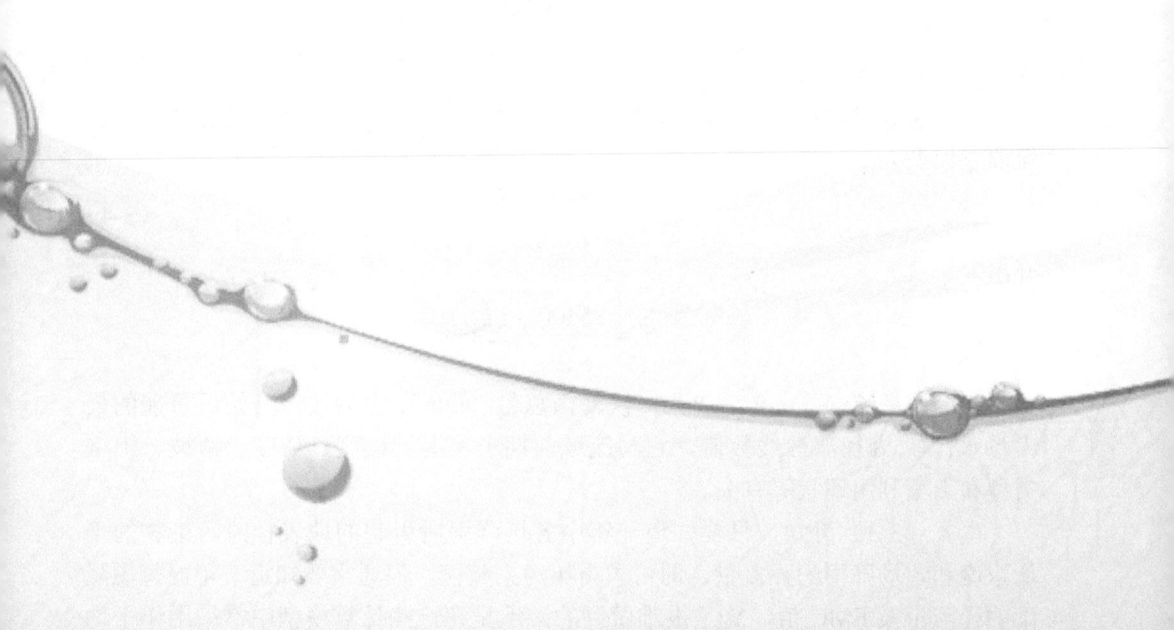

3.1 城镇非点源产排污系数核算方法

3.1.1 核算方法原理

对于城镇非点源污染负荷的核算，本书在对有限次的典型降雨径流监测的基础上，得到多次监测径流的平均浓度（认为是全年降雨径流的平均浓度），再乘以全年径流总量得到年降雨径流污染负荷。

场次降雨径流污染物平均浓度 EMC 的定义为：任意一场降雨引起的地表径流中排放的某污染物质的质量除以总的径流体积。可用下式表示：

$$\mathrm{EMC}=\frac{M}{V}=\frac{\int_0^T C_t Q_t \mathrm{d}t}{\int_0^T Q_t \mathrm{d}t} \tag{3-1}$$

式中，M 为某场降雨径流所排放的某污染物的总量（g）；V 为某场降雨所引起的总的地表径流体积（m^3）；C_t 为某污染物在 t 时的瞬时浓度（mg/L）；Q_t 为地表径流在 t 时的径流排水量（m^3/s）；T 为某场降雨的总历时（s）。

一场降雨径流全过程污染物质量负荷可由 EMC 与总降雨径流量之积表示：

$$L_i=\mathrm{EMC}_i QA_i \tag{3-2}$$

一年中的多场降雨的污染负荷之和即为年污染负荷：

$$L_y=\sum_{i=1}^{m}\mathrm{EMC}_i QA_i \tag{3-3}$$

式中，A_i 为区域面积（m^2）。

径流深 Q 可根据美国土壤保持局提出的降雨径流模型（SCS）进行计算，径流曲线模型为

$$Q=\frac{(P-0.2S')^2}{P+0.8S'} \tag{3-4}$$

其中，

$$S'=\frac{25400}{C_{\mathrm{N}}}-254$$

式中，Q 为径流深（mm）；P 为一次暴雨总量（mm）；S' 为径流开始后可能的最大持水；C_{N} 为径流曲线数值，它与流域前期土壤湿润程度、坡度、植被、土壤类型和土壤利用现状等有关。

由式（3-3）可知，只要知道一年中各场降雨所引起的地表径流污染物的平均浓度和各场降雨的径流量，即可求得年污染负荷。但通常要知道一年内每场降雨的径流量及 EMC 值，这是很难做到的，于是在一些计算模型中常采用年平均降雨量和多场降雨的径流平均浓度来计算年污染负荷。

计算出城镇非点源污染负荷，除以调查区域有效土地利用面积，即可得到城镇非点源产污系数。

平均浓度法是根据有限的监测资料估算流域非点源污染年负荷量的简便有效的方法，除了用来预测多年平均及不同频率代表年的非点源污染负荷量外，还可用于预测某些特殊年份（如实际特丰年）或次洪水的非点源污染负荷量。该方法从非点源污染的机理出发，简便易用，具有广泛的适用性。

3.1.2　国内外研究进展

城镇非点源污染主要是指在降雨过程中，雨水及所形成的径流流经城镇地面如居民区、商业区、街道、停车场、建筑物（如屋顶）、绿化带等，冲刷、聚集了一系列污染物，随之排入河流、湖泊等受纳水体，污染地表水或地下水，是城镇水环境污染的重要因素（林积泉等，2004）。美国有关研究表明，有60%的城镇地表水受到非点源污染的影响（USEPA，1995）。随着我国城镇化人口的增加，城镇水体的非点源污染日益加剧，因此，加强对城镇非点源污染的研究对解决水危机有重要意义。

雨水径流污染受到排水系统各个环节的影响，影响因素众多，主要包括降雨特征、大气污染状况、城镇土地利用类型、雨（污）水排放方式、城镇卫生状况等，具体如下：

（1）城镇气候、水文特征，如降雨、城镇水土流失等。降水是水土流失的重要因子，而水土流失和地表径流又是非点源污染产生的主要条件。

（2）大气污染状况。大气中的悬浮物，如烟尘、车辆废气的干沉降或经降水的淋溶和洗刷作用产生的湿沉降（尹澄清，2010）。

（3）城镇土地利用状况。不同的土地利用类型下污染物质累积速率不同。土地利用类型和功能对地表径流水质的影响是城镇地表径流研究的重点，城镇土地利用类型和功能在空间上表现为多样性和相互镶嵌的格局，对地表径流污染的影响十分复杂，存在一个尺度的问题。不同类型汇水单元地表径流水质存在显著的差异，同一类型汇水单元不同监测位置地表径流水质也具有明显的差异，使得城镇地表径流水质在空间上具有明显的分异性。城镇不透水地表主要分为两类：一类是各种建筑屋面（车武等，2002）；另一类是各种路面。对于屋面而言，屋面的材料种类、性质和老化程度及大气干湿沉降是影响屋面径流水质的主要因素。而城镇道路由于受到各种人类活动的直接影响，径流污染受交通流量、人流量、周围土地利用、地表卫生管理水平等多种因素影响，径流水质变化复杂。居民区地表径流污染负荷主要源于居民生活的废弃物残留，这与人们的生活习惯、消费方式特别是饮食方式和习惯有紧密的关系。

（4）雨（污）水排放方式。目前，我国城镇雨（污）水的排放有直排式合流制、截流式合流制、完全分流制、截流式分流制和不完全分流制等5种形式，不同的排放体制决定着其拦截城镇地表径流污染的数量与质量。一方面，合流制排水系统雨污合流，雨水在输移过程中污染物浓度有可能增加（Krejci et al.，1987；Chebbo et al.，2001）。另一方面，污水的污染物浓度高于雨水，污水和雨水混合在一起输送到受纳水体或污水处理厂，当雨水径流流速较大时，排水管网中无雨时沉积下来的污染物被冲起并带走，成为径流污染的又一来源，抑制了雨水径流的有效治理，而且容易形成污水溢流。在城镇面源污染的控制方面，分流制排水系统较合流制有优势。但是，分流制排水系统中初始冲刷造成的污染也是城镇面源污染的来源之一，这主要是由于分流制排水系统多将所收集降雨直接排放，没有对降雨的初始冲刷进行处理而引起的。

（5）城镇卫生状况。城镇地表的清扫频率及效果决定污染物积累的数量，直接影响非点源的污染负荷。

地表径流污染主要取决于降雨强度、降雨历时、土地利用方式、地面累积物数量及特征等，具有来源的复杂性、发生时间的不确定性、排放污染物的偶然性和随机性等特点，使城镇非点源污染研究十分困难，研究结果也因研究区域的不同而有很大的差异（王晓燕，1996；薛金凤等，2002；李俊然等，2000）。目前城镇非点源污染负荷的定量核算方法主要有三大类（李家科等，2008）：一是通过进行水量水质同步观测直接进行估算的平均浓度法，该方法在对有限次的典型降雨径流监测的基础上，得到多次监测径流的平均浓度，并认为它是全年降雨径流的平均浓度，再乘以全年径流总量即得到年降雨径流污染负荷；二是在对水量水质进行同步监测的基础上，分析监测所得到的数据，建立污染负荷与影响因素之间的关系或各污染物负荷间的相关关系，间接得到年降雨径流的污染负荷（李国斌等，2002）；三是基于污染物的产生和排放过程的机理性方法，该方法以污染物产生和排放的过程作为研究对象，建立合适的累积和冲刷模型来对径流污染负荷进行定量模拟。本方法采用第一类平均浓度法对城镇非点源污染产排污系数进行核算。

3.1.3 核算方法数据资料准备

1. 基础资料收集

1）城镇非点源污染资料

在对城镇非点源污染物进行野外监测时，需掌握研究区域降水规律、城镇下垫面、污染源分布和城镇水环境状况的特点，分别如下。

（1）降水规律。利用监测区域多年降水资料，分析降水的年际变化和年内分配，降水强度分布特点（最大降水强度、平均降水强度、最大降水量）。

（2）城镇下垫面。城镇地面主要是由各种人工构筑物组成，可以分为屋面、道路、绿地等类型。不同类型的下垫面在降水下产生的污染物种类和数量是不同的。因此，有必要编制城镇下垫面类型分布图，明确各汇水单元内下垫面的主要类型及其分布。

（3）污染源分布。城镇面源污染的类型很多，可按污染物产生特征划分城镇土地利用类型，如居民区、工厂区、学校区、机关区、事业单位区、商业小区等。可利用高分辨率的遥感资料或航拍照片，编制土地利用图，调查各类土地利用类型的主要污染物类型及其数量。

（4）城镇水环境状况。搜集已有的监测资料，开展污染源调查、城镇水体环境特征调查、水质特征调查。查明水体周围的主要污染源和污染物，包括污染物种类、数量、排放方式、排放规律等。

2）下垫面调查

（1）编制功能分区图。在一个较大的汇水单元，往往由一些不同的功能单元构成。按污染物来源、种类、产生与运移特征，可以将汇水单元划分为几种功能区：学校、机关、科研、商业、居住、工厂、农田及其他（特殊区或综合区）。功能分区时应该考虑：每一功能区具有1个雨水出水口，最好不超过3个；功能区间的雨水不混流；功能区内污染物种类、来源比较一致。功能区内的人口、社会经济、污染物产生等数据比较容易统计。

（2）编制下垫面类型图。为了提高污染物总量的统计分析精度及分析污染物产生和运移规律，需要将汇水单元内部划分为以下不同类型的下垫面：①屋面，无屋架、有屋架；②道路，水泥路面、沥青路面、简易公路、人行道；③绿地，人工草地、自然草地、人工林地、自然林地。

（3）开展汇水单元调查。调查统计每一功能区的人口及其分布、工业生产情况、商业销售情况、污染物排放情况及与面源有关的人类社会经济活动状况（如街道清洁、城镇管理等）。

3）采样技术

（1）采样频率。依据降水过程和污染物种类产生排放的规律、特征曲线确定监控的时间频率。根据已有的资料和研究初期的监测资料，判断不同空间区域或城镇功能的水文-污染负荷特征曲线。以特征曲线为量度，初步确定出各监测点不同雨次的监测取样频率。

对于降水面源，只在降水发生时进行监测，一般要求能够对暴雨的形成过程进行高频率采样，并测定环境因子和流量。样品的采集可按目的要求分为季、月、雨次及降雨过程等进行。常规监测点主要分布于大型居民居住区、工业区、文教区、商业区、经济技术开发区等，选取不同下垫面径流水体。对于降水面源，每年至少监测7次降雨径流过程，其中包括2次大雨（>25mm日降雨量）和2次暴雨过程（>50mm日降雨量）。每次降水过程按流量消长曲线中雨至少采样3次，大雨至少采样5次，暴雨至少采样8次，初期径流每5～10min采样一次，降雨后期可适当延长采样的时间间隔，采样时同时测定和记录流量，条件不允许的（如在地表进行采样监测），可在降雨监测数据的基础上，采用降雨径流模型得到径流过程。

（2）环境因子的采样现场测定。对水体的基本物理性质进行现场测定。同时记录采样点周围环境状况，采样时的天气状况，以便于对监测结果进行分析。

（3）降水量的测定。降水是引起城镇面源污染的最重要因素，可以根据监测工作需要，对降水总量和降水过程进行监测。降雨总量可用雨量筒测定，降雨过程可用自记雨量计或自动雨量测定记录。

降水总量和降水过程也可以利用城镇气象监测站的资料，但应该注意暴雨的空间分布具有很大的空间变异。

4）分析方法

水样采集后按照《水和废水监测分析方法（第四版）》进行预处理、保存和分析，分析项目包括COD、NH_3-N、TN、TP等。

2. 城镇非点源产排污情况调查

1）采样点位设置原则

（1）代表性。具有一定的汇水面积，相似类型在监测范围内有较大的分布面积、避免地面结构过于复杂。

（2）安全性。采样者和采样器的安全应该是首先需要考虑的问题，特别是雨天和暴雨天的工作，应保证采样者的安全及采样器不被破坏。

（3）易达性。方便达到，必要时应整修道路和建设必要的栈道等设施。

（4）满足统计。对于复杂的区域，要设置足够的采样点。有前期监测资料时，可根据项目的要求、区域监测项目的变异系数，进行统计分析，科学地确定采样点水量；没有监测数量时，每一汇水单元类型都应该有采样点。对区域变异大的汇水单元类型，至少设置3个采样点。

2）污染负荷及系数核算

城镇非点源污染负荷采用平均浓度法进行核算，污染负荷除以调查区域有效土地利用面积即可得到城镇非点源产排污系数。

3）硬件设置

采样需准备水样采集器（采集水样）、多功能水质参数仪（现场测定水质常规理化指标）、流量仪（测定流速流量）和标杆（测水位）。

实验测定分析需准备高压灭菌锅（测定TN、TP时进行样品消煮）、紫外分光光度计（样品测定吸光度）。

3. 城镇非点源产污系数

根据现有资料并收集文献数据，对不同地区不同下垫面污染物浓度及城镇不同土地利用类型非点源污染产排污系数进行汇总统计，统计如图3-1所示。

三种不同下垫面中道路径流污染最为严重（COD、TN、NH_3-N最高值分别达438mg/L、8.8mg/L、4.5mg/L），屋面和草地径流污染物浓度相差不大（COD、TN、NH_3-N平均浓度分别约为125mg/L、4.5mg/L、1.5mg/L），而草地的TP污染物浓度相对较高（最高达到1.7mg/L），与道路TP（最高达到1.9mg/L）含量相差不大。路面径流的水质比屋面差，主要是由于城市路面径流雨水受到汽车尾气、轮胎磨损、燃油和润滑油的污染所致。而草地是在降雨强度很大（超过入渗率）时才产流，草地径流的其他指标，如电导率、高锰酸盐指数、硫酸盐、氯化物等值也都低于其他下垫面的径流，说明绿地对其具有净化作用，部分污染物在降雨过程中已随下渗雨水进入土壤。土壤渗透对径流雨水中难降解COD有较强的去除能力，净化效果与渗透深度密切相关，雨水下渗能力强，产生的径流量相对较少，对累积污染物质冲刷力弱。草地中TP含量较高可能是由于人工施肥对绿地磷含量产生影响而造成的，也与降雨对草地原有土壤的冲刷以及植物腐解作用等有关。

但在不同地区由于自然气候及区域交通不同的条件，不同下垫面径流污染也有所差别。例如，巴黎、德国、意大利不同下垫面径流主要污染物的平均值小于我国北京、武汉、重庆等城区。北京和重庆的屋面和道路径流水质悬浮固体含量（59～435mg/L）及有机污染情况明显高于其他地区（17～60mg/L），北京屋面径流COD（188mg/L）浓度甚至是武汉及国外（24～55mg/L）监测结果的数倍，北京屋面材料中析出大量有机物也可能是屋面有机污染较为严重的原因之一，或与北京、重庆等城区大气污染情况较为严重有关。巴黎、德国屋面径流COD平均值和北京天然雨水的平均值接近（24～87mg/L），但都低于北京屋面COD值，而和武汉屋面的COD值相差不大。另外，北京、重庆城区和滇池流域的道路径流水体氮磷污染浓度（TN、TP平均浓度分别约为8.1mg/L和1.5mg/L）明显高于德国和武汉城区（TN、TP平均浓度分别约为6.0mg/L和0.6mg/L），滇池流域、重

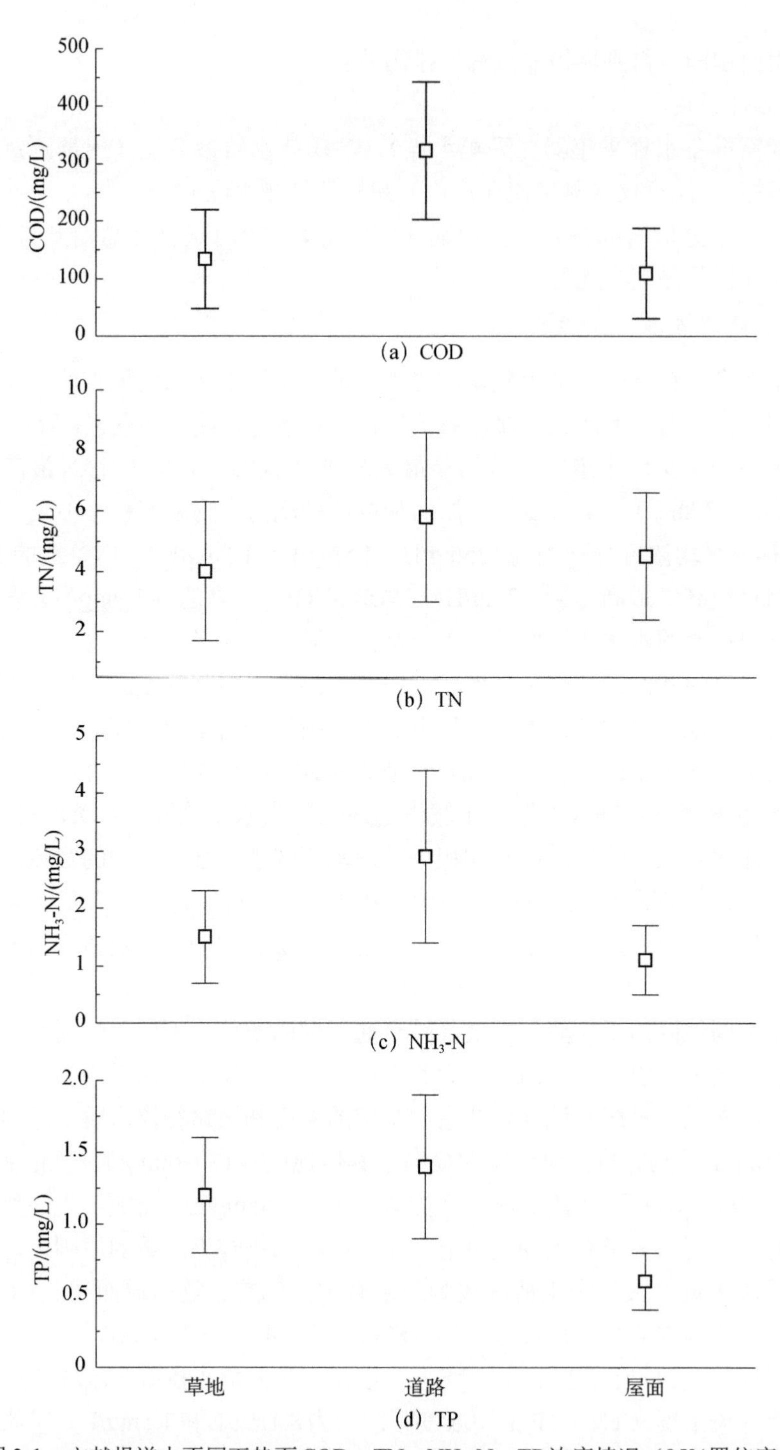

图 3-1 文献报道中不同下垫面COD、TN、NH_3-N、TP浓度情况（95%置信度）

庆城区的道路径流氮磷污染较屋面严重，而德国和北京城区则是屋面污染更为严重。同国内城市相比，气候湿润的武汉市汉阳地区屋面径流水质（COD、TN、TP平均浓度分别为50mg/L、5.2mg/L、0.2mg/L）明显好于北京城区（COD、TN、TP平均浓度分别为188mg/L、8.0mg/L、0.4mg/L），这一特点一方面反映了汉阳地区湿润气候条件下大气干湿沉降小，建筑屋面污染程度低。另一方面汉阳地区的降雨量和降雨次数要明显高于北京，降雨的频繁冲刷、屋面的污染物累积周期短也是其径流水质相对较好的主要原因。各城市径流水的BOD浓度都相对较低，表明城市径流的可生化性差。

对于不同的区域，城镇径流污染物浓度大小总体为工业区>商业区>居民区，工业区受一定的工业原辅材料等物质污染，随降雨雨水冲刷造成地表径流中污染物浓度较高，商业区交通流量较大，主要受道路路面汽车尾气、轮胎磨损、燃油和润滑油等的污染，居民区主要是生活垃圾、生活污水等污染影响径流水质。

综合看来，城镇暴雨径流污染物浓度主要受降雨特性和不同下垫面的影响。降雨特性包括降雨量、降雨强度、降雨历时和前期晴天数。在降雨初期由于径流的冲刷而具有较高的浓度，表现出良好的初始冲刷效应，但是降雨量及降雨强度的增大，导致污染物质被迅速稀释从而发生污染源的衰减及耗竭效应，使得各项污染物质的EMC值趋于减小，与降雨量、降雨强度呈负相关关系。降雨历时的增加使得下垫面的污染物质得以充分释放，随之而来的效应就是EMC值的增加。此外前期晴天数的增长，导致污染物质在下垫面发生累积，时间越长污染物质累积越丰富，所以EMC值与降雨历时、降雨前期晴天数呈现正相关关系。对于不同下垫面，道路径流污染主要是受道路交通量情况的影响，道路径流污染与汽车交通密切相关。而汽车排放的污染物质，如NO_x、SO_2、HC、醛类、有机酸和颗粒物质等，在沉降和雨水冲淋作用下，大部分将通过地表径流迁移至地表水体中（Chui et al.，1982）。

对屋面而言，屋面材料的种类是最重要的因素。除了降雨的冲刷和稀释作用外，屋面材料的性质，如材料的类型、新旧程度等是水质污染的最根本原因。油毡屋面明显地比瓦屋面污染严重：瓦屋面的雨水径流水质比较稳定，而油毡屋面的雨水水质变化幅度很大。除此之外，城市降雨地表径流污染还受大气污染状况、城市土地利用类型、城市路面交通状况、气候温度，以及城市排水体制等方面影响，要减少城市面源污染负荷，可以从改善大气污染质量、加快城市地表的清扫、合理进行土地利用开发和加快城市绿化等方面采取措施。

3.1.4 城镇非点源产排污系数核算实例

1. 典型城镇概况

紫金港社区，位于浙江省杭州市西湖区三墩镇东南面，东起古墩路，西至花蒋路，南起余杭塘河，北至留祥路。辖区总面积3.83km^2。包括两个住宅小区，共有住宅楼44幢，64个单元，居民2799户，总人口数7854人，其中常住人口5292人。

基本资料收集了社区所在地近年来多场次暴雨资料，区域高精度数字地形图，道路管网、建筑物分布、排水管网等相关资料，以及社会经济发展资料等。

2. 城镇降雨径流产排污规律监测

1）监测对象

A. 监测点选取

选取居住区屋面、道路、草地3种典型下垫面作为监测对象。屋面选择平顶的小区屋面，道路选取有一定坡度的路段，草地选取具有坡度的草坪。各采样点应具有代表性，且周围有明显的标志物，方便每次在同一地点采样。

B. 采样

在暴雨季节密切关注天气情况，并安排好三组人，每组一人，分别前往指定的各典型排水区监测点进行现场水质取样。进行水质取样时按下列操作执行：降雨过程中视降雨强度大小采集，采样从径流形成时开始，每5～10min采集一次，若降雨持续时间比较长，后期适当延长采样的时间间隔，考虑汇流时间，降雨结束后，采样持续至降雨结束后的30min。采样时用高密度聚氯乙烯采样瓶装样。水质采样每次取样500mL。

C. 预处理与保存

将每次取得的水样在现场混合均匀后分A、B两个采样瓶保存，A瓶装100mL，B瓶装400mL，并在B瓶中加入浓硫酸做预处理。A瓶中的水样用于TP浓度的监测，B瓶中的水样用于COD、TN、氨氮浓度的监测。

取样后尽快拿回实验室进行各项指标的测定，若不能马上进行测定，则需将样品放入冰箱保存。

D. 采样现场器材与药品

水质采样瓶、计时器、胶头滴管、稀硫酸等若干。

2）水质监测结果与分析

在2014年6～8月，分别采集屋面、道路和草地有效水样3次共70组数据。表3-1～表3-3为3次采样屋面、道路和草地的水样水质指标统计值。

表 3-1　屋面场次降雨水质指标

日期	降雨量/mm	降雨历时/min	前期晴天数	浓度次统计	COD/（mg/L）	NH_3-N/（mg/L）	TN/（mg/L）	TP/（mg/L）
2014.6.16	25.2	24	15	平均值	82	1.64	4.60	0.24
				最小值	45	1.06	3.20	0.11
				最大值	147	1.98	6.00	0.39
2014.7.12	31.2	80	2	平均值	37	1.00	2.30	0.07
				最小值	21	0.60	1.20	0.03
				最大值	77	1.80	4.60	0.15
2014.8.16	13.6	219	2	平均值	65	1.05	3.20	0.15
				最小值	32	0.76	2.10	0.08
				最大值	88	1.65	5.30	0.24

表 3-2　道路场次降雨水质指标

日期	降雨量/mm	降雨历时/min	前期晴天数	浓度次统计	COD/（mg/L）	NH_3-N/（mg/L）	TN/（mg/L）	TP/（mg/L）
2014.6.16	25.2	24	15	平均值	202	2.28	8.20	1.07
				最小值	79	1.12	4.20	0.23
				最大值	311	2.56	9.50	1.44
2014.7.12	31.2	80	2	平均值	104	1.78	4.20	0.27
				最小值	65	0.92	2.40	0.12
				最大值	178	2.44	6.80	0.39
2014.8.16	13.6	219	2	平均值	110	1.85	6.80	0.45
				最小值	80	1.33	5.30	0.15
				最大值	170	1.96	7.90	0.57

表 3-3　草地场次降雨水质指标

日期	降雨量/mm	降雨历时/min	前期晴天数	浓度次统计	COD/（mg/L）	NH_3-N/（mg/L）	TN/（mg/L）	TP/（mg/L）
2014.6.16	25.2	24	15	平均值	93	1.24	5.00	0.47
				最小值	54	0.89	3.60	0.15
				最大值	125	1.96	6.50	0.59
2014.7.12	31.2	80	2	平均值	48	0.80	1.60	0.28
				最小值	22	0.36	0.80	0.08
				最大值	70	1.23	2.80	0.43
2014.8.16	13.6	219	2	平均值	53	0.72	2.50	0.33
				最小值	32	0.59	1.80	0.11
				最大值	77	0.86	3.40	0.51

对比3次降雨情况和污染物浓度特征可知，降雨对污染物有稀释作用，在相同的污染物累积量条件下，降雨量越大，雨水对污染物的稀释作用越强，径流中

污染物的浓度就会降低，降雨历时的增加使下垫面的污染物充分释放，污染物浓度值增加。此外前期晴天数的增长，导致污染物质在下垫面发生累积，时间越长污染物质累积越丰富，因而前期晴天数越长，各下垫面污染物浓度值越高。

对比屋面、道路和草地3种下垫面COD、TN、TP、NH_3-N等污染物浓度情况可知，道路的径流水质最差，屋面和草地径流中各污染物浓度除TP外相差不大。

图3-2～图3-5为一次降雨过程中径流水体各污染物浓度随径流形成时间的变化情况，从图中可知，3种下垫面条件对同一种污染物的贡献率有所差异，但

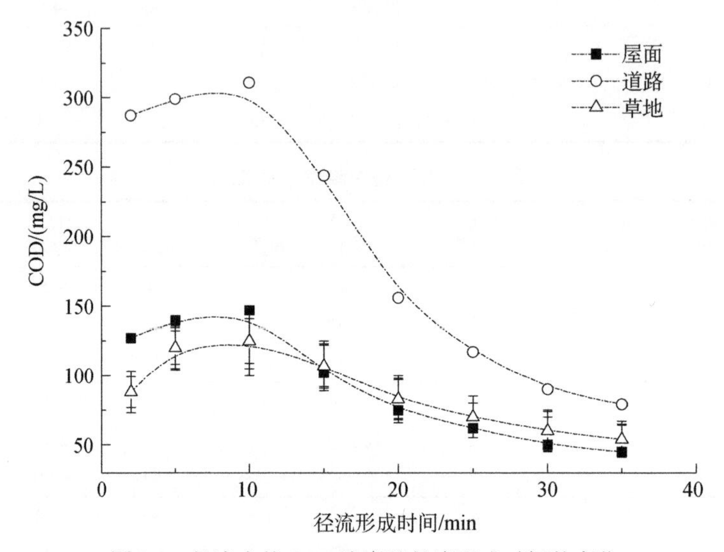

图3-2　径流水体COD浓度随径流形成时间的变化

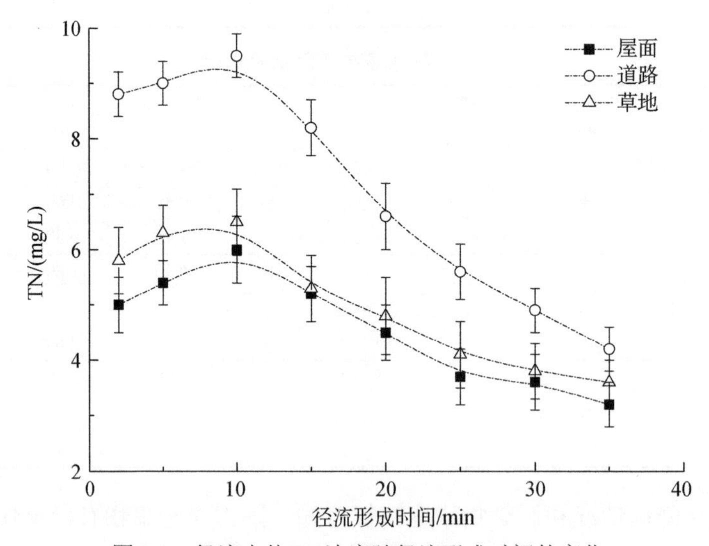

图3-3　径流水体TN浓度随径流形成时间的变化

污染物浓度随时间变化的规律相似，初期污染物浓度非常高，由于冲刷效应，后期浓度明显下降，到末期3种下垫面条件污染物浓度则相差不大。降雨初期和后段时间径流中污染物的浓度会有较大差别。一般来说，相邻两场降雨的间隔时间越长，则累积的污染物量越大，降雨初期径流中污染物的浓度也就越高；而降雨强度越大，则雨水对地面的冲刷能力也越强，因此造成不同场次降雨初期径流中污染物浓度的差异。随着地表径流的冲刷，各下垫面上残留的污染物有所减少，使得降雨后段时间径流中污染物浓度显著减少。

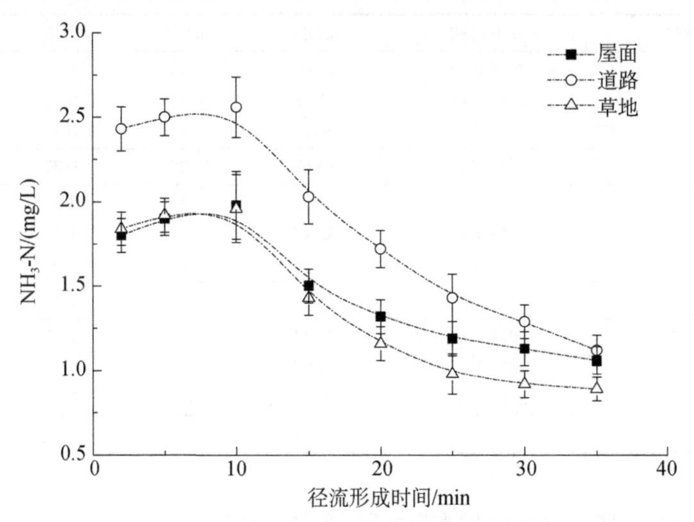

图 3-4　径流水体NH_3-N浓度随径流形成时间的变化

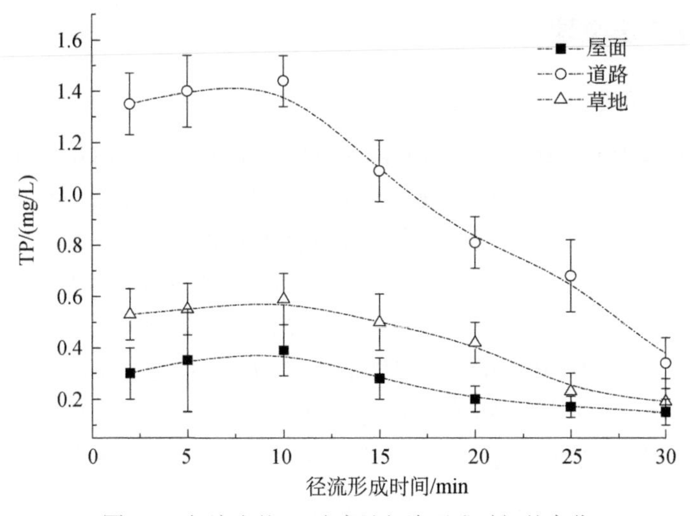

图 3-5　径流水体TP浓度随径流形成时间的变化

3. 城镇降雨径流产排污系数核算

根据降雨量和降雨径流模型（SCS）即可计算得出径流深，再结合调查的汇水面积计算出场次降雨的径流量。获取场次降雨径流中各污染物平均浓度EMC和径流量后，依据前述平均浓度法即可对研究区城镇暴雨径流污染负荷进行核算。测算得到3场降雨各下垫面单位面积径流冲刷污染物负荷（即产排污系数）如表3-4所示。

表3-4 不同下垫面单位面积径流冲刷污染物负荷 （单位：kg/hm^2）

下垫面类型	降雨日期	COD	NH_3-N	TN	TP
屋面	2014.6.16	20.67	0.42	1.16	0.06
	2014.7.12	11.55	0.31	0.72	0.02
	2014.8.16	8.84	0.14	0.44	0.02
	平均值	13.69	0.29	0.77	0.03
道路	2014.6.16	50.91	0.58	2.07	0.27
	2014.7.12	32.45	0.56	1.31	0.09
	2014.8.16	14.96	0.25	0.93	0.07
	平均值	32.77	0.46	1.44	0.14
草地	2014.6.16	23.44	0.32	1.26	0.12
	2014.7.12	14.98	0.25	0.5	0.09
	2014.8.16	7.21	0.1	0.33	0.05
	平均值	15.21	0.22	0.70	0.09

3.2 大气氮、磷沉降对区域水环境的影响

3.2.1 核算方法原理

1. 大气沉降通量核算意义

大气沉降属于非点源污染，具有随机性强，成因复杂、潜伏周期长等特点，作为非点源输入水环境一直被忽视。其中氮、磷作为环境中最重要的2种营养元素，通过大气沉降形式输入湖泊、海洋及森林等界面，是生态系统地球化学物质循环研究的重要组成内容。大气氮、磷沉降作为环境不可忽视的营养物补充来源，是补充生态系统中氮磷流失的一项重要途径，对植物生长有一定的促进作用（Russow et al.，2001；Russow and Böhme，2005），但是过量的大气氮磷沉降到环境中，对陆地及水生生态系统的生产力及稳定性会产生严重影响（van Breemen，2002），如对生态系统的健康及服务功能、富营养化、土地酸化、加强环境敏感性等负面影响。

大气沉降包括干沉降和湿沉降，两者之和为总沉降。大气干沉降是指大气气

溶胶粒子的沉降过程，气溶胶是一个包括悬浮在大气中液态和固态颗粒物的多相体系。湿沉降是指自然界发生的雨雪等降水过程，降雨前后大气气溶胶粒子可减少1/3～2/3（王明星，1999），说明湿沉降对大气的净化有很大作用，同时湿沉降也是氮、磷营养物质迁移的重要途径。

为评价大气氮、磷沉降的数量，在太湖流域（浙江片区）设立长期监测点，建立统一的样品收集、保存和测定方法，开展大气沉降监测、分析，估算区域大气氮、磷的沉降通量，揭示其对水环境污染影响的贡献率。

2. 大气沉降通量的核算方法

大气湿沉降样品的采集通常是把雨、雪等降水利用自动或人工采样器收集到容器中，可由自动采样代替人工采样；另外，离子交换树脂法常用于一些位置偏远研究站点的样品收集，该方法方便样品低温保存，广泛用于野外观测，可提高数据的可靠性（Klopatek et al.，2006）。

干沉降的分析和研究工作开展得较晚，目前的观测方法主要有直接测定法和间接测定法。

直接测定法是指用工具表面收集干沉降样品（Balestrini et al.，2000），集尘缸湿法是较为常用的方法，即在缸内保持一定的液面高度（不宜过多，防止雨量较大时溢出而造成损失），降雨时封盖，降雨停止后揭开继续收集。另外，同步测定总沉降和湿沉降，通过差减法得到干沉降也是研究者常用的方法（杨龙元等，2007；郭德惠和张延毅，1987）。由于集尘缸仅能收集直径大于2μm的重力沉降部分，而大气干沉降过程还包括扩散与布朗运动，因此这种测定方法测定的干沉降量通常偏小。

间接测定法通过测定含氮物质浓度与干沉降速率来计算，其中含氮物质浓度可以通过空气采样器采集测定，干沉降速率通常用模型估算法得到。由于干沉降的观测较湿沉降要困难，因此在没有条件进行监测时，通常按干湿沉降通量1∶1的比例来估算干沉降通量（Valiela et al.，1997）。

根据设定的监测点位，结合各方面考虑，采用降尘缸收集总沉降和自动雨水采样器收集湿沉降采样方法，来监测分析总沉降和湿沉降中的氮、磷污染物物质的量，进而得出干沉降的氮、磷污染物质的量。

不考虑降尘缸内可能发生的物理化学及生物过程，根据收集到的总沉降样品体积和测得的TN、TP浓度计算出大气月总沉降通量（F_t，kg/km^2），根据降雨量和测得的TN、TP浓度计算出大气月湿沉降通量（F_w，kg/km^2），而大气月干沉降通量（F_d，kg/km^2）由月总沉降通量减去月湿沉降通量得到。计算公式如下：

$$F_t = \frac{C_t V_t}{S} \tag{3-5}$$

式中，F_t为大气月总沉降通量（kg/km²）；C_t为总沉降样品测得的TN、TP的质量浓度（mg/L）；V_t为总沉降样品的体积（L）；S为降尘缸的底面积（m²）。

$$F_w = \sum C_i h_i \quad (3\text{-}6)$$

式中，F_w为大气月湿沉降通量（kg/km²）；C_i为第i次降雨的TN、TP的质量浓度（mg/L）；h_i为第i次降雨过程的降雨量（mm）。

$$F_d = F_t - F_w \quad (3\text{-}7)$$

式中，F_d为大气月干沉降通量（kg/km²）。

3.2.2 大气沉降监测

1. 基础数据及采样点

（1）调查区域内水系情况等自然属性的基础信息资料收集与分析。

（2）大气氮、磷干湿沉降的监测分析和测定。设置了5个大气氮磷沉降监测站点（图3-6），其中杭州市2个站点（分别为省中心站和杭州站），嘉兴市2个站点（分别为嘉兴站和王店站），湖州市1个站点（湖州站），均位于市区，具有较好的城镇代表性，能反映周边一定范围内的大气平均状况，监测数据具有连续性和可比性（其中王店站仅监测湿沉降，参与湿沉降相关统计）。

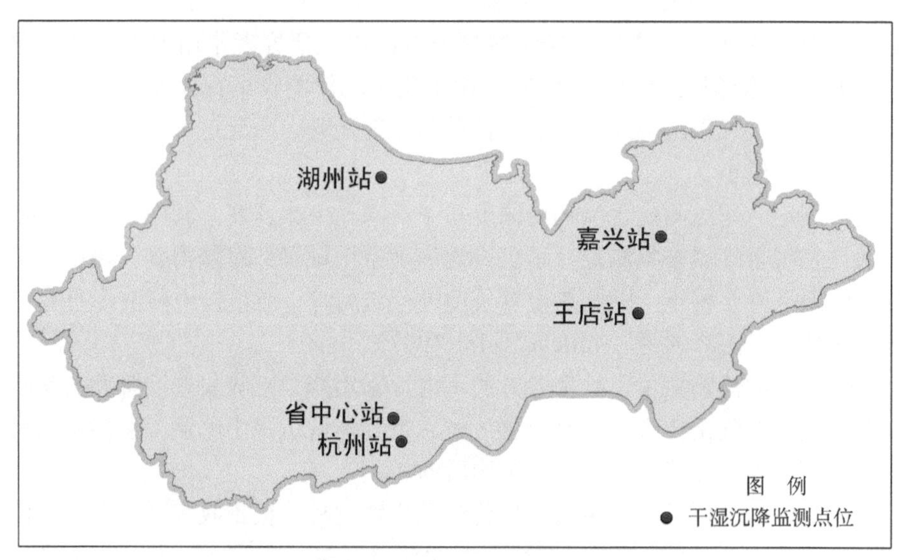

图3-6 采样点分布示意图

2. 采样设备

湿沉降采样器选用自动采样器，能保证逢雨必测。湿沉降自动采样器的基本组成是接雨（雪）器、防尘盖、雨传感器、样品容器等。防尘盖用于盖住接雨

（雪）器，下雨（雪）时自动打开。对于总沉降，采用手动采样，由架子、150mm的玻璃降尘缸组成。

采集总沉降样品时，于集尘缸中加入5cm左右液面高度的蒸馏水，以占满缸底为准，加水量视当地的气候而定。加好后，罩上塑料袋，直到把缸放在采样点的固定架上再把塑料袋取下，开始收集样品。记录放缸地点、缸号、时间（年、月、日、时）。取缸时记录地点、缸号、时间（年、月、日、时），罩上塑料袋，带回实验室。用镊子夹去落入缸内的树叶、昆虫等异物，先用少量去离子水湿润缸壁，然后用淀帚将附着于缸壁的尘粒刷下，再用水冲洗缸壁使尘粒全部移入溶液中，将缸内溶液和尘粒全部或分次移入1000mL烧杯中，充分搅匀，记录样品体积，并尽快测定总氮、总磷。在夏季多雨季节，应注意缸内积水情况，为防水满溢出，及时更换新缸，采集的样品及时分析，数据合并计算入月氮磷总沉降量中。

3. 分析方法

监测历时一年多，总沉降每月月底采样，湿沉降逢雨必测。根据《水和废水监测分析方法（第四版）》分别利用过硫酸钾氧化–紫外分光光度法和过硫酸钾消解–钼锑抗分光光度法测定大气沉降样品中的总氮和总磷。

3.2.3　区域大气氮磷湿沉降

1. 嘉兴地区大气氮磷湿沉降通量变化规律

1）雨水中pH变化特征

嘉兴站和王店站在监测期间总计收集降雨量为1761.2mm和1531.7mm。由图3-7可见，两站的降雨量均以夏季最大。嘉兴站降雨pH的变化范围为3.86～6.48，加权平均值为4.82；王店站降雨pH的变化范围为3.98～6.57，加权平均值为4.34，因此嘉兴地区的降雨是以弱酸性和中性降雨为主。

图3-7反映了pH与降雨量之间的关系，有研究认为，降雨的pH与季度降雨量有明显的正相关关系，连续降雨和降雨量大时pH降低（吴贤笃等，2005；张晓红等，2006）。图3-8为嘉兴站降雨pH与季度降雨量的关系图。

由图3-8可以看出，降雨pH与季度降雨量直接呈显著正相关，有研究认为这是由于降雨量越大对空气的清洗作用越大，使得雨水在下落过程中捕获的碱性物质越多，造成pH升高（吴贤笃等，2005）。

将嘉兴站历次连续性降雨（连续降水2天以上）的pH和降雨量统计如表3-5所示。

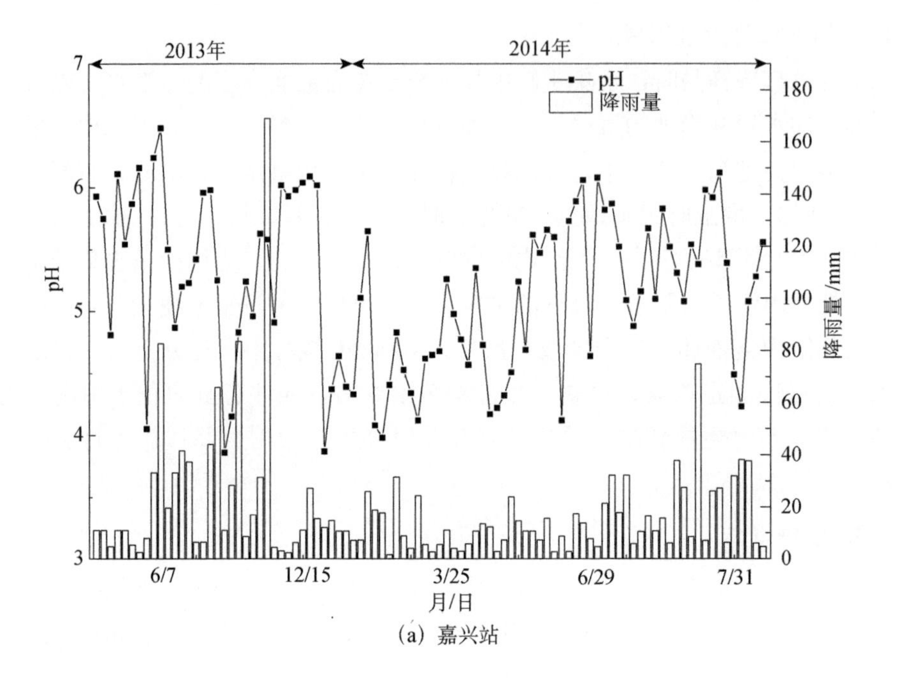

(a) 嘉兴站

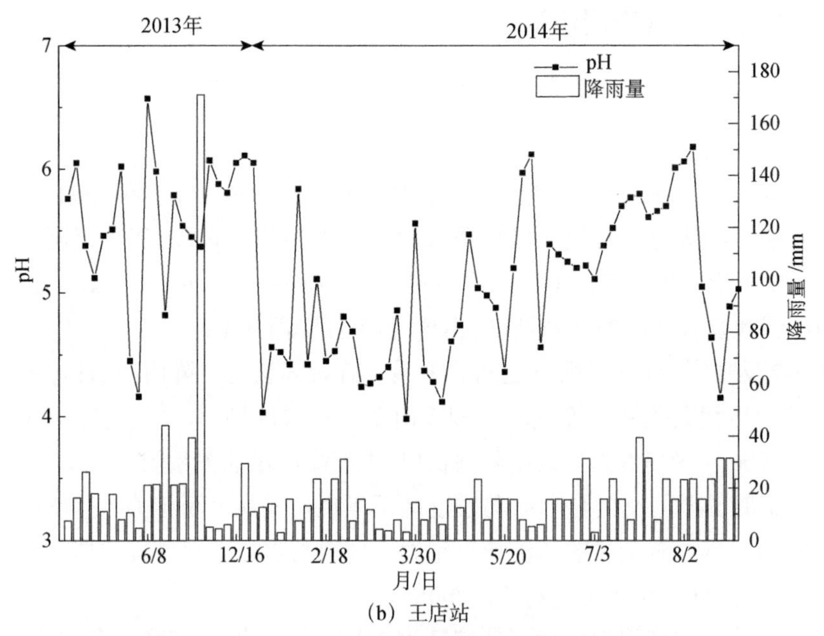

(b) 王店站

图 3-7　2013～2014 年嘉兴站 pH 与降雨量之间的关系

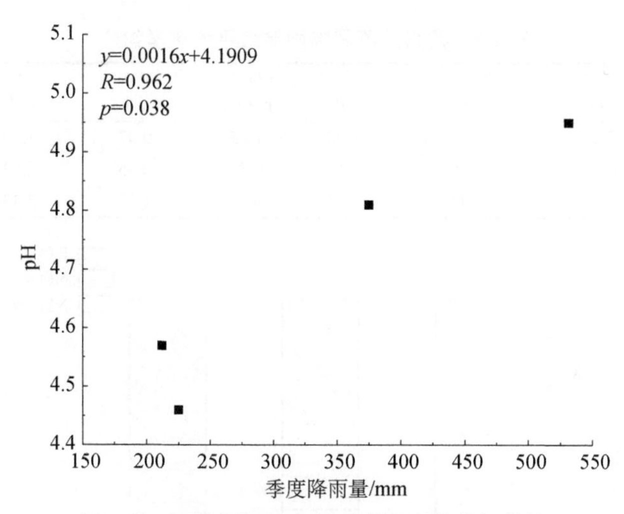

图3-8　嘉兴站降雨pH与季度降雨量的相关性

表3-5　连续性降雨pH与降雨量

日期	pH	降雨量/mm
10.6	5.63	31.4
10.7	5.58	169
10.8	4.91	4.4
2.5	4.64	10.7
2.6	4.39	10.7
2.7	4.33	7.1
2.16	5.65	26.1
2.17	4.08	18.9
2.18	3.98	17.9
7.12	5.83	15.8
7.13	5.52	6
7.14	5.31	37.8
7.15	5.08	27.5

由表3-5可以看出，降雨的pH随着降水时间的延续逐渐降低，可能是由于大气中富集的SO_2、NO_x受雨水冲刷导致pH降低，这与相关研究结果一致（张晓红等，2006）。

2）雨水中营养盐形态特征

气象学上，降雨等级的划分是根据降雨量确定的，即日降雨量小于10mm的降雨定义为小雨，10～25mm的降雨为中雨，大于25mm的降雨为大雨。嘉兴站和王店站不同等级降雨的平均化学组成见表3-6和表3-7，各形态氮在不同等级降雨中的分布见图3-9和图3-10。

表 3-6 嘉兴站不同降雨等级平均化学组成

降雨等级	平均降雨量/mm	累积降雨量/mm	NH_3-N/（mg/L）	NO_3-N/（mg/L）	DON/（mg/L）	TN/（mg/L）	TP/（mg/L）
<10mm	5.4	200.6	1.98	1.05	0.07	3.10	0.021
10～25mm	14.4	475.5	1.18	0.59	0.85	2.62	0.016
>25mm	45.8	1100.6	0.75	0.35	1.33	2.43	0.021

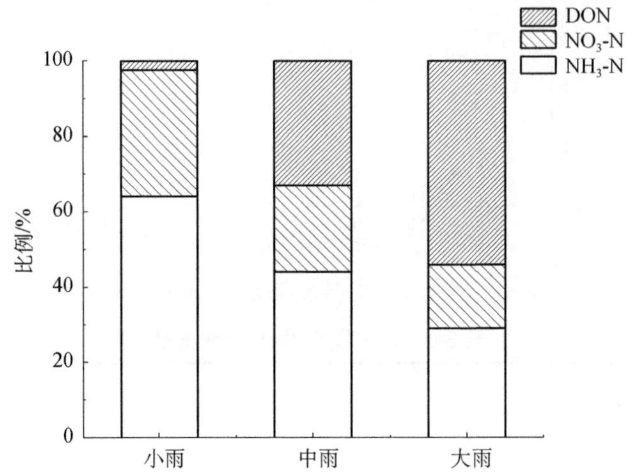

图 3-9 各形态氮在不同等级降雨中的分布（嘉兴站）

表 3-7 王店站不同降雨等级平均化学组成

降雨等级	平均降雨量/mm	累积降雨量/mm	NH_3-N/（mg/L）	NO_3-N/（mg/L）	DON/（mg/L）	TN/（mg/L）	TP/（mg/L）
<10mm	6.3	144.0	1.14	0.96	0.80	2.90	0.049
10～25mm	17.4	731.8	0.93	0.48	0.91	2.32	0.021
>25mm	46.1	506.6	0.54	0.35	1.68	2.57	0.040

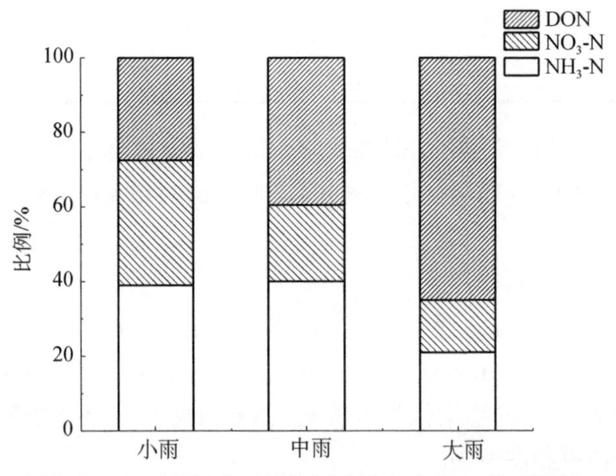

图 3-10 各形态氮在不同等级降雨中的分布（王店站）

由表3-6、表3-7可知，嘉兴站和王店站的TN平均浓度分别为2.72mg/L和2.60mg/L，TP平均浓度分别为0.019mg/L和0.037mg/L，其中小雨的TN平均浓度分别高达3.10mg/L和2.90mg/L，是中雨TN平均浓度的1.18倍和1.25倍、大雨TN平均浓度的1.28倍和1.13倍。与降水中的N含量相比，两站研究期间降水中的TP浓度较低，两站的TP湿沉降在不同等级降雨中浓度上表现出一致的规律，即小雨和大雨中的TP浓度要大于中雨中的TP浓度。

由图3-9、图3-10可以看出，两站降雨中NH_3-N、NO_3-N和DON在不同等级降雨中的分布表现出相同的规律，即随着降雨强度的增大，NH_3-N和NO_3-N占TN的比例逐渐降低，而DON占TN的比例逐渐升高。由表3-6、表3-7可以看出，两站降雨中NH_3-N、NO_3-N和DON在不同等级降雨中浓度的变化亦表现出相同的规律，即随着降雨强度的增大，NH_3-N和NO_3-N的浓度逐渐降低，而DON的浓度逐渐升高。对降雨量和营养盐组分进行相关性分析如表3-8所示，发现降雨量与雨水中营养盐有一定的相关性，且均呈负相关。NH_3-N、NO_3-N和TN三者之间相关性明显（$p<0.01$），这与相关研究结果较一致（Zhang et al.，2009）。

表3-8　降雨量和营养盐组分的相关性分析

相关系数	降雨量	NH_3-N	NO_3-N	TN	TP
降雨量	1				
NH_3-N	−0.26	1			
NO_3-N	−0.43	0.654**	1		
TN	−0.39	0.672**	0.651**	1	
TP	−0.37	0.44	0.537*	0.689**	1

*为0.05水平显著相关；**为0.01水平显著相关。

小雨中的TN、TP浓度较高，这可能是由于小雨的液滴较细小，使得其与大气接触表面积增大，从而黏附、溶解更多的含氮物质气溶胶；此外小雨的降雨历时一般较长，即对大气的冲刷时间长，也可导致大气中氮素物质的更多沉降。

与小雨导致的湿沉降相比，大雨所携带的TN、TP污染物占年湿沉降通量的比例较高，嘉兴站和王店站大雨产生的TN湿沉降占年湿沉降通量的比例分别高达58.9%和38.1%，TP分别为66.2%和47.5%。降雨导致的湿沉降是地面水环境中氮磷物质的面源污染来源之一，此外，大雨对下垫面的冲刷作用较强，携带的污染物较多，对水环境污染有较大的影响。

若以大气沉降通量计算，则在研究期间，嘉兴站的TN湿沉降通量达4545kg/km^2，其中NH_3-N、NO_3-N和DON的比例分别为39%、19%和42%，王店站的TN湿沉降通量3417kg/km^2，其中NH_3-N、NO_3-N和DON的比例分别为

33%、19%和48%。因此，NH_3-N和DON沉降是嘉兴大气氮湿沉降的主要部分，这是因为嘉兴拥有较为发达的农业和养殖业，其产生大量NH_3排放到大气中后随雨水沉降，大气中DON的来源主要有自然排放源和人为排放源向大气中排放的NO_x和碳氢化合物在大气层中发生光化学反应的产物、工农业生产活动挥发物以及生物质燃烧挥发物等。DON作为大气氮素沉降的重要组成部分，在以往的大气氮素沉降研究中，却一直被忽视，若仅仅考虑NH_3-N和NO_3-N等无机态氮的输入，将低估大气氮素沉降的总量，而有研究表明部分浮游植物可直接以DON作为营养来源（Antia et al.，1991），因此嘉兴高比例的DON沉降必将对其水生态环境产生影响。与NH_3-N和DON相比，大气中NO_3-N的沉降量较低，占TN沉降量的19%。有研究表明，大气中的NO_x是降水中NO_3-N的前体物，汽车尾气、工业和民用燃料燃烧是其主要来源，嘉兴站和王店站周边工业企业较少，从而释放到大气中的NO_x也较少，这可能是降水中NO_3-N较少的原因。

3）营养盐时间分布特征

对嘉兴两个监测站点降水中不同形态的营养盐（包括NH_3-N、NO_3-N、DON、TN和TP）的浓度进行月加权平均统计，结果见图3-11。

由图3-11看出，嘉兴站雨水中TN浓度在10月至次年4月变化幅度较大，即秋季、冬季和春季的月平均TN浓度变化较为明显，而夏季的浓度变化较为平缓，一般在1.71～3.96mg/L范围内变化。将2013年与2014年5～8月TN浓度做同期对比可知，2014年的月平均浓度小于2013年。王店站雨水中的TN浓度变化总体上表现出逐渐降低的特征，最高值出现在2013年5月，达到4.06mg/L，最低值出现在2013年12月，为1.73mg/L。两站降水中NH_3-N和NO_3-N的浓度变化趋势均与TN变化趋势较一致。

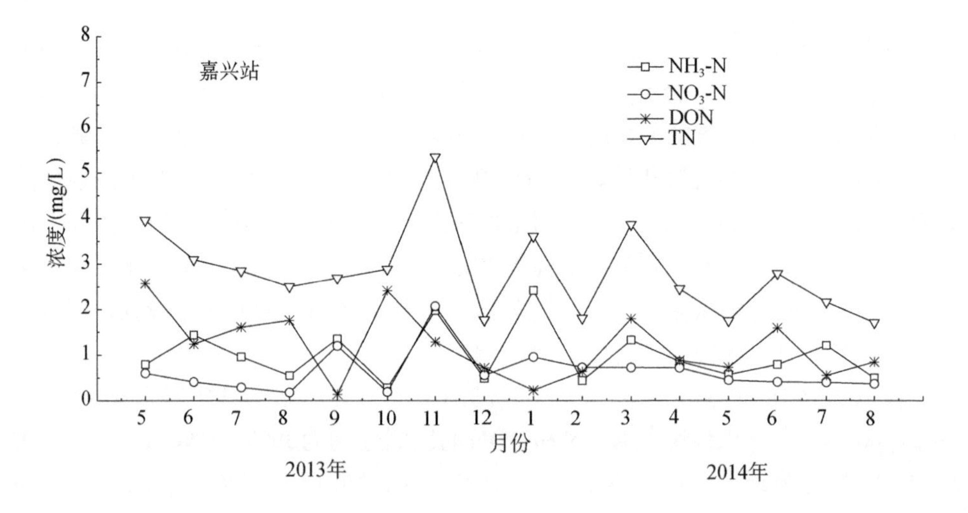

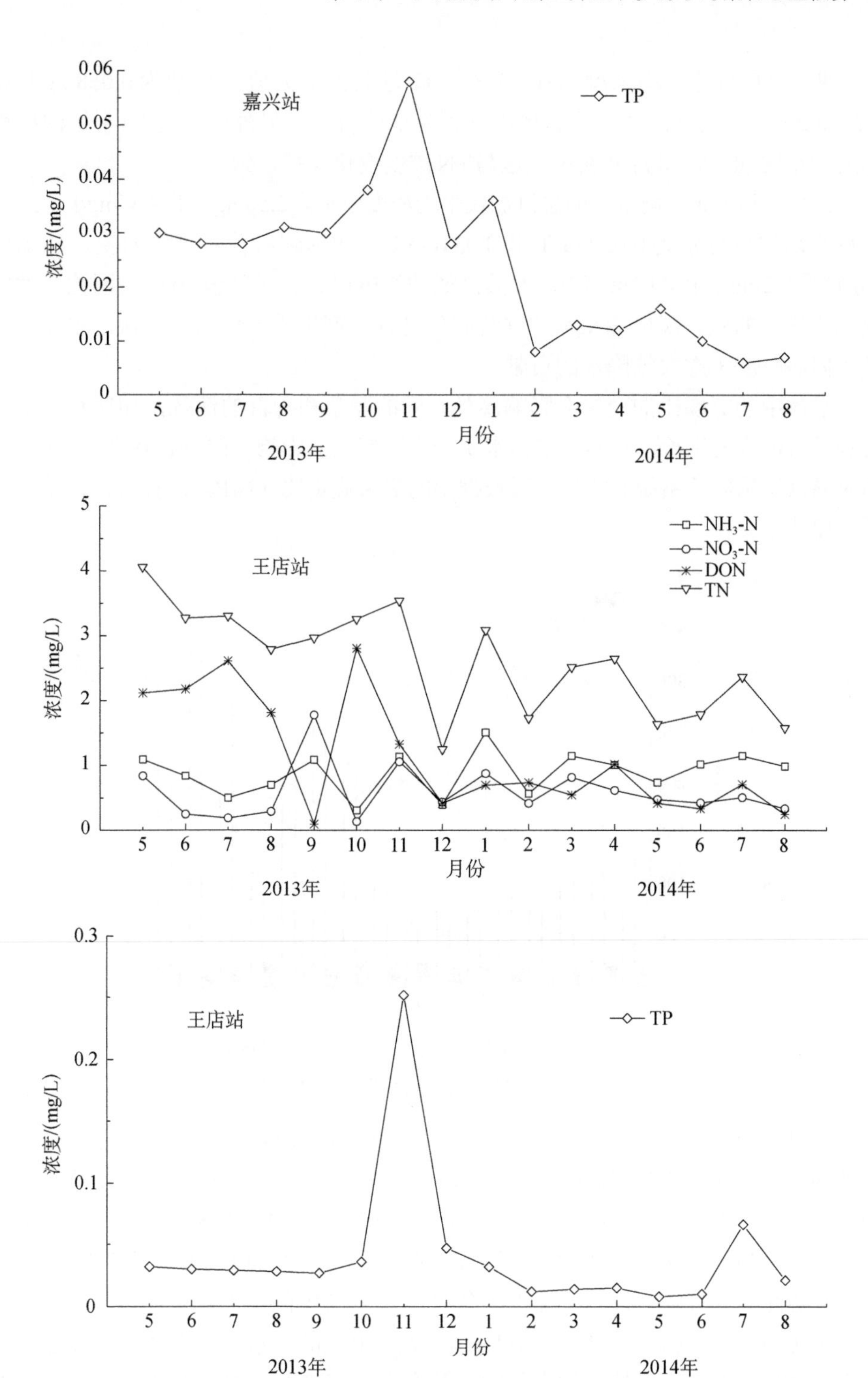

图3-11 嘉兴各形态氮、磷营养盐时间分布

两站TP的月平均浓度均在2013年11月取得最大值，分别为0.058mg/L和0.252mg/L，且两站总体上均表现出逐月降低的特征，另外两站的TP平均浓度均比上一年同期（5～8月）要小，这与TN浓度变化保持一致。

嘉兴站和王店站雨水中的总氮加权平均浓度分别为2.56mg/L和2.47mg/L，总磷加权平均浓度分别为0.020mg/L和0.031mg/L，均远超富营养水体的氮、磷阈值（分别是0.2mg/L和0.01mg/L），尤其是氮的浓度已经超过阈值10倍。因此，大气湿沉降输入的氮、磷可能在水体富营养化过程中产生重要作用，在探讨水体富营养化问题时应考虑大气降水的贡献。

水体中的氮磷比的变化会影响藻类之间的竞争和种群的演替，加速水体中藻类等浮游植物的生长，从而对水体水质产生连锁负面影响（Rhee，1978）。研究期间对嘉兴通量监控系统监测的水质数据中的氮磷质量比（N/P）进行统计，结果如图3-12所示。

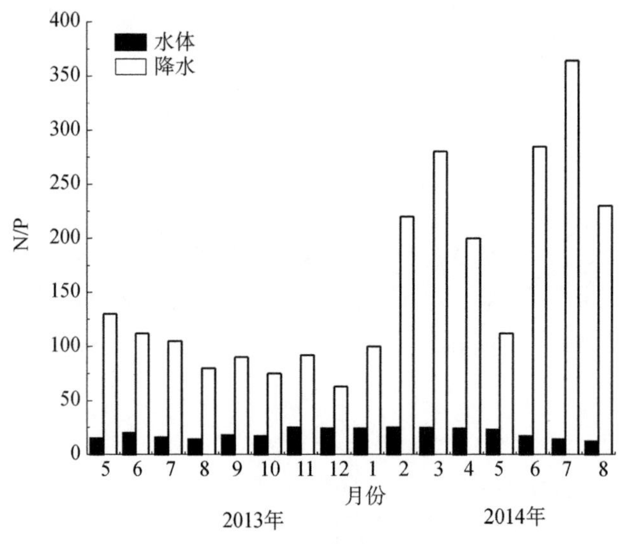

图3-12　嘉兴监测水质数据中N/P变化

《全国主要湖泊、水库富营养化研究》课题组（1987）发现，藻类生长最适合的N/P质量比为7.2，氮磷比小于该值时，氮将限制藻类的生长，大于该值时则磷是藻类增长的限制因素。嘉兴水体中的N/P为12.2～25.8，平均值为18.6，因此磷是目前嘉兴水体中藻类生长的限制因子。由图3-12可见，大气降水中的N/P变化表现出明显的时间差异性，各月降水中N/P值均较高，为63.3～367.4，平均值为160.4，远高于水体中的N/P值。高N/P值的降水进入水体后，会进一步提高水体的N/P值，促使水体中的营养盐有向氮富集的趋势。有研究表明，当水体中溶解性磷的浓度大于0.01mg/L时，磷浓度的降低并不会减少藻类生物量

（孔繁翔和高光，2005）。因此，在水体富营养化早期，磷作为藻类生长的限制因素，其含量增加会导致藻类的大量生长，同时，随着磷进入水体底泥中也积累了大量的磷，在一定的环境动力（如温度、溶解氧、扰动）作用下可能再次释放到水体中（陈停，2012），另外有研究表明，大气湿沉降输入的氮磷可能改变表层水体营养盐结构，刺激水体中的浮游生物生长，快速增加初级生产力，从而导致局部水体的富营养化（Zhang et al.，1999）。因此，大气湿沉降输入的氮、磷对水体富营养化的发生、发展具有潜在的促进意义。

2. 太湖流域（浙江片区）大气氮磷湿沉降通量变化规律

1）大气氮、磷湿沉降通量时间变化特征

取2013年9月至2014年8月为一个研究年，太湖流域（浙江片区）大气氮、磷湿沉降通量季节性变化［春季（3～5 月）、夏季（6～8 月）、秋季（9～11 月）、冬季（12 月至次年 2 月）］如图3-13所示。

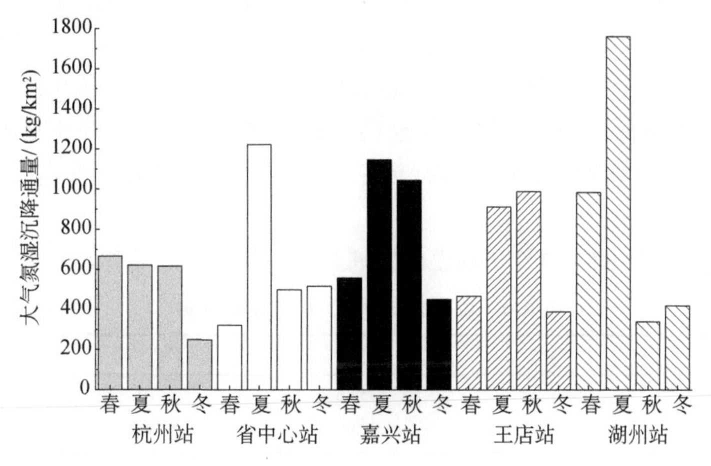

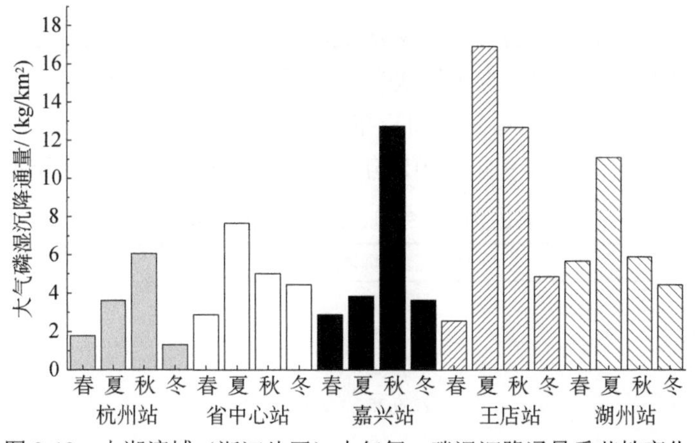

图 3-13　太湖流域（浙江片区）大气氮、磷湿沉降通量季节性变化

对于氮湿沉降而言，各地表现的季节性变化特征并不一致，这与各地的降雨水平及雨水中TN浓度的差异性有关。杭州春、夏、秋三季氮湿沉降通量水平相近（分别为665.34kg/km^2、621.79kg/km^2、615.70kg/km^2），且明显高于冬季氮湿沉降通量（248.84kg/km^2），这主要是因为杭州站的春、夏、秋三季的降雨量处于同一水平（约300mm），而冬季降水较少，仅151.5mm。省中心站表现为夏季湿沉降通量明显高于其他季节的特征（占年湿沉降通量的43.8%），这是由于该站点夏季降雨量较大（占年降雨量的38.1%）。嘉兴站与王店站的季节性变化特征则较为一致，即夏、秋两季湿沉降通量水平较高，均明显高于春、冬两季，且嘉兴站表现出夏、秋、冬季逐渐降低的特征，王店站表现出春、夏、秋季逐渐升高的特征。湖州站则表现出夏季湿沉降通量水平明显高于其他季节的特征（占年湿沉降通量的50.3%）。

对于磷湿沉降而言，各站点表现出的变化特征亦不一致，其中杭州站秋季的磷湿沉降通量最大，并表现出春、夏、秋三季逐渐升高的特征；省中心站则以夏季磷湿沉降通量最高，并表现出夏、秋、冬季逐渐降低的特征；嘉兴站秋季磷湿沉降通量明显高于其他季节（占年湿沉降通量的55.1%），与杭州站变化特征较为一致；王店站夏季磷湿沉降通量最高，且表现出夏、秋、冬季逐渐降低的特征，这与省中心站的变化特征较为一致；湖州站的季节性变化特征亦与省中心站一致。

对杭嘉湖地区的大气氮、磷湿沉降通量进行加权平均计算，结果见表3-9。

表3-9 杭嘉湖大气氮、磷湿沉降通量 （单位：kg/km^2）

沉降通量	春季	夏季	秋季	冬季
氮湿沉降通量	729.91	1353.36	628.10	419.18
磷湿沉降通量	4.00	7.45	7.95	3.80

对整个杭嘉湖地区而言，大气氮湿沉降通量按大小依次为夏季>春季>秋季>冬季，大气磷湿沉降通量按大小依次为秋季>夏季>春季>冬季。

2）大气氮、磷湿沉降通量空间分布特征

表3-10统计了2013年9月至2014年8月的大气氮、磷年湿沉降通量。

表3-10 大气氮、磷年湿沉降通量 ［单位：kg/(km^2·a)］

站点	大气氮湿沉降通量	大气磷湿沉降通量
杭州站	2151.66	12.73
省中心站	2673.99	20.54
嘉兴站	3202.80	23.10
王店站	2759.25	37.07
湖州站	3506.66	27.15

由表3-10可见，大气氮、磷湿沉降表现出明显的空间差异性，杭嘉湖三地大气氮湿沉降通量大小依次为湖州、嘉兴、杭州，磷湿沉降通量的大小顺序则为嘉兴、湖州、杭州。对局部地区而言，大气湿沉降亦表现出明显的空间差异性，杭州站的氮、磷湿沉降通量均小于省中心站，嘉兴站的大气氮湿沉降通量高于王店站，而大气磷湿沉降通量则小于王店站。

大气氮、磷湿沉降通量主要受降雨量和降水中氮、磷浓度两个因素影响，而不同地区之间降雨量不同，当地环境条件、人类活动和降雨量又直接影响了雨水中的氮、磷浓度，从而使大气氮、磷湿沉降通量呈现出空间差异性。

3）大气湿沉降影响因素分析

A. 降雨强度对大气湿沉降的影响

省中心站、嘉兴站和王店站利用降雨自动收集仪收集降雨，取得了丰富的降雨数据，故以此三站为例来研究降雨强度对大气氮、磷湿沉降通量的影响。在2013年9月至2014年8月研究期间，省中心站分别收集小雨、中雨、大雨类样品46个、27个、13个，嘉兴站分别收集小雨、中雨、大雨类样品28个、28个、17个，王店站分别收集小雨、中雨、大雨类样品20个、33个、10个。不同降雨等级下的大气氮、磷浓度及湿沉降通量见表3-11。

表3-11　不同降雨等级下的大气氮、磷浓度及湿沉降通量

地区	降雨等级	平均降雨量/mm	累积降雨量/mm	TN/(mg/L)	TP/(mg/L)	F_w（N）/（kg/km^2）	F_w（P）/（kg/km^2）
省中心站	<10mm	5.0	230.5	2.59	0.027	596.2	6.24
	10～25mm	17.6	474.5	1.84	0.014	873.8	6.78
	>25mm	61.2	796.0	1.51	0.009	1203.9	7.53
嘉兴站	<10mm	5.7	160.3	3.18	0.021	509.6	3.37
	10～25mm	14.7	411.8	2.43	0.014	999.4	5.65
	>25mm	44.9	762.9	2.22	0.018	1693.8	14.09
王店站	<10mm	6.2	120.7	2.90	0.050	349.8	6.08
	10～25mm	17.4	573.0	1.96	0.018	1125.6	10.51
	>25mm	52.0	520.4	2.47	0.039	1283.9	20.47

由表3-11可以看出在杭州、嘉兴两地区受纳的大气氮、磷湿沉降中，小雨中的TN、TP浓度较高。但是大雨所携带的TN、TP污染物占年湿沉降通量的比例却较小雨和中雨高，省中心站不同等级降雨形成的TN湿沉降占年湿沉降通量的比例为大雨（45.0%）>中雨（32.7%）>小雨（22.3%），TP为大雨（36.6%）>中雨（33.0%）>小雨（30.4%）；嘉兴站不同等级降雨形成的TN湿沉降占年湿沉降通量的比例为大雨（52.9%）>中雨（31.2%）>小雨（15.9%），TP为大雨（61.0%）>中雨（24.4%）>小雨（14.6%）；王店站不同等级降雨形成的TN湿沉

降占年湿沉降通量的比例为大雨（46.5%）>中雨（40.8%）>小雨（12.7%），TP为大雨（55.2%）>中雨（28.4%）>小雨（16.4%）。

B. 降雨量对大气湿沉降通量的影响

将逐月大气氮、磷湿沉降通量与降雨量进行相关分析如图3-14、图3-15所示。

可见杭州站、省中心站、嘉兴站和王店站的大气月氮湿沉降通量与月降雨量呈显著的线性正相关，其中杭州站、嘉兴站和王店站的月氮湿沉降通量与月降雨量在0.01的水平上显著相关且皮尔森（Pearson）相关性系数均大于0.8，省中心站的月氮湿沉降通量与月降雨量在0.05的水平上显著相关，Pearson相关系数亦达到0.578。因此降雨量是大气氮湿沉降的一个重要影响因素，且大气氮湿沉降通量随降雨量的增加而增加；湖州站的大气氮湿沉降通量与降雨量则无显著相关性（$p>0.05$），但从图中仍可看出，其氮湿沉降通量总体上随降雨量的增加而增加。氮湿沉降中的NH_3-N和NO_3-N，前者的前体为大气中的NH_3，主要来源于农业

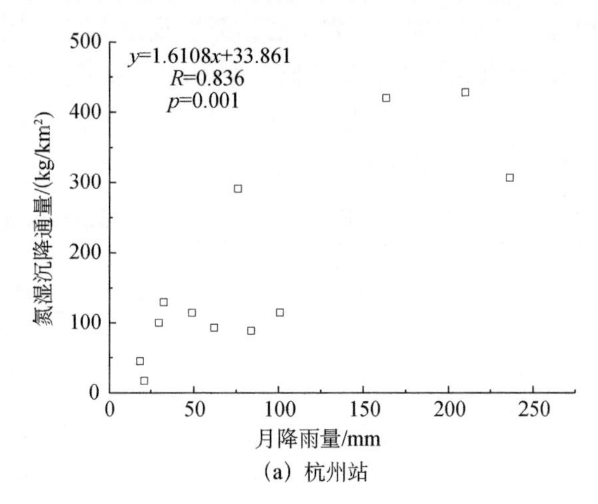

(a) 杭州站

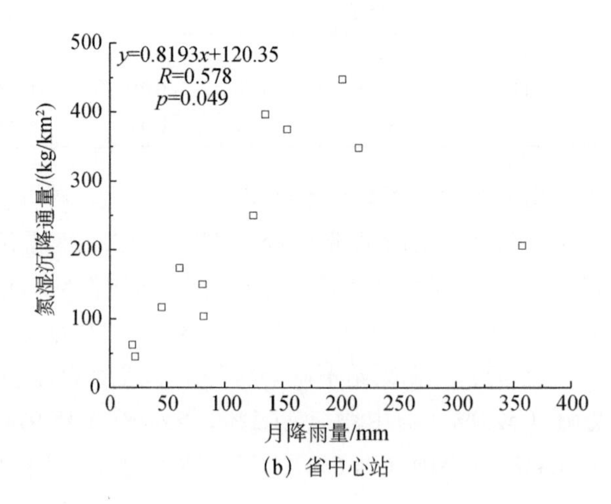

(b) 省中心站

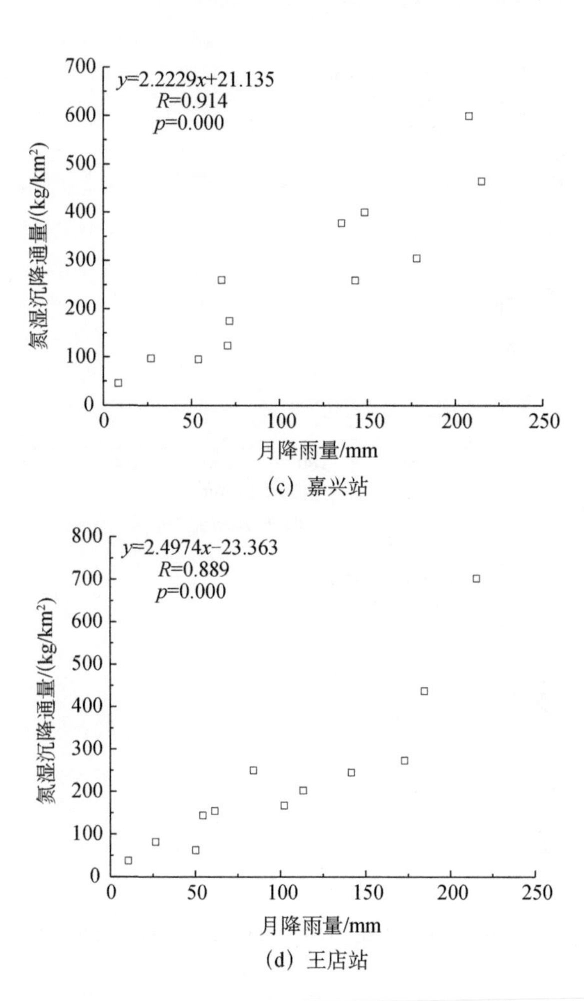

(c) 嘉兴站

(d) 王店站

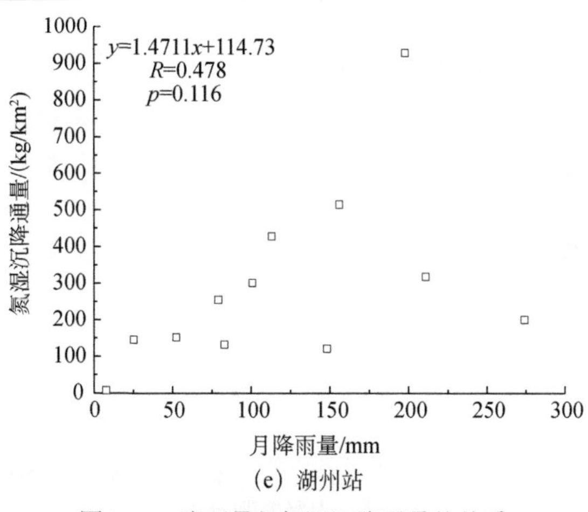

(e) 湖州站

图3-14　降雨量与氮湿沉降通量的关系

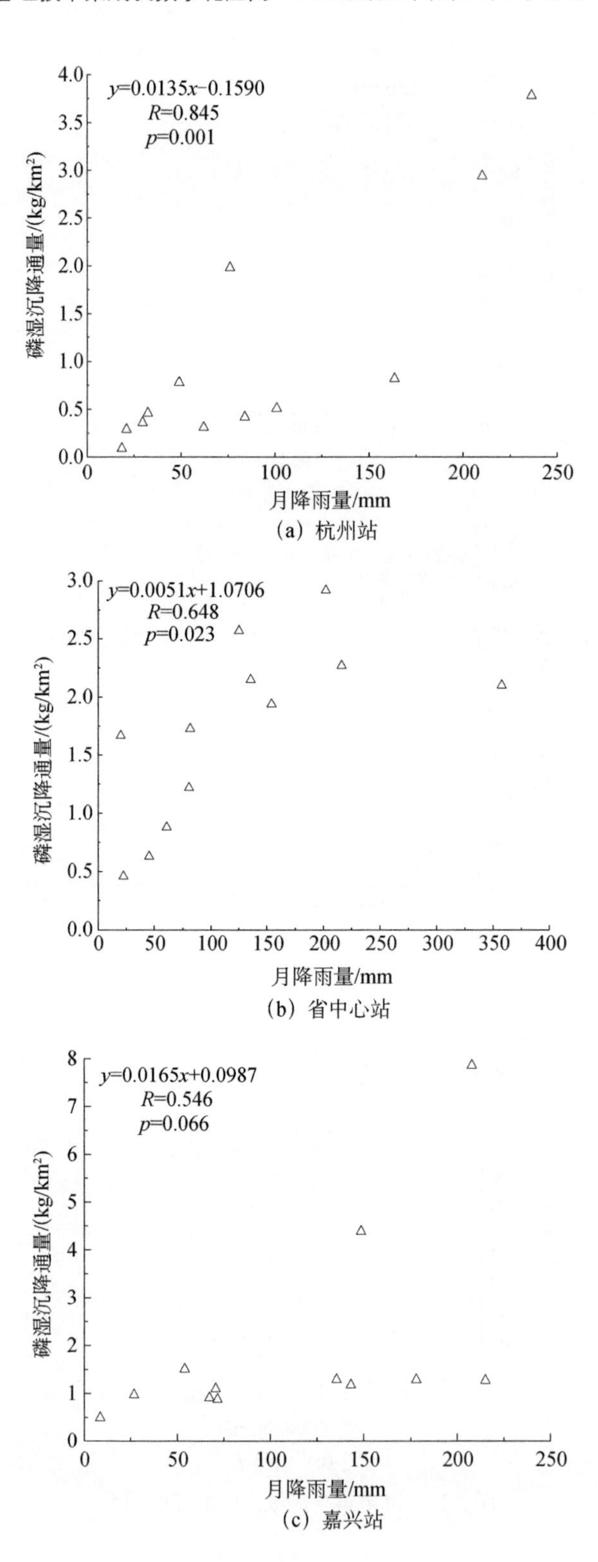

（a）杭州站

（b）省中心站

（c）嘉兴站

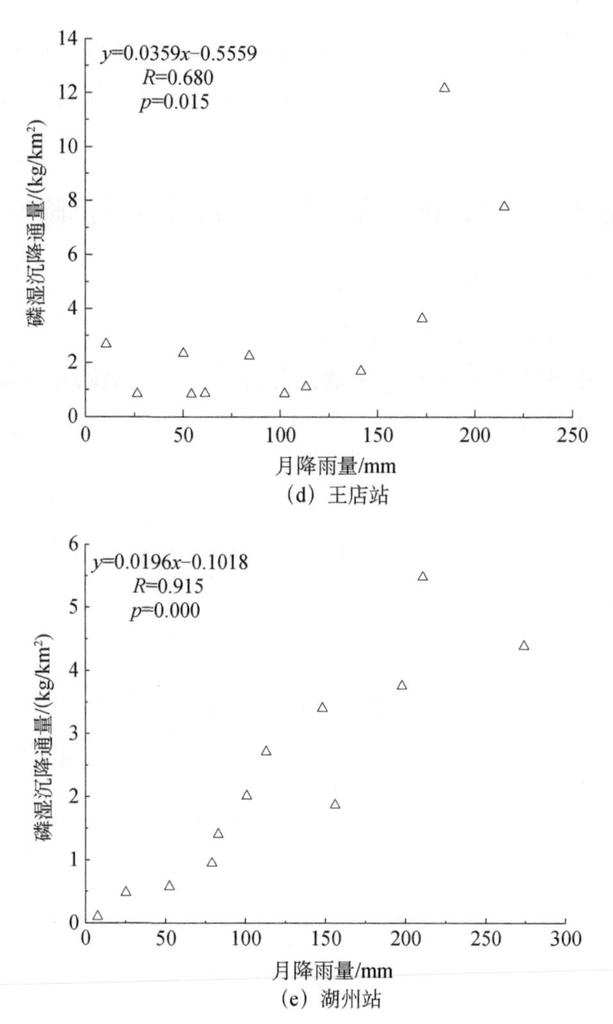

图3-15　降雨量与磷湿沉降通量的关系

施肥、养殖废物、工业排放等；后者的前体为NO_x，主要来源于汽车尾气和土壤微生物活动的释放。

杭州站、省中心站、王店站和湖州站的大气磷湿沉降通量与月降雨量呈显著的线性正相关，其中杭州站与湖州站的月磷湿沉降通量与月降雨量在0.01水平上显著相关且Pearson相关性系数均大于0.8，省中心站与王店站的月磷湿沉降通量与月降雨量在0.05的水平上显著相关，其Pearson相关性系数亦达到0.6以上。嘉兴站的大气磷湿沉降通量与降雨量则无显著相关性（$p>0.05$）。

大气氮磷湿沉降通量与月降雨量之间的相关性差异主要由其不同的转化途径和迁移方式导致，而导致降雨量对湖州站的大气氮湿沉降通量和嘉兴站的大气磷湿沉降通量的影响无统计学意义的原因可能是由于统计样本偏少，所得统计结论不一定能反映真实情况。对于杭嘉湖地区而言，大气氮磷沉降通量受降雨量控制，因此，在不同降雨量下，可以利用线性插值法得到相应的大气氮磷湿沉降通量。

3.2.4 太湖流域（浙江片区）大气氮磷总沉降及干沉降变化规律

1. 大气氮磷总沉降的时空变化特征

1）大气氮磷总沉降季节性变化特征

杭嘉湖地区中四个监测站点（王店站除外）的大气氮磷总沉降通量按季节统计，结果如图3-16所示。

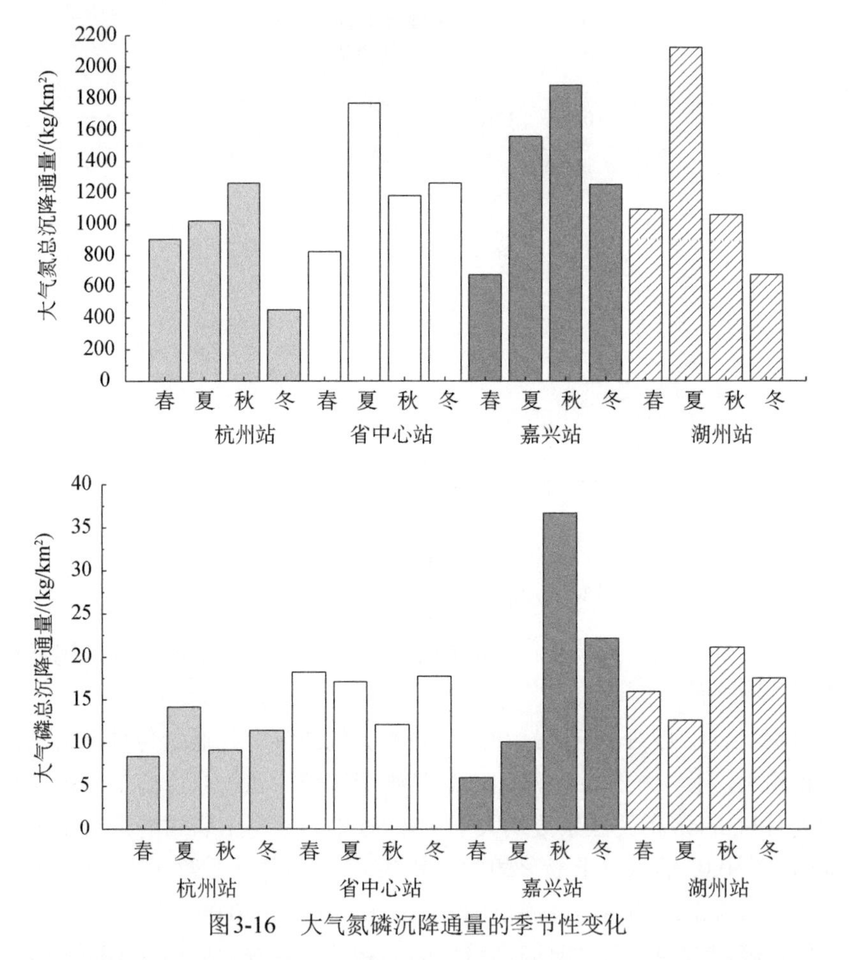

图3-16 大气氮磷沉降通量的季节性变化

大气氮沉降通量在时间上表现出明显的季节性变化。杭州站的大气氮沉降通量呈现出秋季>夏季>春季>冬季的规律，秋季氮沉降通量较大，占全年的34.7%；

省中心站的大气氮沉降通量以夏季最高，冬季其次；嘉兴站氮沉降通量的季节性变化与杭州站较一致，夏秋两季是氮沉降的主要发生季节，占全年的64.1%；湖州站夏季氮沉降通量明显高于其他季节，占年沉降通量的42.9%，春季与秋季沉降通量相差不大。

大气磷沉降通量亦表现出明显的季节性差异。杭州站以夏季最高；省中心站春、夏、冬三季的磷沉降通量则相差不大，但都明显高于秋季；嘉兴站秋季沉降通量明显高于其他季节，表现出秋季>冬季>夏季>春季的变化特征；湖州站则呈现出秋季>冬季>春季>夏季的变化特征。

表 3-12 为杭嘉湖地区各季节大气氮磷总沉降通量。

表 3-12　杭嘉湖地区各季节大气氮磷总沉降通量　（单位：kg/km^2）

季节	氮总沉降通量	磷总沉降通量
春季	909.29	12.32
夏季	1765.34	12.65
秋季	1345.53	23.00
冬季	893.77	18.14

对整个杭嘉湖地区而言，大气氮沉降通量按大小依次为夏季>秋季>春季>冬季，大气磷湿沉降通量按大小依次为秋季>冬季>夏季>春季，这与各地的季节性变化特征基本一致。

2）大气氮磷总沉降的空间变化特征

表3-13统计了杭嘉湖地区各站点大气氮磷年总沉降通量。

表 3-13　杭嘉湖地区各站点大气氮磷年总沉降通量［单位：$kg/(km^2 \cdot a)$］

站点	大气氮总沉降通量	大气磷总沉降通量
杭州站	3634.12	43.26
省中心站	5035.80	65.25
嘉兴站	5368.40	74.92
湖州站	4950.74	67.22

大气氮年沉降通量大小依次为嘉兴站、省中心站、湖州站、杭州站，大气磷年沉降通量大小依次为嘉兴站、湖州站、省中心站、杭州站。嘉兴地区的大气氮磷总沉降通量较杭州、湖州要高，分析原因有三：一是近年来嘉兴的生猪等养殖业的迅猛发展，大量畜禽粪污的排放引起的氨挥发；二是发达的工农业产生的污染物与大量化肥的使用；三是嘉兴处于长三角腹地，与上海、杭州、苏州等发达城市相距不到百千米，这也一定程度上影响了嘉兴的大气沉降通量水平。另外，

大气沉降除了与气象因素有关外，与当地的环境条件也有关系，湖州站与太湖距离不足10km，具有很好的农田种植条件，太湖周围被大片农田包围，其大面积高强度地使用农药、化肥可能是湖州氮、磷沉降通量较高的原因。杭州市区的工业主要分布在城北，省中心站附近有汽车城和汽车站，车流量非常大，且环境卫生和植树绿化相对较差，这可能是省中心站氮、磷沉降通量较高的原因。而杭州站位于杭州市西湖区，卫生及绿化等环境条件较好，因此其氮、磷沉降通量最低。因此以杭州站和省中心站大气氮、磷沉降通量的平均值可以较好地反映杭州地区的大气沉降通量水平，则计算得杭州地区的氮、磷年沉降通量分别为4334.96kg/(km^2 • a)和54.26kg/(km^2 • a)。

一般认为，当氮沉降通量在一定范围内时，大部分氮被保留在生态系统中，但2500kg/km^{2}作为一个临界点，超过这一数值时，就会出现氮饱和状态（樊后保和黄玉梓，2006），过量的氮沉降会加速土壤的酸化和水体的富营养化（Magill et al.，2000）。以杭州、嘉兴、湖州的大气沉降通量的平均值来反映杭嘉湖地区的平均水平，则计算得杭嘉湖地区的年氮、磷沉降通量分别为4884.70kg/(km^2 • a)和65.46kg/(km^2 • a)，约是临界值的2倍，说明杭嘉湖地区已成为高氮沉降区。相对于国内其他地区（表3-14），杭嘉湖地区的大气氮磷沉降通量相对较高，但仍处在一个数量级上。但与国外其他地区相比，则处于较高水平，杭嘉湖平均氮总沉降通量分别是美国东北部海岸、欧洲北海湾和西班牙东海岸的4.4倍、5.1倍和7.2倍，杭嘉湖平均磷总沉降通量分别是南非西海岸、西班牙高山湖泊和加拿大阿尔伯塔窄湖的4.1倍、5.4倍和3.3倍。虽然不同的下垫面及实验方法在一定程度上影响数据的可比性，但仍然说明杭嘉湖地区的大气氮磷沉降通量水平很高。

表3-14　国内外各地区大气沉降对比［单位：kg/(km^2 • a)］

<table>
<tr><th colspan="2">地区</th><th>氮干沉降</th><th>磷干沉降</th><th>氮湿沉降</th><th>磷湿沉降</th><th>氮总沉降</th><th>磷总沉降</th><th>数据源</th></tr>
<tr><td colspan="2">杭嘉湖</td><td>1843.9</td><td>43.17</td><td>3040.8</td><td>22.29</td><td>4884.70</td><td>65.46</td><td>本书</td></tr>
<tr><td colspan="2">长乐江流域</td><td>2536</td><td>127</td><td>5644</td><td>71</td><td>8180</td><td>198</td><td>张峰，2011</td></tr>
<tr><td colspan="2">太湖</td><td>1134</td><td>311</td><td>3404</td><td>85</td><td>3695～4538</td><td>181～395</td><td>杨龙元等，2007</td></tr>
<tr><td rowspan="2">珠江</td><td>珠江河口</td><td>2200</td><td>12</td><td>4000</td><td>50-60</td><td>6000</td><td>70</td><td rowspan="2">林文实等，2007</td></tr>
<tr><td>珠江近岸海域</td><td>1000～1200</td><td>11～14</td><td>2000～2500</td><td>20-35</td><td>3500～4000</td><td>35～44</td></tr>
<tr><td rowspan="2">上海</td><td>市区</td><td></td><td></td><td>3482</td><td></td><td></td><td></td><td rowspan="2">周婕成等，2009</td></tr>
<tr><td>市郊</td><td></td><td></td><td>2023</td><td></td><td></td><td></td></tr>
<tr><td colspan="2">三江平原</td><td></td><td></td><td>7570</td><td></td><td></td><td></td><td>孙志高等，2007</td></tr>
</table>

续表

地区	氮干沉降	磷干沉降	氮湿沉降	磷湿沉降	氮总沉降	磷总沉降	数据源
九龙江流域	5100		9190				陈能汪等，2008
南京郊区	438		660		1099		邓君俊等，2009
厦门海域						95	商少凌和洪华生，1997
西藏	290		264		554		邵伟，2009
内蒙古温带草原	1921		1509		3430		张菊等，2013
广州东北郊					2385		林兰稳等，2013
陕西关中地区					4000		魏样，2010
美国东北部海岸					1100		Paerl et al.，2002
美国南部海岸					560		
南非西海岸					480	16	Nyaga et al.，2013
西班牙高山湖泊	372.4	8.85	576.8	3.24	949.2	12.09	Morales-Baquero et al.，2006
加拿大阿尔伯塔窄湖					420	20	Shaw et al.，1989
欧洲北海湾					950		Hertel et al.，2002
西班牙东海岸					680～978		Sanz et al.，2002

2. 大气氮磷干沉降时空变化特征及与湿沉降的比较

1）大气氮磷干沉降时空变化特征

将杭嘉湖地区四个监测站点的大气氮磷干沉降通量按季节统计，结果如图3-17所示。

由图3-17可以看出，大气氮干沉降在时间上呈现出明显的季节性差异，杭州站、嘉兴站、湖州站均表现出秋季>夏季>春季的变化特征，而省中心站则表现出冬季>夏季>秋季>春季的变化特征，与其他站点的变化特征不一致的原因可能与省中心站的环境条件有关，其受人类活动影响较大。总体上来说，杭嘉湖地区的氮干沉降以秋冬两季为主。

大气磷干沉降亦呈现出明显的季节性变化，嘉兴站与湖州站均以秋冬两季的磷干沉降最高，分别达到年干沉降通量的81.9%和70.6%，而杭州站与省中心站则表现出秋季的磷干沉降通量最低的特征，与嘉兴站和湖州站相反，这与各地的气候条件及人类活动的差异性有关，但总体上杭嘉湖的磷干沉降以秋冬两季为主。

由表3-15可以看出，在空间位置上，大气氮磷干沉降表现出一定的差异性，省中心站的大气氮干沉降通量最高，比其他站点高出0.83%～38.86%，这进一步

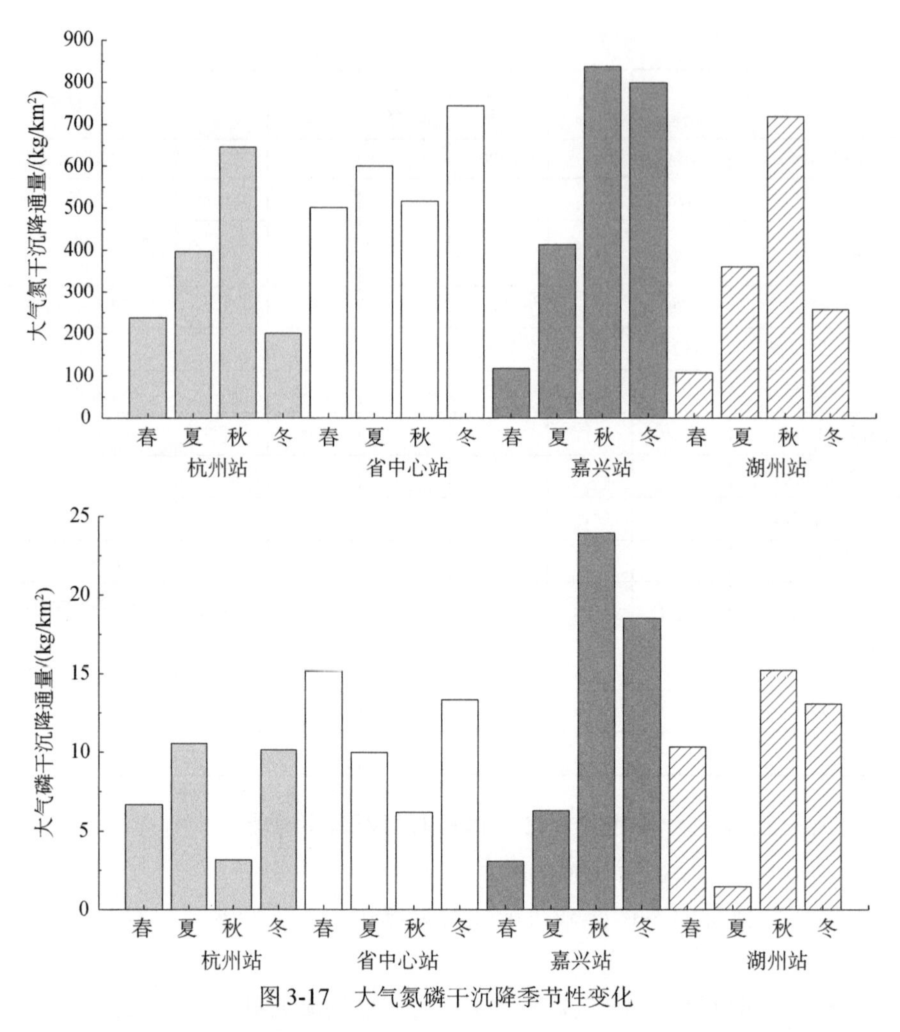

图 3-17 大气氮磷干沉降季节性变化

说明环境条件对大气氮沉降影响很大，大气磷干沉降则表现出嘉兴站>省中心站>湖州站>杭州站的变化特征。若以杭州站和省中心站的大气干沉降通量的平均值来反映杭州地区的干沉降通量水平，则计算得出杭州的氮、磷干沉降通量分别为1922.13kg/(km^2·a)和37.62kg/(km^2·a)。

表 3-15 杭嘉湖大气氮磷干沉降通量［单位：kg/(km^2·a)］

站点	大气氮干沉降通量	大气磷干沉降通量
杭州站	1482.46	30.53
省中心站	2361.80	44.71
嘉兴站	2165.60	51.81
湖州站	1444.08	40.08

2）大气氮磷干湿沉降对比

杭嘉湖地区各站点季节性大气氮磷干湿沉降通量对比如图3-18所示。

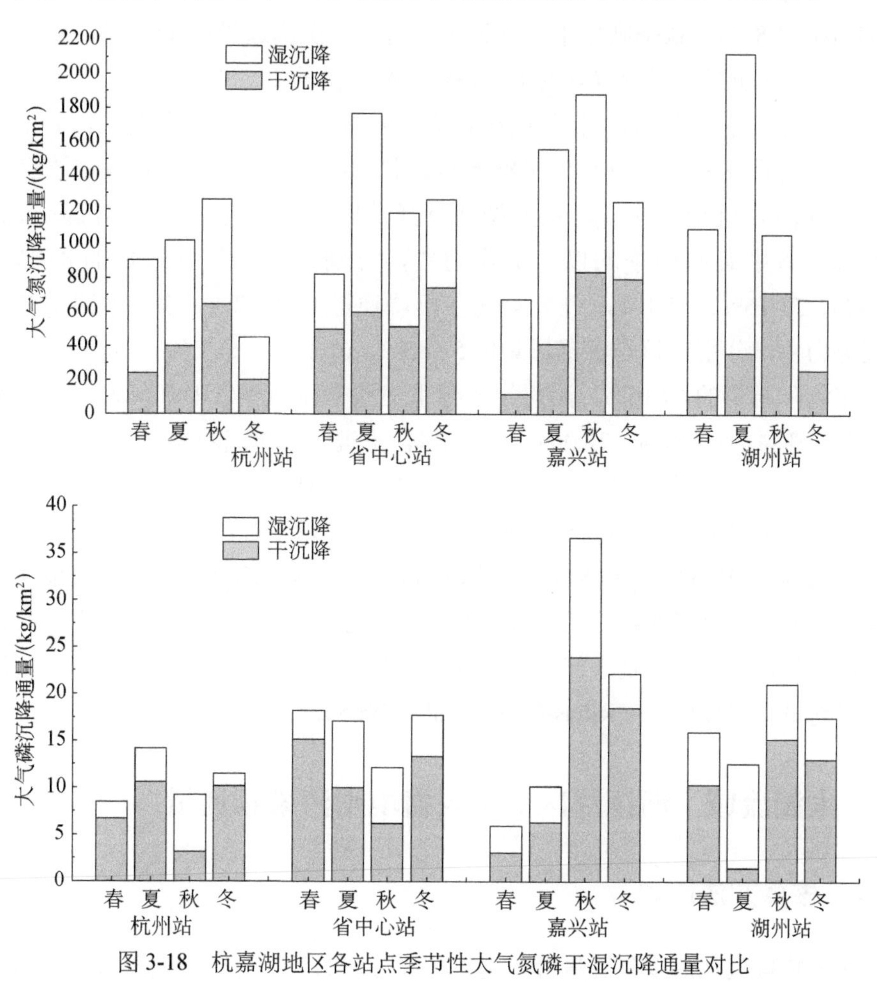

图3-18　杭嘉湖地区各站点季节性大气氮磷干湿沉降通量对比

就大气氮沉降而言，杭州站春季、夏季和冬季的氮沉降均以湿沉降形式为主，分别占当季沉降通量的73.64%、61.03%和55.23%，秋季大气氮的干湿沉降通量则相差不大，湿沉降占年沉降通量的59.21%。省中心站夏、秋两季的氮沉降以湿沉降形式为主，分别占该季沉降通量的66.11%和56.27%，春、冬两季的氮沉降则以干沉降形式为主，分别占该季沉降通量的60.87%和59.01%，就全年的大气氮沉降而言，湿沉降要大于干沉降，占全年沉降通量的53.10%。嘉兴站春季、夏季和秋季的氮沉降以湿沉降为主，分别占该季沉降通量的82.55%、73.53%和55.54%，冬季则以干沉降为主，干沉降占该季沉降通量的63.85%，这可能与冬季降雨量较少有关，就全年而言，湿沉降占年沉降通量的59.66%。湖州站在春季、夏季和冬季以湿沉降为主，分别占该季沉降通量的90.12%、83.03%和61.87%，秋季则以干沉降为主，占该季沉降通量的67.85%，就全年而言，湖州站氮沉降亦以湿沉降为主，占年沉降通量的70.58%。

对于大气磷沉降而言，杭州站在春季、夏季和冬季以干沉降为主，分别占该季沉降通量的78.99%、74.51%和88.68%，秋季则以湿沉降为主，占该季沉降通量的65.78%，就全年而言，杭州站磷沉降是以干沉降为主，占年沉降通量的70.57%。省中心站四季均以干沉降为主，分别占该季沉降通量的83.19%、58.34%、51.16%、75.10%，干沉降占年沉降通量的68.52%。嘉兴站四季亦均以干沉降为主，分别占该季沉降通量的51.65%、62.13%、65.26%、83.53%，干沉降占年沉降通量的69.16%。湖州站在春季、秋季和冬季以干沉降为主，分别占该季沉降通量的64.51%、72.06%、74.57%，干沉降占年沉降通量的59.62%。

因此，大气氮沉降以湿沉降形式为主，各地湿沉降占总沉降比例不同（53.10%～70.58%），平均为60.64%。大气磷沉降以干沉降形式为主，干沉降占总沉降比例在 59.62%～70.57%，平均为66.97%，这与国外一些研究结果证实的磷沉降主要为干沉降的结论相吻合。有研究认为，磷在大气中比较稳定一般存在于气溶胶颗粒中，沙尘是大气中磷的重要来源，因此在沙尘暴发生期间，大气磷的沉降通量会明显增加（Ribas-Carbo et al.，2005）。

3.3 太湖流域（浙江片区）出入省境水污染物通量

3.3.1 核算方法原理

污染物排放从浓度到总量管理是水环境管理的发展方向。随着自动监测技术的发展和完善，在实现河流断面水质自动监测的同时，将逐步实现水量同步监测，为开展河流断面水污染通量监测和计算奠定了基础。

污染物通量指在一定时间内某种污染物通过河流某一断面的量。太湖流域（浙江片区）出入省境河道与环太湖河道类似，流向顺、逆不定，故污染物通量估算方法根据参考文献（翟淑华和张红举，2006；马倩等，2010）中报道的方法，结合5种通量估算方法（富国，2003）优化计算公式。根据出入省境断面水量和水质计算，由于国内常规地表水水质的监测频次为每月1次，故水量按月统计出入省境水量，月通量计算公式为

$$W_{i入省境} = KC_i \sum_{j=1}^{n} Q_{j入省境} \tag{3-8}$$

$$W_{i出省境} = KC_i \sum_{j=1}^{n} Q_{j出省境} \tag{3-9}$$

$$W_{i净出省境} = W_{i出省境} - W_{i入省境} \tag{3-10}$$

式中，$W_{i入省境}$为第i种污染物的月入省境通量（t/月）；$W_{i出省境}$为第i种污染物的月出省境通量（t/月）；$W_{i净出省境}$为第i种污染物的月净出省境通量（t/月）；C_i为第i种污染物的月平均浓度（mg/L）；$Q_{j入省境}$和$Q_{j出省境}$分别为流量在入省境和出省境天数中第j天的日平均流量（m^3/s）；n为某个月内日平均流量为入省境或出省境的天数；K为单位换算系数，K=0.0864。

整个研究区域巡测断面划分为4条巡测线和安徽入境断面，逐月统计每条巡测线的出入省境水量及巡测线上水质监测断面的污染物平均浓度，计算每条巡测线的月出入省境污染物通量，将4条巡测线的月出入省境污染物通量和从安徽入境的污染物通量相加得到太湖流域（浙江片区）的月出入省境污染物通量，再将12个月的通量相加，得到太湖流域（浙江片区）全年的出入省境污染物通量。

3.3.2　核算数据资料

污染物通量核算需要开展水文水质监测，或收集已有水文水质相关监测数据。已有水文监测信息，根据2017年地表水出入省境河道水文巡测资料和浙江省水资源公报等收集，按照空间分布在研究区域北部、东部和南部边界线设置水文巡测线，分别为入湖线、北排线、东排线和钱塘江线；西部边界上，主要为流域分水线，仅考虑与安徽省交界的河道——东村港，断面为东村桥（图3-19）。在水文巡测线上选取水文巡测断面，类型分为基点站断面及巡测站断面，基点站和巡测站断面流量均为逐日流量（由实时流量计算后得到的日平均流量），其中河流巡测断面的水文数据是经原始水文资料整编的。

为估算断面通量，水质监测断面理论上应该与水文巡测断面保持一致（何锡君等，2012）。由于本书采用的水文和水质资料分别来自水文部门和生态环境监测部门，在水文巡测断面所在河道上选取水质监测断面，空间位置尽量接近，选取了32个，具体位置分布如图3-19所示。太湖流域（浙江片区）水文巡测及水质监测点位详情见表3-16。

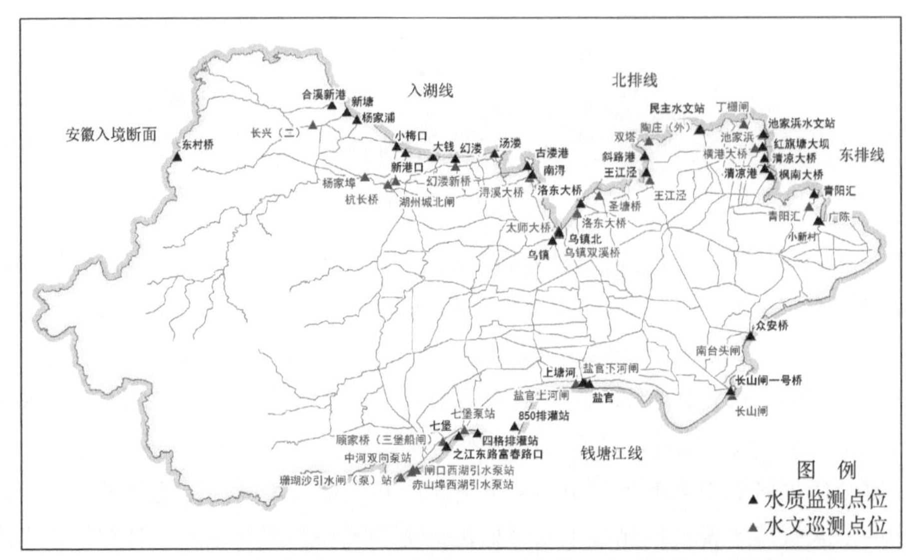

图 3-19　太湖流域（浙江片区）地表水出入省境水文巡测及水质监测断面

表 3-16　太湖流域（浙江片区）水文巡测及水质监测点位一览表

研究区域边界	巡测线	巡测段	基点站	单一流量站	水质监测断面个数	水质监测断面
南部边界	钱塘江线	—	—	珊瑚沙引水闸（泵）站、赤山埠西湖引水泵站、中河双向泵站、闸口西湖引水泵站、顾家桥（三堡船闸）、七堡泵站、盐官下河闸、盐官上河闸、长山闸、南台头闸	8	众安桥、长山闸一号桥、盐官、上塘河、850 排灌站、四格排灌站、七堡、之江东路富春路口
西部边界*	—	—	—	东村桥	1	东村桥
北部边界	入湖线	长兴（二）段	长兴（二）	杨家埠、杭长桥、湖州城北闸	8	合溪新港、新塘、杨家浦、小梅口、新港口、大钱、幻溇、汤溇
		幻溇段	幻溇新桥			
	北排线	浔溪大桥段	浔溪大桥	太师大桥、圣塘桥、双塔	8	古溇港、南浔、乌镇、乌镇北、洛东大桥、王江泾、斜路港、民主水文站
		桐乡段	乌镇双溪桥			
		秀洲西段	洛东大桥			
		秀洲北段	王江泾			
		陶庄段	陶庄（外）			
		丁栅段	丁栅闸			
东部边界	东排线	池家浜段	池家浜	—	7	池家浜水文站、红旗塘大坝、清凉大桥、清凉港、枫南大桥、青阳汇、小新村
		横港大桥段	横港大桥			
		枫泾段	青阳汇			
		平湖北段	青阳汇			
		平湖南段	广陈			

* 西部边界上主要为流域分水线，除东村桥断面所在河流以外没有其他出入省境河流。

3.3.3　太湖流域（浙江片区）出入省境水污染物通量

1. 出入省境水量变化分析

2017年太湖流域（浙江片区）按月统计出入省境水量见表3-17，由于安徽入境断面引用2017年浙江省水资源公报的年度水文数据，年入省境水量为1.15亿m^3。2017年太湖流域（浙江片区）入省境水量为102.84亿m^3，出省境水量为177.92亿m^3，净出省境水量为73.91亿m^3。2017年出入省境水量的年内变化和空间分布情况如图3-20所示。

表3-17　2017年太湖流域（浙江片区）按月统计出入省境水量结果（单位：亿m^3）

月份	入湖线		北排线		东排线		钱塘江线		安徽入境断面		合计	
	入省境量	出省境量	入省境量	出省境量	入省境量	出省境量	入省境量	出省境量	入省境量	出省境量	入省境量	出省境量
1	1.23	1.70	2.76	3.89	2.75	9.39	1.64	0.68			8.38	15.66
2	1.70	0.56	1.99	3.06	2.71	6.68	1.53	0.19			7.93	10.49
3	0.99	2.01	1.78	3.30	3.48	7.70	1.78	0.27			8.03	13.28
4	0.62	3.06	2.27	3.20	2.97	8.49	1.88	1.42			7.74	16.17
5	1.30	1.24	2.14	2.89	3.42	8.12	0.96	0.57			7.82	12.82
6	0.64	5.14	1.95	3.71	3.74	9.18	0.62	3.91			6.95	21.94
7	2.79	1.25	2.36	3.64	4.25	8.52	1.15	0.78	—	—	10.55	14.19
8	2.57	0.75	1.29	2.46	4.55	8.64	1.32	0.46			9.73	12.31
9	1.81	1.37	1.66	2.27	4.67	8.79	0.46	2.10			8.60	14.53
10	2.63	1.92	2.31	3.93	4.59	9.99	0.50	3.44			10.03	19.28
11	2.72	0.75	1.81	3.23	3.33	9.98	0.68	0.29			8.54	14.25
12	2.40	0.57	1.89	3.57	2.92	8.55	1.33	0.31			8.54	13.00
合计	21.40	20.32	24.21	39.15	43.38	104.03	13.85	14.42	1.15	0.00	102.84	177.92

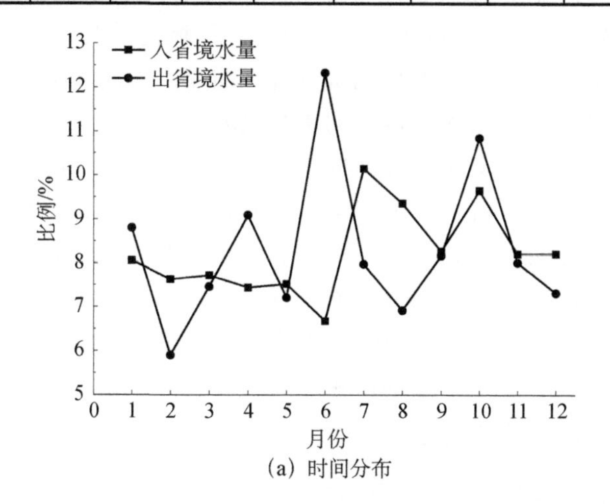

(a) 时间分布

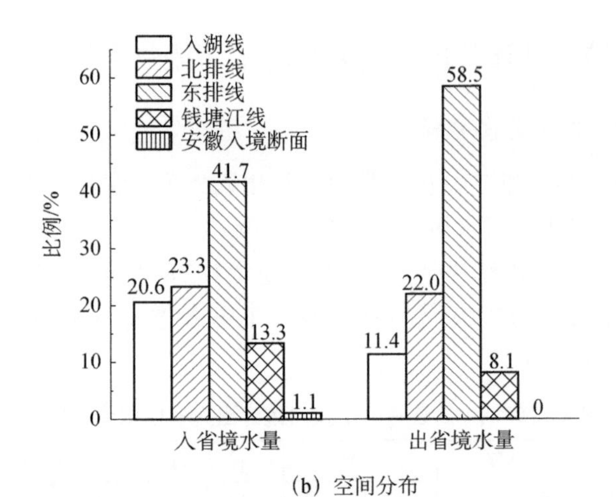

(b) 空间分布

图3-20 2017年出入省境水量的时间分布和空间分布情况

从出入省境水量的时间分布来看，2017年各月入省境水量相差不大，各月入省境水量占全年入省境水量比例范围为6.7%～10.1%。出省境水量除了6月和10月占全年出省境水量较大一些，分别为12.1%、10.8%，其他月份均比较接近，占比在5.9%～9.1% [图3-20（a)]，且全年各月出省境水量均大于入省境水量。

由图3-20（b）可见，从空间分布来看，太湖流域（浙江片区）东部的东排线入省境水量相对较大一些，占全年入省境水量的41.7%。入湖线和北排线入省境水量相差不大，其中入湖线入省境水量占全年入省境水量的20.6%；北排线入省境水量占全年入省境水量的23.3%。其次，钱塘江线入省境水量占全年入省境水量的13.3%，安徽入境断面全年入省境水量相比之下显得很小，占研究区域全年入省境水量的比例仅为1.1%。以入湖线为例，入湖线的入省境水量增多主要受“引江济太”工程抬高太湖水位（胥瑞晨等，2020）以及年内流域降雨量相对偏少的影响。从太湖流域（浙江片区）而言，区域内的暴雨中心位于浙西山丘区，对湖州平原河网地区年均水位的提升并不明显，因此环湖河道太湖倒灌水量的增加是导致入湖线入省境水量增大的重要原因。

地表水出省境断面主要分布在研究区域东部的东排线，占全年出省境水量的58.5%。其次是北排线，占全年出省境水量的22.0%。入湖线和钱塘江线出省境水量分别占全年出省境水量的11.4%和8.1%。总体来说，太湖流域（浙江片区）出入省境水量以出省境为主，净出省境水量占入省境水量的比例达71.1%。由于研究区域位于杭嘉湖地区，在降雨过程中河道水位的变化（王杰等，2019），对出入省境河道水流的流向有一定的影响。

2. 出入省境污染物年总通量

根据2017年太湖流域（浙江片区）出入省境断面的水量及水质数据，计算污染物逐月通过各河道出入省境的通量，得到年总通量（表3-18）。

表3-18　2017年太湖流域（浙江片区）出入省境污染物年总通量（单位：t/a）

通量	COD_{Mn}	NH_3-N	TN	TP
入省境量	50517.06	5432.64	27541.28	1532.16
出省境量	88848.59	9019.04	49999.30	2733.01
净出省境量	38331.53	3586.40	22458.02	1200.85

计算结果表明，2017年太湖流域（浙江片区）出入省境污染物通量表现为净出省境，其中COD_{Mn}、NH_3-N、TN和TP的净出省境通量分别为38331.53t/a、3586.40t/a、22458.02t/a、1200.85t/a（表3-18）。考虑到太湖流域（浙江片区）的流域面积为12249km^2，将污染物出入省境通量换算为单位面积负荷，COD_{Mn}、NH_3-N、TN和TP的入省境单位面积负荷分别为4124.18kg/(km^2·a)、443.52kg/(km^2·a)、2248.45kg/(km^2·a)、125.08kg/(km^2·a)，净出省境单位面积负荷分别为3129.36kg/(km^2·a)、292.79kg/(km^2·a)、1833.46kg/(km^2·a)、98.04kg/(km^2·a)。出入省境污染物通量应该作为太湖流域（浙江片区）污染负荷的一部分，在污染统计分析时将其纳入计算，可为污染负荷控制削减和上下游生态补偿等环境管理提供支撑。

3. 出入省境污染物通量的空间分布

4条巡测线出入省境和安徽入境的污染物通量占研究区域全年出入省境污染物通量的比例见表3-19。

表3-19　2017年太湖流域（浙江片区）各出入省境断面的污染物通量占研究区域全年出入省境污染物通量的比例（单位：%）

断面	水量		COD_{Mn}		NH_3-N		TN		TP	
	入省境	出省境	入省境	出省境	入省境	出省境	入省境	出省境	入省境	出省境
入湖线	20.6	11.4	18.1	9.0	11.7	6.5	12.9	7.4	14.8	7.8
北排线	23.3	22.0	23.5	21.6	23.2	22.3	18.0	15.8	23.1	20.8
东排线	41.7	58.5	46.9	63.0	36.6	55.8	48.5	65.9	47.5	62.7
钱塘江线	13.3	8.1	10.9	6.5	27.6	15.4	19.8	11.0	13.9	8.7
安徽入境断面	1.1	—	0.6	—	0.7	—	0.9	—	0.6	—

由表3-19可知，各出入省境断面污染物通量基本保持与出入省境水量一致的比例，4种污染物通过入湖线、北排线、东排线和钱塘江线流入太湖流域（浙江片区）的通量比例分别为11.7%～18.1%、18.0%～23.5%、36.6%～48.5%和10.9%～27.6%，流出太湖流域（浙江片区）的通量比例分别为6.5%～9.0%、15.8%～22.3%、55.8%～65.9%和6.5%～15.4%。4种污染物通过安徽入境断面流

入太湖流域（浙江片区）的通量比例为0.6%～0.9%。由此可以看出，各污染物入省境断面主要分布在北排线和东排线上，尤其是东排线入省境污染物通量的比例明显高于其他巡测线。同时，东排线上各监测断面也是污染物的主要出省境断面，4种污染物的出省境通量比例均超过50%，其中TN的出省境通量比例高达65.9%。因此，太湖流域（浙江片区）出入省境污染物通量的主要控制断面是东排线的各监测断面，东排线上各河流交接断面水质达标的要求需要引起重视。

3.4 太湖流域（浙江片区）多源水污染物总量核算

3.4.1 核算方法原理

在前期对污染源研究的基础上，本节将太湖流域（浙江片区）作为对象，通过监测、系数计算等手段，核算其内部产生的污染源、外部输入的污染源的总量（本节中所有污染物均指水污染物，因高锰酸盐指数在生产生活污染排放均无法统计，故仅考虑化学需氧量、氨氮、总氮和总磷4项常规性指标），掌握各污染源的贡献率，为找准源头，精准治污指明方向，见图3-21。从研究的角度，只要数据充分，区域可以为行政区域，也可以为计算单元、控制单元，甚至流域范围，但当前以行政区域作为计算对象更具可行性和实际需求，因行政区域既有相对完善的交接断面水文和环境监测数据，也涉及断面考核，以及从水质考核向污染物总量考核转变的需求。

1. 确定计算区域

明确研究的区域，选择行政区，或者自定义的研究区域，找出区域的水系分布情况，列明该区域入省境河流、出省境河流的数量和流量，设定流向，对于平原河网区，如果存在往复流，则需预先设定流向对应的正负值。

2. 建立水污染来源清单

以区域为对象可分内、外两大类污染源（均指入河量），内源主要有区域内工业源直排、农田面源、畜禽养殖、集中式污水处理设施、城镇生活、农村生活、底泥污染释放吸收、地表蒸发量，外源主要是入省境通量、出省境通量、大气干湿沉降、引水、水体清淤、集水外排（排海等）。

3. 搜集水量，建立水量平衡

根据地方水行政部门的水资源公报，核算区域水量，为污染物通量计算奠定基础。包括主要出入省境河道及流量，地区降水、蒸发量，集水外排（排海、引水等），并由此建立地区水量平衡。当区域地表水出入省境断面自动站完善后，理

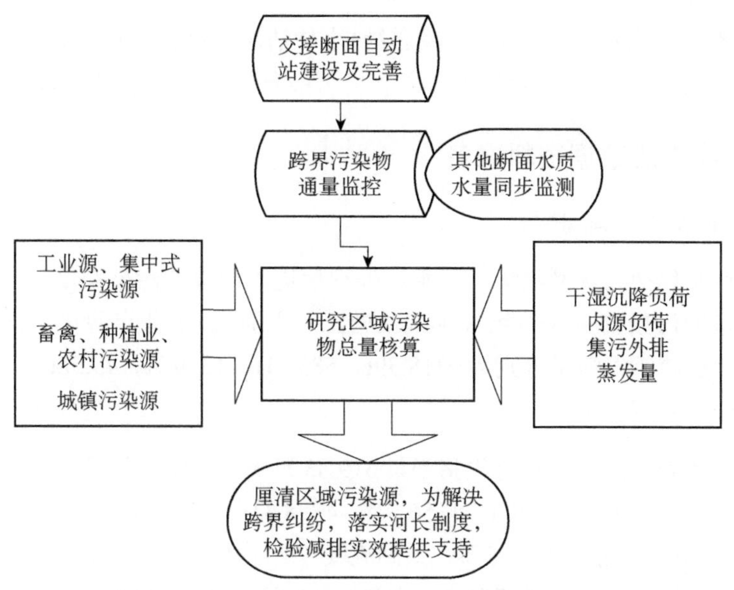

图 3-21　研究区域多源水污染物总量核算示意图

论上可采用水质、水量自动数据，形成实时监测值，能极大地提高测算的精度。

4. 搜集污染物排放（入河量）数据

由环境统计数据，可得直排工业源、集中式污水处理设施（工业、生活源）污染物的排放（入河）量数据，如地方有水体清淤工程，则需要计算清淤量，按照污泥的污染物平均含量系数计算总量。按照地表水平均水质与蒸发量乘积计算蒸发污染物量（实际计算中，由径流量直接扣除）。集水外排，如嘉兴地区有处理能力为30万t/d的嘉兴联合污水厂，处理后直接排入钱塘江，而非进入太湖流域浙江片范围，其外排污染物量可由水质浓度与水量计算。

5. 通过监测和实验取得系数，计算其余污染物量

农业面源（种植业、畜禽养殖业、渔业养殖业、农村生活源等）、生活源直排入河量、大气干湿沉降，则需开展监测，取得产排污规律后，依据产排污系数来计算；河道底泥对污染源来说，可能吸收也可能释放，由实验确定污染产生的规律，在实际应用中根据不同的条件来选择。

6. 建立污染物平衡，明确污染源组成比例

以研究区域为对象，按公式计算区域污染物总量和差量：

区域年入省境污染物总量=入省境通量+工业直排入河量+农业面源入河量
+生活源入河量+集中式污水处理设施入河量
±底泥污染释放/吸收量+大气干湿沉降入河量

区域年出省境污染物总量=年出省境通量+水体清淤污染物量+集水外排污染物量
区域年出入省境污染物差量=区域年入省境污染源总量−区域年出省境污染源总量

3.4.2 核算方法数据资料准备

1. 工业点源入河量

工业点源包括经管网收集，污水厂处理后进入河道的污染物量，以及工业直排进入河道的污染物量（不包含排入钱塘江、入海）。工业点源化学需氧量、氨氮、总氮、总磷年入河量分别为9318.39t、585.51t、1339.7t、49.58t。

2. 农业面源污染

区域畜禽养殖污染，折合生猪当量619.83万头，化学需氧量、氨氮、总氮、总磷年入河量分别为31196.97t、1356.51t、4278.31t、357.12t。

稻田径流污染，根据统计年鉴，太湖流域（浙江片区）农田面积为475120hm^2，根据研究系数计算，稻田径流总氮、总磷年入河量分别为8472.33t和193.24t。

3. 生活污染源

根据《太湖流域水环境综合治理总体方案（2013年修编）》，城镇生活污水化学需氧量、氨氮、总氮、总磷年入河量分别为65962t、6884t、14135t和931t。

4. 农村生活污染源

太湖流域（浙江片区）农村生活污水中化学需氧量、氨氮、总氮、总磷年入河量分别为6184.20t、1074.61t、2875.91t、124.86t。

5. 城镇暴雨径流

城镇暴雨径流化学需氧量、氨氮、总氮、总磷的入河量分别为3180.15t、49.5t、150.04t、13.46t。

6. 大气总沉降污染入河

以总沉降系数与太湖流域（浙江片区）水面面积乘积，计算区域大气总沉降中总氮、总磷年入河量，分别为4880.73t、66.16t。

7. 区域外取用水

将太湖流域（浙江片区）作为一个整体区域来看，人工从外环境取水主要有：平湖市和嘉善县从太浦河取水，杭州市部分水厂从钱塘江引水，杭州市西湖从钱塘江引水已计入钱塘江线的入省境通量。

根据《2013年嘉兴市水资源公报》，平湖市和嘉善县从太浦河引水1.28亿 m^3。按民主水文站2013年的平均水质数据计算（高锰酸盐指数4.33mg/L、

COD_{Cr}15.9mg/L、氨氮0.65mg/L、总氮2.65mg/L和总磷0.105mg/L），其从地表水中带入区域的年污染物总量为：化学需氧量2035.20t、氨氮83.20t、总氮339.20t和总磷13.44t。

杭州市部分水厂从钱塘江引水约100万t/d，合计水量3.65亿m^3，按钱塘江沿线出入口断面浓度平均值计算（化学需氧量10.46mg/L、氨氮2.94mg/L、总氮4.43mg/L和总磷0.39mg/L），其从地表水中带入的污染物总量为：化学需氧量3817.90t、氨氮1073.91t、总氮1616.46t和总磷141.01t。

以上两者合计污染物，化学需氧量、氨氮、总氮、总磷的年总量分别为5853.10t、1157.11t、1955.66t、154.45t。

8. 外排区域水

未排入区域内部河道而直接排入太湖流域（浙江片区）外环境的有：嘉兴市联合污水厂处理后排入钱塘江。

2013年嘉兴市外排入海量3.21亿m^3，按2013年地表水污染物浓度计算（化学需氧量22.41mg/L、氨氮1.66mg/L、总氮4.19mg/L和总磷0.28mg/L），其从区域地表水中带出的污染物总量为：化学需氧量7193.61t、氨氮532.86t、总氮1344.99t和总磷89.88t。

9. 河道清淤

根据河道清淤有关数据推算，2013年太湖流域（浙江片区）清淤工程量为0.58亿m^3。由于底泥也带有污染物，根据地表水底泥监测结果显示，其总磷含量为648mg/kg，总氮为1131mg/kg。氨氮含量未测，采用文献中值为36mg/kg（张修峰等，2004）。清淤底泥含水率假设为75%，相当于经自然干化后的污泥含水率（唐受印等，2004）。75%含水率的底泥密度约为1.20kg/L，2013年清淤的总重量折算成干固体重量为1740万t，氨氮、总氮和总磷分别为626.4t、19679.4t和11275.2t。考虑淤泥累积需要6～10年的时间，以平均8年计，通过清淤工程，平均每年去除水体中氨氮、总氮和总磷分别为78.3t、2459.9t和1409.4t。

3.4.3 太湖流域（浙江片区）多源水污染物总量核算

以太湖流域（浙江片区）为整体对象，根据3.4.2节数据，对2013年各类污染物量进行核算平衡，见图3-22，可知：

（1）地表水常规污染物的来源，主要以出入省境通量为主，入省境通量小于出省境通量。入省境通量带来的化学需氧量、氨氮、总氮和总磷，占比分别达到73.0%、65.6%、60.3%、65.9%；通过出省境通量，带走的化学需氧量、氨氮、总氮和总磷，分别是入省境通量的1.64倍、1.88倍、1.76倍和1.79倍。

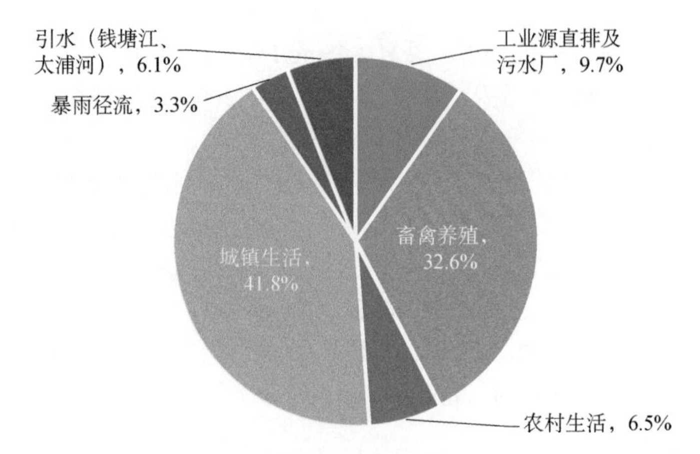

(a) 化学需氧量比例

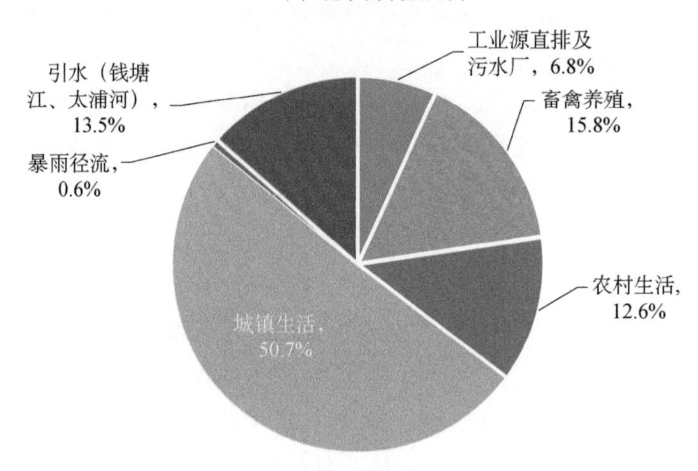

(b) 氨氮比例

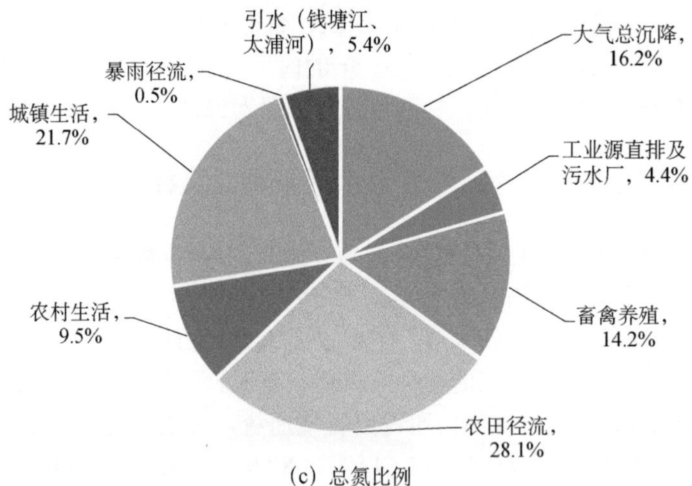

(c) 总氮比例

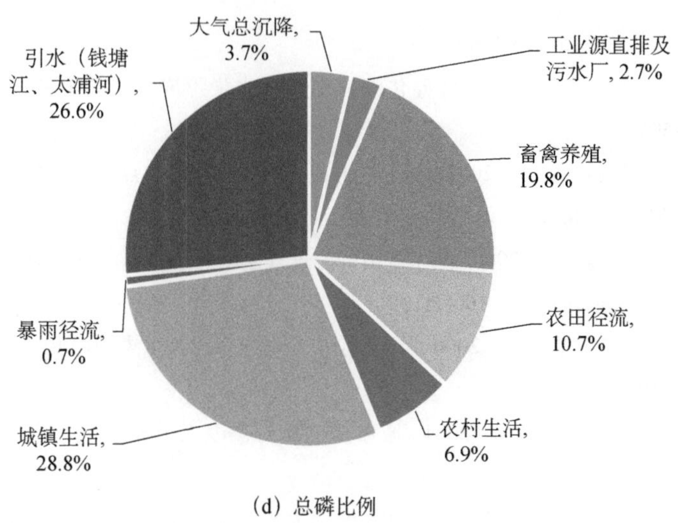

(d) 总磷比例

图 3-22　区域入河污染物所占比例

（2）区域入河污染物中，化学需氧量以城镇生活和畜禽水产养殖为主，分别占41.8%和32.6%，氨氮以城镇生活为主，占50.7%，总氮以农田径流和城镇生活为主，分别占28.1%和21.7%，总磷以城镇生活和区域外引水为主，分别占28.8%和26.6%。

参考文献

车武，刘燕，李俊奇，等. 2002. 北京城区面源污染特征及其控制对策. 北京建筑工程学院学报，(4)：5-9.

陈能汪，洪华生，张珞平，等. 2008. 九龙江流域大气氮湿沉降研究. 环境科学，29（1）：38-46.

陈停. 2012. 贾鲁河底泥中氮磷释放影响因素的研究. 郑州：郑州大学.

邓君俊，王体健，李树，等. 2009. 南京郊区大气氮化物浓度和氮沉降通量的研究. 气象科学，29（1）：25-30.

樊后保，黄玉梓. 2006. 陆地生态系统氮饱和对植物影响的生理生态机制. 植物生理与分子生物学学报，32（4）：395-402.

富国. 2003. 河流污染物通量估算方法分析（I）——时段通量估算方法比较分析. 环境科学研究，1（16）：1-4.

郭德惠，张延毅. 1987. 大气干沉降对降水缓冲作用的研究. 湖北大学学报（自然科学版），1：96-100.

何锡君，王贝，刘光裕，等. 2012. 2010—2011水文年浙江省环太湖河道水质水量及污染物通量. 湖泊科学，24（5）：658-662.
孔繁翔，高光. 2005. 大型浅水富营养化湖泊中蓝藻水华形成机理的思考. 生态学报，25（3）：589-595.
李国斌，王焰新，程胜高，等. 2002. 基于暴雨径流过程监测的非点源污染负荷定量研究. 环境保护，(5)：46-48.
李家科，李怀恩，刘健，等. 2008. 基于暴雨径流过程监测的渭河非点源污染特征及负荷定量研究. 水土保持通报，(2)：106-111.
李俊然，陈利顶，郭旭东，等. 2000. 土地利用结构对非点源污染的影响. 中国环境科学，(6)：506-510.
林积泉，马俊杰，王伯铎，等. 2004. 城市非点源污染及其防治研究. 环境科学与技术，(S1)：63-65.
林兰稳，肖辉林，刘婷琳，等. 2013. 广州东北郊大气氮湿沉降动态及其与酸雨的关系. 生态环境学报，22（2）：293-297.
林文实，李开明，王雪梅，等. 2007. 珠江口及近海海域干湿沉降的监测//中国气象学会. 2007年中国气象学会年会论文集. 北京：中国气象学会：437.
马倩，刘俊杰，高明远，等. 2010. 江苏省入太湖污染量分析（1997—2007年）. 湖泊科学，22（1）：29-34.
《全国主要湖泊、水库富营养化研究》课题组. 1987. 湖泊富营养化调查规范. 北京：中国环境科学出版社：106-171，199-205，227-229.
商少凌，洪华生. 1997. 厦门海域大气气溶胶中磷的沉降通量. 厦门大学学报：自然科学版，36（1）：106-109.
邵伟. 2009. 大气沉降对西藏主要作物氮营养的影响. 拉萨：西藏大学.
孙丽萍. 2007. 江苏省污染物入海通量测算及与水质响应关系研究. 南京：河海大学.
孙志高，刘景双，王金达，等. 2007. 三江平原典型湿地系统大气湿沉降中氮素动态及其生态效应. 水科学进展，18（2）：182-192.
唐受印，戴友芝，王大翚，等. 2004. 废水处理工程. 2版. 北京：化学工业出版社：367-370.
王杰，许有鹏，王跃峰，等. 2019. 平原河网地区人类活动对降雨-水位关系的影响——以太湖流域杭嘉湖地区为例. 湖泊科学，31（3）：779-787.
王明星. 1999. 大气化学. 2版. 北京：气象出版社.
王晓燕. 1996. 非点源污染定量研究的理论及方法. 首都师范大学学报（自然科学版），(1)：91-95.
王钟. 2019. 闸控重污染小流域水文水质及污染物通量变化特征研究——以峡山大溪为例. 宜昌：三峡大学.
魏样. 2010. 陕西省不同生态区大气氮沉降及酸雨监测. 杨凌：西北农林科技大学.

吴贤笃，施松微，吴正可，等. 2005. 温州市酸雨特征及气象条件分析. 浙江气象，25（4）：20-24.

胥瑞晨，逄勇，胡祉冰，等. 2020. “引江济太”工程对太湖水体交换的影响研究. 中国环境科学，40（1）：375-382.

薛金凤，夏军，马彦涛，等. 2002. 非点源污染预测模型研究进展. 水科学进展，（5）：649-656.

杨龙元，秦伯强，胡维平，等. 2007. 太湖大气氮磷营养元素干湿沉降率研究. 海洋与湖沼，38（2）：104-110.

尹澄清. 2010. 城市面源污染的控制原理和技术. 北京：中国建筑工业出版社.

翟淑华，张红举. 2006. 环太湖河流进出湖水量及污染负荷（2000—2002年）. 湖泊科学，18（3）：225-230.

张峰. 2011. 长乐江流域大气氮，磷沉降及其在区域营养物质循环中的贡献. 杭州：浙江大学.

张菊，康荣华，赵斌，等. 2013. 内蒙古温带草原氮沉降的观测研究. 环境科学，34（9）：3552-3556.

张晓红，张勇慧，陈辉，等. 2006. 洛阳市酸雨形势及成因分析. 河南科技大学学报：自然科学版，26（5）：98-101.

张修峰，何文珊，陆健健，等. 2004. 温州三垟湿地底泥氮、磷含量及其对水质的影响. 湿地科学，（3）：192-196.

周婕成，史贵涛，陈振楼，等. 2009. 上海大气氮湿沉降的污染特征. 环境污染与防治，31（11）：30-34.

Antia N J，Harrison P J，Oliveira L，et al. 1991. The role of dissolved organic nitrogen in phytoplankton nutrition，cell biology and ecology. Phycologia，30（1）：1-89.

Balestrini R，Galli L，Tartari G，et al. 2000. Wet and dry atmospheric deposition at prealpine and alpine sites in northern Italy. Atmospheric Environment，34（9）：1455-1470.

Chebbo G，Gromaire M C，Ahyerre M，et al. 2001. Production and transport of urban wet weather pollution in combined sewer systems：The “Marais” experimental urban catchment in Paris. Urban Water，3（1-2）：3-15.

Chui T W，Mar B W，Horner R R，et al. 1982. Pollutant loading model for highway runoff. Journal of the Environmental Engineering Division，108（6）：1193-1210.

Hertel O，Skjoth C A，Frohn L M，et al. 2002. Assessment of the atmospheric nitrogen and sulphur inputs into the North Sea using a Lagrangian model. Physics and Chemistry of the Earth，Parts A/B/C，27（35）：1507-1515.

Klopatek J M，Barry M J，Johnson D W，et al. 2006. Potential canopy interception of nitrogen in the Pacific Northwest，USA. Forest Ecology and Management，234（1）：344-354.

Krejci V，Dauber L，Novak B，et al. 1987. Contribution of Different Sources to Pollutant Loads in Combined Sewers. Lausame：Proceeding 4th Conference International Urban Storm Drainage.

Magill A H，Aber J D，Berntson G M，et al. 2000. Long-term nitrogen additions and nitrogen saturation in two temperate forests. Ecosystems，3（3）：238-253.

Morales-Baquero R，Pulido-Villena E，Reche I，et al. 2006. Atmospheric inputs of phosphorus and nitrogen to the southwest Mediterranean region：Biogeochemical responses of high mountain lakes. Limnology and Oceanography，51（2）：830-837.

Nyaga J M，Cramer M D，Neff J C，et al. 2013. Atmospheric nutrient deposition to the west coast of South Africa. Atmospheric Environment，81：625-632.

Paerl H W，Dennis R L，Whitall D R，et al. 2002. Atmospheric deposition of nitrogen：Implications for nutrient over-enrichment of coastal waters. Estuaries，25（4）：677-693.

Rhee G Y. 1978. Effects of N：P atomic ratios and nitrate limitation on algal growth，cell composition，and nitrate uptake. Limnology and Oceanography，23（1）：10-25.

Ribas-Carbo M，Taylor N L，Giles L，et al. 2005. Effects of water stress on respiration in soybean leaves. Plant Physiology，139（1）：466-473.

Russow R，Böhme F. 2005. Determination of the total nitrogen deposition by the ^{15}N isotope dilution method and problems in extrapolating results to field scale. Geoderma，127（1）：62-70.

Russow R W B，Bahme F，Neue H U，et al. 2001. A new approach to determine the total airborne N input into the soil/plant system using ^{15}N isotope dilution（ITNI）：Results for agricultural areas in Central Germany. The Scientific World Journal，1：255-260.

Sanz M J，Carratalá A，Gimeno C，et al. 2002. Atmospheric nitrogen deposition on the east coast of Spain：Relevance of dry deposition in semi-arid Mediterranean regions. Environmental Pollution，118（2）：259-272.

Shaw R D，Trimbee A M，Minty A，et al. 1989. Atmospheric deposition of phosphorus and nitrogen in central Alberta with emphasis on Narrow Lake. Water，Air，and Soil Pollution，43（1-2）：119-134.

USEPA. 1995. National Water Quality Inventory. Report to Congress Executive Summary. Washington DC：USEPA：497.

Valiela I，McClelland J，Hauxwell J，et al. 1997. Macroalgal blooms in shallow estuaries：Controls and ecophysiological and ecosystem consequences. Limnology and Oceanography，42（5part2）：1105-1118.

van Breemen N. 2002. Nitrogen cycle：Natural organic tendency. Nature，415（6870）：381-382.

Webb B W，Phillips J M，Walling D E，et al. 1997. Load estimation methodologies for British rivers and their relevance to the RACS（R）Programme. Science of the Total Environment，

194/195：263-283.

Zhang J，Chen S Z，Yu Z G，et al. 1999. Factors influencing changes in rainwater composition from urban versus remote regions of the Yellow Sea. Journal of Geophysical Research：Atmospheres（1984－2012），104（D1）：1631-1634.

Zhang J M，Wang T，Ding A J，et al. 2009. Continuous measurement of peroxyacetyl nitrate（PAN）in suburban and remote areas of western China. Atmospheric Environment，43（2）：228-237.

第 4 章

基于数学模型的控制单元水环境容量核算

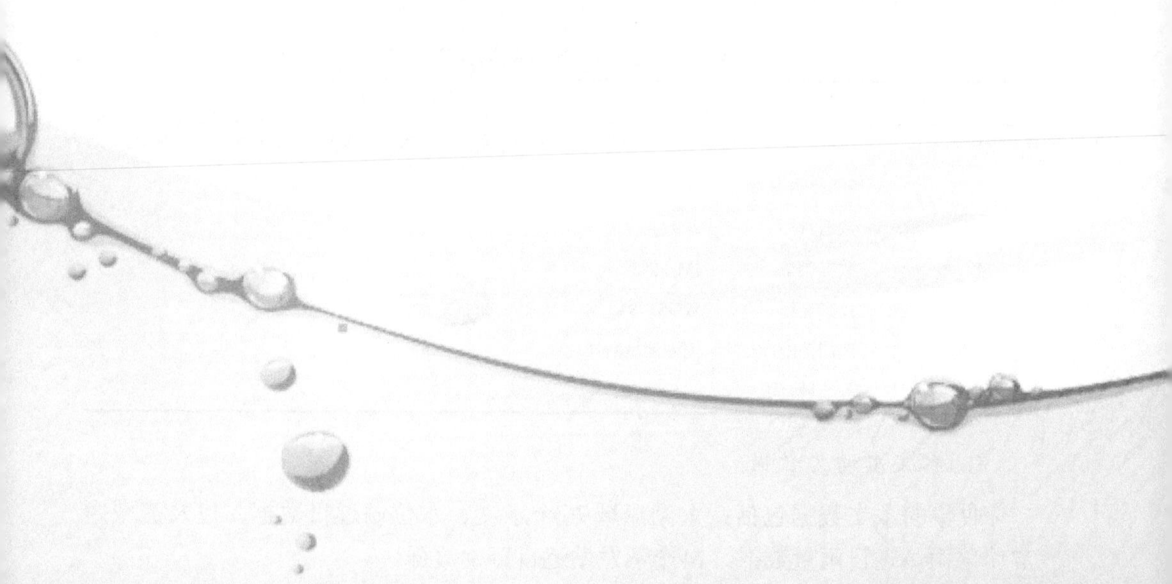

在区域污染源清单构建的基础上，本书利用MIKE11（丹麦水利研究所出品的用于模拟河流流量、水位、泥沙输送的软件系统）工具，开展大尺度复杂河网地区水环境数学模型构建，并通过历史资料收集、基础性调查、大规模水文水质同步监测和补充监测、野外试验等，进行模型参数本地化率定验证，完善太湖流域（浙江片区）水环境数学模型，核算区域主要河道水环境容量；根据流域水文特点同时兼顾行政边界，完善水污染防治控制单元划分结果，核算基于控制单元目标水质的水环境容量，计算涉水工业企业最大允许排放量，构建基于控制单元水质目标管理的排污许可分配技术，为太湖流域（浙江片区）水环境综合管理平台构建及基于容量总量的排污许可提供基础。

4.1 模型构建基础工作

4.1.1 基础数据

1. 地形数据

利用ArcGIS处理空间分辨率为30m的2009年数字高程模型（DEM）数据，截取太湖流域（浙江片区）范围内的数据，数据基本信息见表4-1，数据内容详见图4-1。DEM数据主要用于流域分区、河道刻画、水系生成等，为后续的水环境数学模型和预警分析等提供基础支撑。

表4-1 研究区域DEM数据基本信息表

序号	分类	基本信息
1	数据来源	中国科学院计算机网络信息中心地理空间数据云（http://www.gscloud.cn）
2	空间分辨率	30m
3	数据时期	2009年
4	数据类型	IMG格式
5	投影坐标	WGS1984
6	地图范围	太湖流域浙江片区
7	高程值域范围	−15～1562m

2. 水文水动力数据

收集的水文数据包括：太湖流域76个水文、水位站逐日数据，以及流域内77个降雨站逐日雨量数据，14个蒸发站逐日蒸发数据。

区域涉及的东苕溪沿线控制洪水进入杭嘉湖东部平原的导流六闸（德清大闸、洛舍闸、鲇鱼口闸、菁山闸、吴沈门闸、湖州通航节制闸），环湖溇港控制

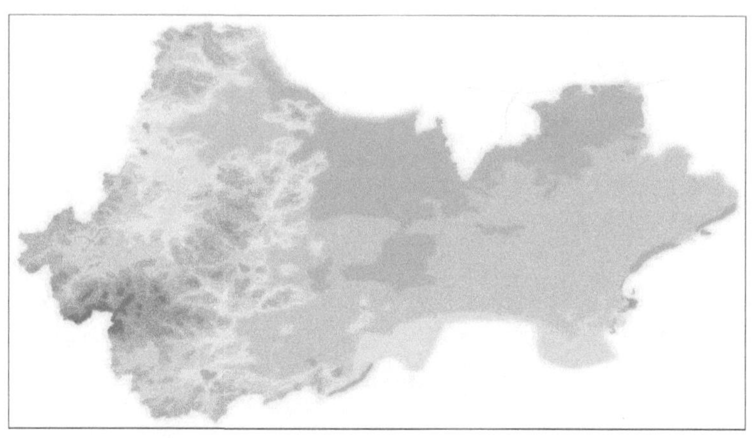

图 4-1　太湖流域（浙江片区）DEM 地形图

闸（大钱港闸、幻溇闸、汤溇闸），控制洪水南排进入钱塘江的上塘河闸、盐官下河闸、长山闸、南台头闸，以及太浦河一线的太浦闸、陶庄闸、大舜闸、丁栅闸等闸站（胡尧文，2010）。

区域涉及的泵站主要包括盐官下河排涝站和罗溇、幻溇、三堡、八堡、长山闸和南台头等泵站。

3. 污染负荷数据

污染负荷数据包括点源和非点源两部分：点源主要包括研究区域的工业企业、污水处理厂、规模化畜禽养殖场、城镇生活等（史铁锤，2010）；非点源主要包括农村生活、分散式畜禽水产养殖、农业种植，以及城镇暴雨径流、干湿沉降等（王飞儿等，2013）。各污染源数据来源见第 2 章、第 3 章。

4.1.2　水文、水质同步监测

1. 杭嘉湖全流域水文水质同步监测

在 2013 年 4 月开展了研究区域大规模水文水质同步监测，共布设 81 个水质监测断面，15 个水文监测断面，断面布设见图 4-2，同步连续监测 3 天。监测期间，水质监测断面每天监测 2 次，上午和下午各监测 1 次，上午 8：00 开始监测，下午监测时间视涨潮时间而定；水文监测断面 10 个移动点每天上午和下午各监测 1 次，5 个固定点在 9：00、11：00、13：00、15：00 监测 1 次，每天共监测 4 次。水质监测因子为 pH、水温、BOD_5、DO、高锰酸盐指数、NH_3-N、TN、TP，部分断面加测 COD。水文监测因子为流量、流速、水深、流向（谢蓉蓉等，2012）。

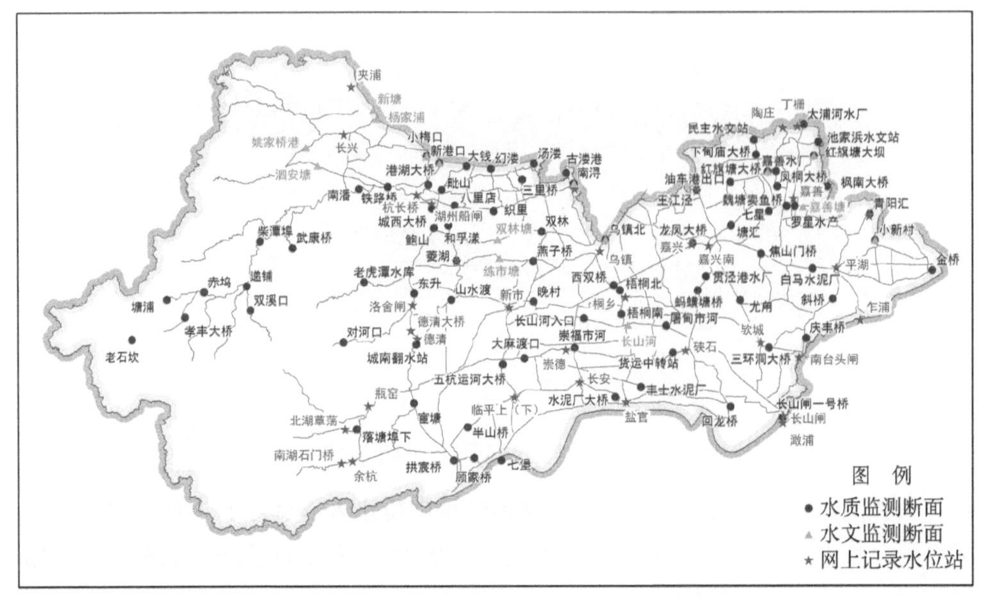

图 4-2 太湖流域（浙江片区）水文、水质同步监测断面布设图

1）河道形态调查

同步监测期间，对15个水文断面测定了大断面形状（图4-3），为模型构建提供实测断面形状。

2）水环境调查评价

布设的81个水质监测断面中，杭州市7个、湖州市33个、嘉兴市41个。根据研究区域水质现状监测结果统计和评价结果，杭州市7个监测断面中DO、BOD_5、高锰酸盐指数、COD、氨氮、TP超标率分别为9.5%、66.7%、23.8%、33.3%、33.3%、40.5%，总体超标率为34.5%；嘉兴市41个断面水质现状较差，

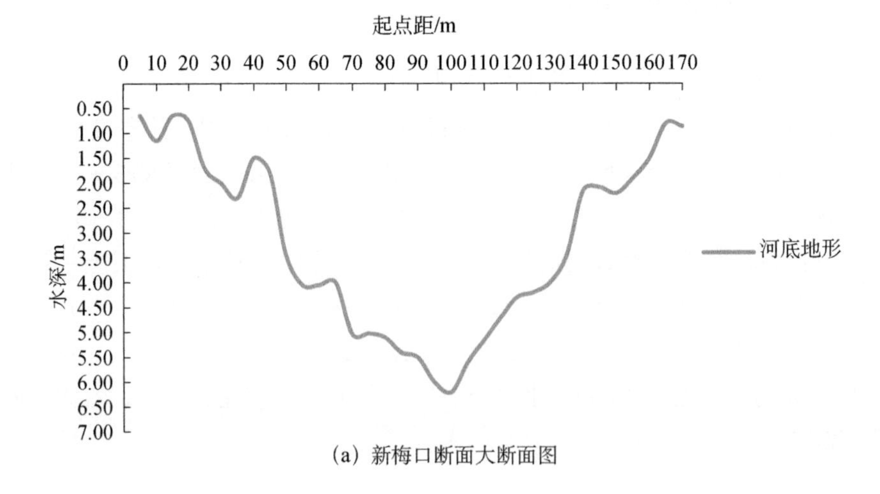

(a) 新梅口断面大断面图

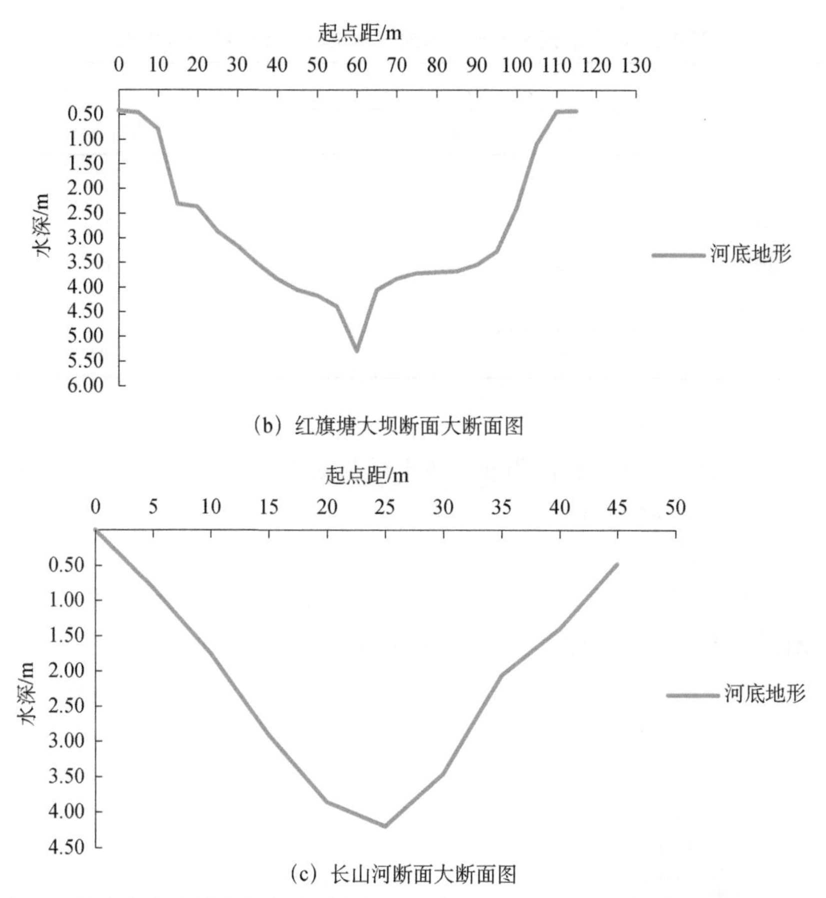

（b）红旗塘大坝断面大断面图

（c）长山河断面大断面图

图 4-3　杭嘉湖全流域水文水质同步监测 15 个水文大断面形状监测部分成果示意图

DO、BOD_5、高锰酸盐指数、COD、氨氮、TP 超标率分别为 40.1%、71.1%、44.3%、72.0%、71.1%、67.9%，总体超标率为 61.2%；湖州市 33 个断面水质现状较好，DO、BOD_5、高锰酸盐指数、COD、氨氮、TP 超标率分别为 7.6%、4.5%、3.5%、2.5%、3.0%、34.3%，总体超标率为 9.2%。

2. 示范区丰水期同步监测

2013 年 8 月 19～21 日在湖州市区、长兴县示范区开展大规模水量水质同步监测，2013 年 8 月 22～24 日在嘉善县、桐乡市示范区开展大规模水量水质同步监测。监测期间，水质监测断面每天监测两次，上午和下午各监测一次，上午 8：00 开始监测，下午监测时间视涨潮时间而定；水文监测断面每天上午和下午各监测一次，每天共监测两次。水质监测因子为 pH、水温、BOD_5、DO、高锰酸盐指数、氨氮、TN、TP，部分断面加测 COD。水文监测因子为流量、流速、水深和流向。各地区丰水期水质、水文同步监测断面设置信息详见表 4-2。

表 4-2　4 个示范区丰水期水质、水文同步监测断面设置表

地区	水质监测断面数量/个			水文监测断面数量/个		
	小计	常规	新增	小计	收集资料	同步监测
湖州市区	24	22	2	27	18	9
长兴县	19	14	5	14	5	9
嘉善县	20	17	3	13	4	9
桐乡市	18	11	7	12	3	9
合计	81	64	17	66	30	36

1）河道形态调查

36个断面的大断面形状监测部分成果示意图如图4-4所示，其中长兴县东村桥、合溪水库、小浦断面断流。

2）水环境调查评价

2013年8月在湖州市区、长兴县、嘉善县及桐乡市4个示范区共布设81个水质监测断面，根据4个示范区水质现状监测结果统计和评价结果分析可见，湖州

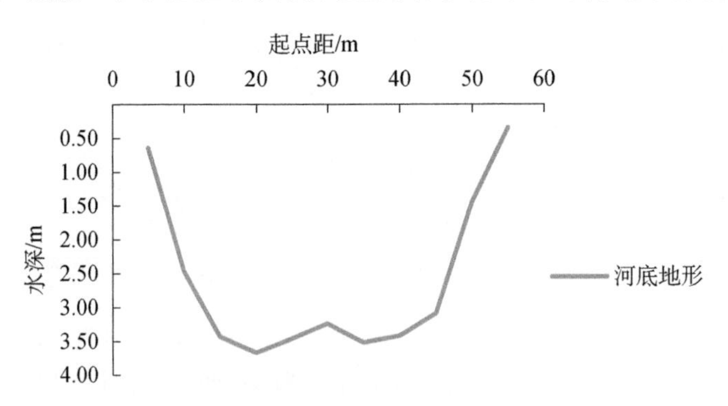

（a）金村埠桥断面大断面图

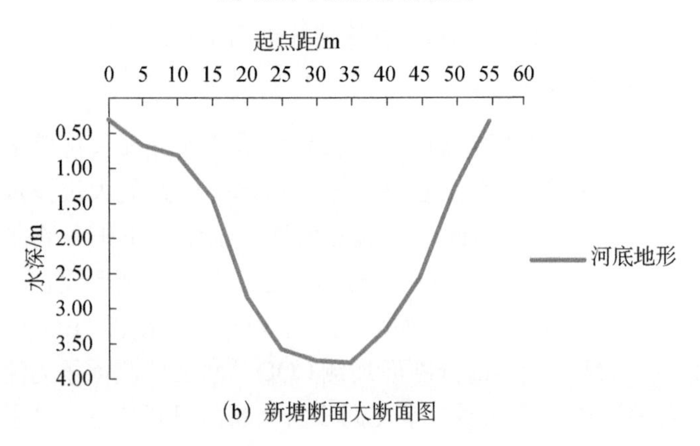

（b）新塘断面大断面图

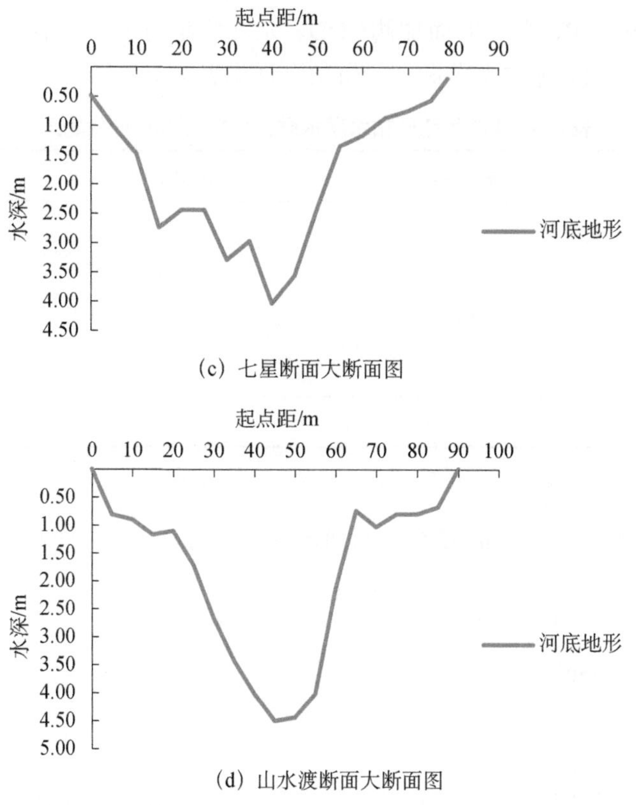

（c）七星断面大断面图

（d）山水渡断面大断面图

图4-4　示范区丰水期同步监测36个水文大断面形状监测部分成果示意图

市区24个监测断面中DO、BOD_5、高锰酸盐指数、COD、氨氮、TP超标率分别为56.3%、8.3%、27.8%、6.9%、4.2%、14.6%，总体超标率为19.7%；长兴县19个监测断面中DO、BOD_5、高锰酸盐指数、COD、氨氮、TP超标率分别为40.4%、0、43.9%、54.4%、0、20.2%，总体超标率为26.5%；嘉善县20个监测断面中DO、BOD_5、高锰酸盐指数、COD、氨氮、TP超标率分别为70.8%、22.5%、65.0%、63.3%、30.0%、52.5%，总体超标率为50.7%；桐乡市18个监测断面中DO、BOD_5、高锰酸盐指数、COD、氨氮、TP超标率分别为86.1%、34.3%、46.3%、38.0%、18.5%、44.4%，总体超标率为44.6%。

3. 示范区枯水期同步监测

2014年1月15～17日在湖州市区、长兴县示范区开展大规模同步水量水质监测，2014年1月12～14日在嘉善县、桐乡市开展大规模同步水量水质监测。监测期间，水质监测断面每天监测两次，上午和下午各监测一次，上午8：00开始监测，下午监测时间视涨潮时间而定；水文监测断面每天上午和下午各监测一次，每天共监测两次。水质监测因子为pH、水温、BOD_5、DO、高锰酸盐指数、氨氮、TN、TP，部分断面加测COD。水文监测因子为流量、流速、水深和流向。各地区水质、水文监测断面设置信息详见表4-3。

表4-3　4个示范区枯水期水质、水文监测断面设置表

地区	水质监测断面数量/个	水文监测断面数量/个	小计
湖州市区	14	12	26
长兴县	15	0	15
嘉善县	29	21	50
桐乡市	15	0	15
合计	73	33	106

1）河道形态调查

示范区枯水期同步监测33个大断面形状监测部分成果见图4-5。

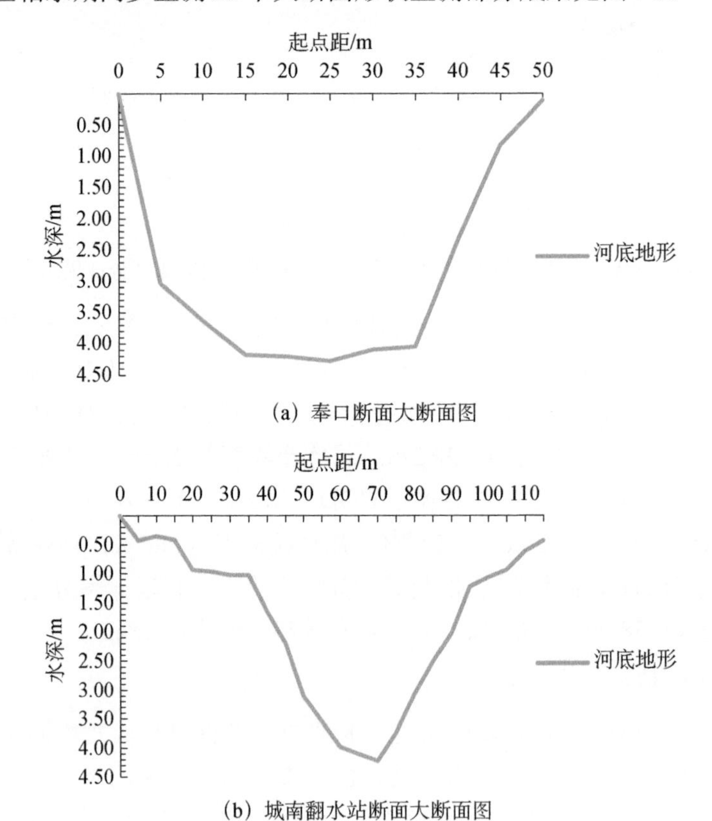

(a) 奉口断面大断面图

(b) 城南翻水站断面大断面图

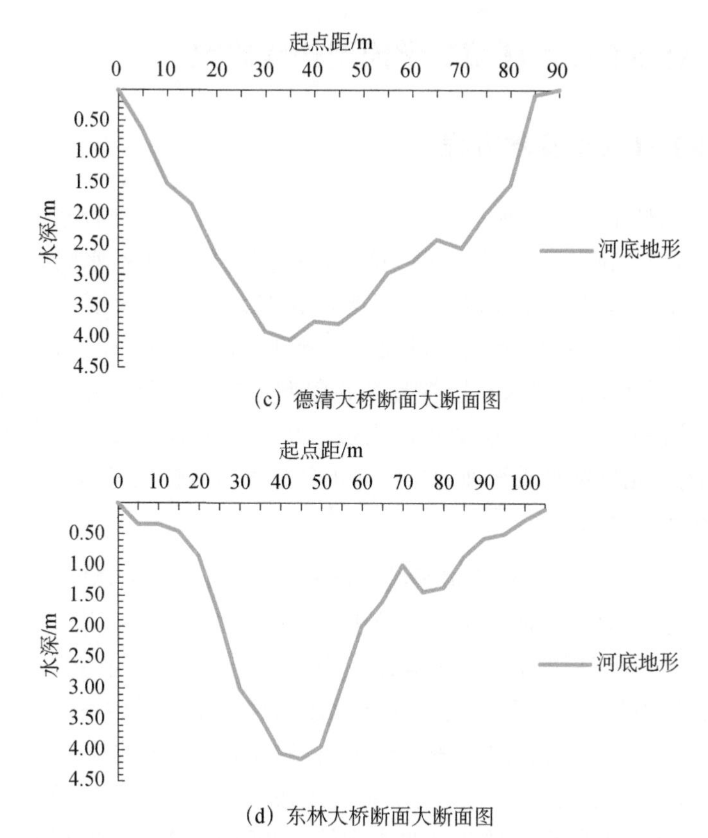

（c）德清大桥断面大断面图

（d）东林大桥断面大断面图

图 4-5　示范区枯水期同步监测33个大断面形状监测部分成果示意图

2）水环境调查评价

2014年1月在湖州市、嘉善县、长兴县以及桐乡市4个示范区共布设73个水质监测断面，根据4个示范区水质现状监测结果统计和评价结果分析可见，湖州市14个监测断面中DO、BOD_5、高锰酸盐指数、COD、氨氮、TP超标率分别为0、0、42.86%、54.76%、70.24%、70.24%，总体超标率为39.7%；嘉善县29个监测断面中DO、BOD_5、高锰酸盐指数、COD、氨氮、TP超标率分别为55.71%、42.59%、52.47%、73.46%、78.4%、53.7%，总体超标率为59.4%；长兴县15个监测断面中DO、BOD_5、高锰酸盐指数、COD、氨氮、TP超标率分别为0、50%、41.11%、54.44%、75.56%、23.33%，总体超标率为40.74%；桐乡市15个监测断面中DO、BOD_5、高锰酸盐指数、COD、氨氮、TP超标率分别为44.05%、8.33%、70.24%、55.95%、94.05%、89.29%，总体超标率为60.3%。

4.2 基于MIKE11水环境数学模型构建研究

4.2.1 MIKE11模型基本方程

MIKE11模型是由丹麦水利研究所（DHI）开发的一维非稳态模型，能用于模拟河网、河口、滩涂等多种地区的情况，研究的变量包括水温、细菌、氮、磷、DO、BOD、藻类、水生动物、岩屑、底泥、金属以及用户自定义物质等（徐祖信和廖振良，2003）。针对太湖流域（浙江片区）范围大、兼有平原河网和山区性河流，且平原河网水系错综复杂、流向不定等特性，选用了MIKE11模型，模拟水流往复地区的水质变化，为进一步开展区域主要河流水环境容量核算、基于控制单元目标水质管理的排污许可分配等内容提供模型支撑。

1. 降雨径流模型

降雨径流模型采用NAM模拟系统中降雨–径流模块。NAM模型是以一些简化的定量数学公式来为陆地水文循环做相互关联的数学表达。通过考虑3种不同蓄水带（地表、土壤和地下水）的含水量及它们之间的相互作用，NAM表达了降雨–径流过程中的多种径流成分。每种蓄水带代表了流域中不同的物理单元。NAM模型以确定性、集总式、概念性为特征，并需满足非极端性数据输入条件。NAM模型可以表达不同水文情况和气候条件，输入数据包括降水、潜蒸发能力、温度及模型的特征参数等（张洪刚等，2008）。模型输出有流域的径流过程和流域内陆相水文循环各部分的相关信息，如土壤蓄水量及地下水补给量等。本书中，NAM降雨径流模型用来模拟流域上游无实测资料子流域的径流过程及旁侧支流入流。

2. 河网水动力模型基本方程

1）水量基本方程

描述河道水流运动的圣维南方程组为

$$\begin{cases} B\dfrac{\partial Z}{\partial t}+\dfrac{\partial Q}{\partial x}=q \\ \dfrac{\partial Q}{\partial t}+\dfrac{\partial}{\partial t}\left(\dfrac{\alpha Q^2}{A}\right)+gA\dfrac{\partial Z}{\partial x}+gA\dfrac{|Q|Q}{K^2}=qV_X \end{cases} \tag{4-1}$$

式中，q为旁侧入流；Q、A、B、Z分别为河道断面流量、过水面积、河宽和水位；V_X为旁侧入流流速在水流方向上的分量，一般可以近似为零；K为流量模数，反映河道的实际过流能力；α为动量校正系数，是反映河道断面流速分布均匀性的系数。对上述方程组采用四点线性隐式格式进行离散（王雪等，2015）。

2）堰闸等过流建筑物模拟

宽顶堰上的水流可分为自由出流、淹没出流两种流态，不同流态采用不同的计算公式。

当出流为自由出流时：

$$Q = mB\sqrt{2g}H_0^{1.5} \tag{4-2}$$

当出流为淹没出流时：

$$Q = \varphi_m B h_s \sqrt{2g(Z_1 - Z_2)} \tag{4-3}$$

式中，B 为堰宽；Z_1 为堰上水位；Z_2 为堰下水位；$H_0=Z_1-Z_d$；$h_s=Z_2-Z_d$，Z_d 为堰顶高程；m 为自由出流系数，一般取 0.325～0.385；φ_m 为淹没出流系数，一般取 1.0～1.18。对于不同的联系要素采用相应的水力学公式、局部线性化离散出流量与上下游水位的线性关系或非线性迭代方法求解（雷四华，2007；朱敏喆等，2014）。

3. 河网水质模型基本方程

模型采用一维河流水质模型的基本方程为

$$\frac{\partial C}{\partial t} + \mu\frac{\partial C}{\partial x} = \frac{\partial}{\partial x}\left(E_x\frac{\partial C}{\partial x}\right) - KC \tag{4-4}$$

式中，C 为模拟物质的浓度（mg/L）；μ 为河流平均流速（m/s）；E_x 为对流扩散系数；K 为模拟物质的一级衰减系数；x 为空间坐标；t 为时间坐标。

对流扩散系数是一个综合参数项，包含了分子扩散、湍流扩散及剪切扩散效应，而在数值模型中，扩散系数除了和物理背景相关之外，还和计算空间大小、时间步长等相关（金春久等，2010）。模型通过经验公式来估算对流扩散系数：

$$E_x = aV^b \tag{4-5}$$

式中，V 为流速（m/s），来自水动力计算结果；a 和 b 为设定的参数。

4.2.2　模型组成及计算范围

按照约定的数据格式与耦合方式，进行水量模型、水质模型、多目标调度模型等研制与开发。各模型既能独立运行又能相互耦合（杨宇栋和李书建，2009）。本次研究建立太湖流域水环境数学模型、杭嘉湖水环境数学模型及杭嘉湖流域示范区水环境数学模型（长兴县模型、湖州市区模型、桐乡市模型和嘉善县模型）。

1. 太湖流域水环境数学模型计算范围

太湖流域水环境数学模型在建立对太湖流域地形地貌、不同土地利用类型详尽调查的基础上，结合GIS信息系统，综合考虑流域平原区和山丘区的降雨、蒸发、下渗等水文过程、地下水中物质的变迁过程、地表径流的物质移动扩散、污染源排放等流域范围内水与物质的主要迁移途径，模拟不同时空间尺度条件下水量和污染物从陆域向河网、湖泊的输移和转化等过程。采用MIKE11一维河道、河网综合模拟软件，按照约定的数据格式与耦合方式进行水量模块、水质模块、多目标调度模块等研制与开发。各模块既能独立运行、又能相互耦合。由于太湖流域河网内部河道多而复杂，一般都属天然河道。为了便于计算，首先必须将内部河道进行概化，形成一个有河道、有节点的概化河网。河网概化主要是把一些对水力计算影响不大的小河道进行技术合并，概化成若干条理想的河道，并将天然河道的不规则断面概化成规则的梯形断面（张立坤，2014）。太湖流域模型河网概化图见图4-6。模型共设置了1290条河道，总长超过8200km。总体上河道断面间距（计算水位点）大约是3000m。模型计算网格（计算水位点、流量点）总数约为7900个。太湖流域模型主要为杭嘉湖模型提供边界条件。

图4-6　太湖流域模型河网概化图

2. 杭嘉湖水环境数学模型

1）河网概化

基于“十一五”构建的杭嘉湖水环境数学模型，考虑水系调整、污染源变化及内源释放过程，对河网概化产生的水质计算误差进行了系统订正，以此为基础完善了集气象、产汇流和污染物迁移转化为一体的杭嘉湖区域水环境数学模型，概化后的河网如图4-7所示。

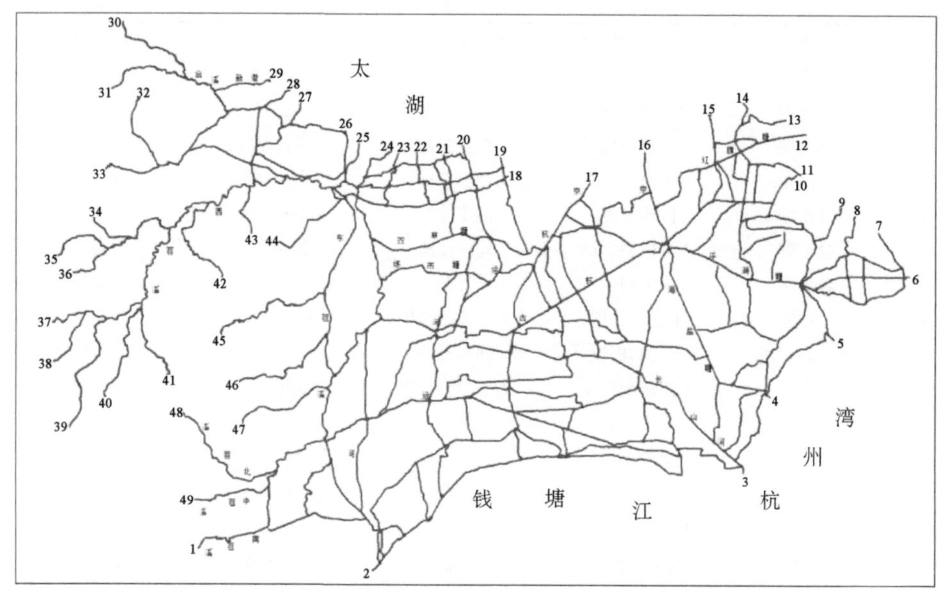

图 4-7　杭嘉湖水环境数学模型河网概化图

图中数字与表 4-4 中编号对应

2）模型边界条件

杭嘉湖水环境数学模型水动力边界按照上游流量下游水位的原则设置边界。模型参数率定过程所有边界采用2013年4月16～18日水文水质同步监测数据，部分由太湖模型计算值提供；模型验证过程所有边界采用2011年全年水文过程，数据来源于2011年太湖流域水文统计年鉴，部分由太湖模型计算值提供；水质边界均采用2011年全年常规水质监测数据，有实测资料的边界按实测数据赋值，无实测资料的边界由太湖模型计算值提供，模型边界条件来源信息见表4-4，污染负荷数据采用3.2节的污染源数据。

表 4-4　杭嘉湖水环境数学模型边界条件来源表

编号	河名	模型率定（2013 年 4 月 16～18 日）		模型验证（2011 年）	
		水动力	水质	水动力	水质
1	南苕溪	水文站数据	太湖模型提供	水文站数据	常规监测
2	中河	太湖模型提供	太湖模型提供	太湖模型提供	常规监测
3	长山河	水文站数据	同步监测	水文站数据	常规监测
4	海盐塘	水文站数据	太湖模型提供	水文站数据	常规监测
5	乍浦塘	水文站数据	太湖模型提供	水文站数据	太湖模型提供
6	黄姑塘	太湖模型提供	同步监测	太湖模型提供	常规监测

续表

编号	河名	模型率定（2013 年 4 月 16～18 日）		模型验证（2011 年）	
		水动力	水质	水动力	水质
7	放港河	太湖模型提供	太湖模型提供	太湖模型提供	太湖模型提供
8	广陈塘	同步监测	同步监测	水文站数据	常规监测
9	上海塘	水文站数据	同步监测	水文站数据	常规监测
10	枫泾塘	太湖模型提供	同步监测	太湖模型提供	常规监测
11	茜泾塘	太湖模型提供	太湖模型提供	太湖模型提供	太湖模型提供
12	红旗塘	同步监测	同步监测	太湖模型提供	常规监测
13	俞汇塘	太湖模型提供	同步监测	太湖模型提供	常规监测
14	坟墩港	关闸	关闸	关闸	关闸
15	芦墟塘	水文站数据	太湖模型提供	水文站数据	常规监测
16	运河嘉兴段	水文站提供	同步监测	水文站数据	常规监测
17	澜溪塘	太湖模型提供	太湖模型提供	太湖模型提供	太湖模型提供
18	頔塘	同步监测	同步监测	太湖模型提供	常规监测
19	息塘	太湖模型提供	同步监测	太湖模型提供	常规监测
20	汤溇	太湖模型提供	同步监测	太湖模型提供	常规监测
21	濮溇	太湖模型提供	太湖模型提供	太湖模型提供	太湖模型提供
22	幻溇	水文站数据	同步监测	水文站数据	常规监测
23	诸溇	太湖模型提供	太湖模型提供	太湖模型提供	太湖模型提供
24	大钱港	水文站数据	同步监测	水文站数据	常规监测
25	长兜港	同步监测	同步监测	太湖模型提供	常规监测
26	机坊港	水文站数据	同步监测	水文站数据	常规监测
27	杨家浦港	太湖模型提供	太湖模型提供	太湖模型提供	太湖模型提供
28	长兴港	同步监测	太湖模型提供	太湖模型提供	常规监测
29	合溪新港	同步监测	太湖模型提供	太湖模型提供	常规监测
30	北涧	太湖模型提供	太湖模型提供	太湖模型提供	太湖模型提供
31	南涧	太湖模型提供	太湖模型提供	太湖模型提供	太湖模型提供
32	长潮涧	太湖模型提供	太湖模型提供	太湖模型提供	太湖模型提供
33	泗安塘	太湖模型提供	太湖模型提供	太湖模型提供	常规监测
34	天子岗水库	太湖模型提供	太湖模型提供	太湖模型提供	太湖模型提供
35	大河口水库	太湖模型提供	太湖模型提供	太湖模型提供	太湖模型提供
36	浑泥港	太湖模型提供	太湖模型提供	太湖模型提供	太湖模型提供
37	西溪	水文站数据	同步监测	水文站数据	常规监测
38	南溪	水文站数据	同步监测	水文站数据	常规监测
39	大溪	太湖模型提供	太湖模型提供	太湖模型提供	太湖模型提供
40	浒溪	太湖模型提供	太湖模型提供	太湖模型提供	太湖模型提供
41	递溪	太湖模型提供	同步监测	太湖模型提供	常规监测
42	晓墅港	太湖模型提供	同步监测	太湖模型提供	太湖模型提供
43	和平港	太湖模型提供	太湖模型提供	太湖模型提供	太湖模型提供
44	妙西港	太湖模型提供	太湖模型提供	太湖模型提供	太湖模型提供

续表

编号	河名	模型率定（2013 年 4 月 16～18 日）		模型验证（2011 年）	
		水动力	水质	水动力	水质
45	埭溪	水文站数据	同步监测	水文站数据	常规监测
46	余英溪	水文站数据	同步监测	水文站数据	常规监测
47	湘溪	太湖模型提供	太湖模型提供	太湖模型提供	太湖模型提供
48	北苕溪	太湖模型提供	太湖模型提供	太湖模型提供	太湖模型提供
49	中苕溪	水文站数据	太湖模型提供	水文站数据	太湖模型提供

3. 杭嘉湖流域示范区水环境数学模型

1）河网概化

基于已有的杭嘉湖区域河网进行细化，湖州市区、长兴县、嘉善县和桐乡市 4 个示范区的概化河网如图 4-8 所示。

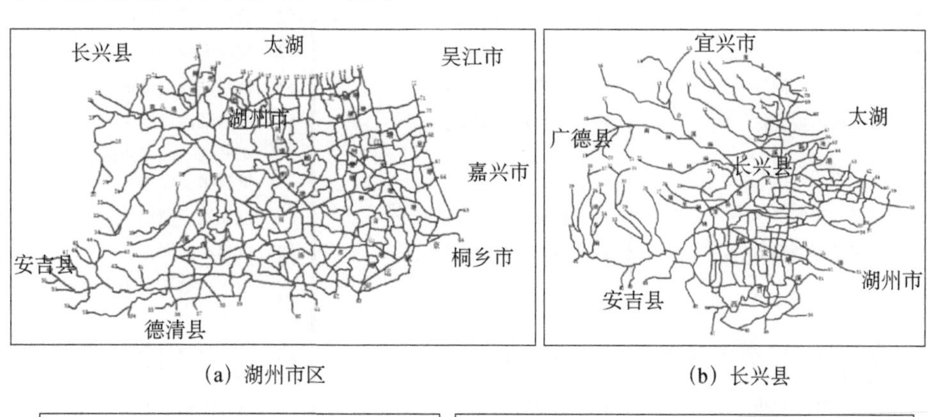

(a) 湖州市区　　(b) 长兴县

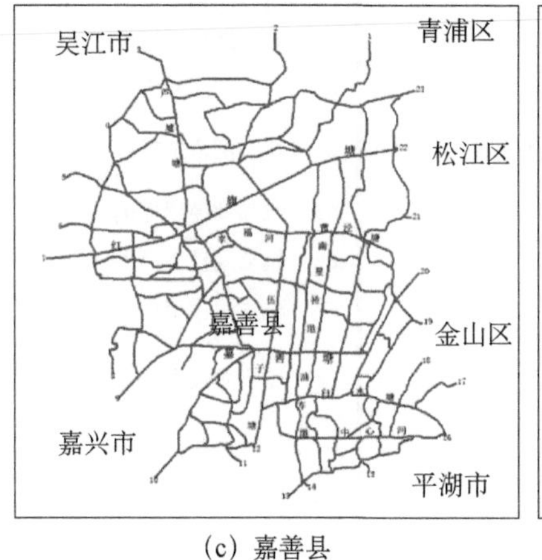

(c) 嘉善县

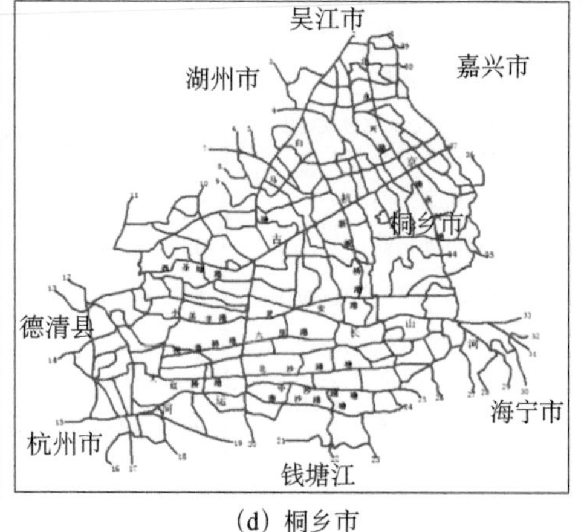

(d) 桐乡市

图 4-8 4 个示范区的河网概化图

2）模型边界条件

湖州市区、长兴县、嘉善县和桐乡市4个示范区模型分别设置19个、12个、23个和13个开边界。湖州市区和长兴县示范区模型边界采用2013年8月19～21日6次水文水质同步监测资料，嘉善县和桐乡市示范区模型边界采用2013年8月22～24日6次水文水质同步监测资料，有实测资料的按实测数据赋值，没有实测资料的由杭嘉湖模型计算值提供，示范区模型边界条件来源信息见表4-5～表4-8。

表4-5 湖州市区水环境数学模型边界条件来源表

编号	边界来源	编号	边界来源	编号	边界来源
1	汤漤站点同步水文水质监测	25	杭嘉湖模型提供	49	杭嘉湖模型提供
2	杭嘉湖模型提供	26	杭嘉湖模型提供	50	杭嘉湖模型提供
3	杭嘉湖模型提供	27	南潘站点同步水文水质监测	51	老虎潭水库站点同步水质监测、收集资料水文监测
4	杭嘉湖模型提供	28	杭嘉湖模型提供	52	杭嘉湖模型提供
5	杭嘉湖模型提供	29	杭嘉湖模型提供	53	杭嘉湖模型提供
6	三里桥站点同步水质监测、	30	杭嘉湖模型提供	54	杭嘉湖模型提供
7	杭嘉湖模型提供	31	杭嘉湖模型提供	55	杭嘉湖模型提供
8	杭嘉湖模型提供	32	杭嘉湖模型提供	56	东升站点同步水质监测、收集资料水文监测
9	杭嘉湖模型提供	33	杭嘉湖模型提供	57	杭嘉湖模型提供
10	杭嘉湖模型提供	34	杭嘉湖模型提供	58	杭嘉湖模型提供
11	杭嘉湖模型提供	35	杭嘉湖模型提供	59	山水渡站点同步水质监测、收集资料水文监测
12	幻漤站点同步水质监测、收集资料水文监测	36	杭嘉湖模型提供	60	南寺桥站点水文监测、沈家墩站点水质监测
13	杭嘉湖模型提供	37	杭嘉湖模型提供	61	杭嘉湖模型提供
14	杭嘉湖模型提供	38	杭嘉湖模型提供	62	杭嘉湖模型提供
15	杭嘉湖模型提供	39	杭嘉湖模型提供	63	含山站点同步水文水质监测
16	大钱站点同步水质监测、收集资料水文监测	40	杭嘉湖模型提供	64	杭嘉湖模型提供
17	杭嘉湖模型提供	41	杭嘉湖模型提供	65	杭嘉湖模型提供
18	杭嘉湖模型提供	42	杭嘉湖模型提供	66	杭嘉湖模型提供
19	新港口站点同步水文水质监测	43	杭嘉湖模型提供	67	杭嘉湖模型提供
20	小梅口站点同步水质监测、收集资料水文监测	44	杭嘉湖模型提供	68	杭嘉湖模型提供
21	杭嘉湖模型提供	45	杭嘉湖模型提供	69	杭嘉湖模型提供
22	杭嘉湖模型提供	46	杭嘉湖模型提供	70	杭嘉湖模型提供
23	杭嘉湖模型提供	47	杭嘉湖模型提供	71	南浔站点同步水质监测、收集资料水文监测
24	杭嘉湖模型提供	48	杭嘉湖模型提供	72	古溇港站点同步水文水质监测

表 4-6　长兴县水环境数学模型边界条件来源表

编号	边界来源	编号	边界来源	编号	边界来源
1	杭嘉湖模型提供	25	杭嘉湖模型提供	49	杭嘉湖模型提供
2	杭嘉湖模型提供	26	杭嘉湖模型提供	50	杭嘉湖模型提供
3	杭嘉湖模型提供	27	杭嘉湖模型提供	51	杭嘉湖模型提供
4	杭嘉湖模型提供	28	杭嘉湖模型提供	52	杭嘉湖模型提供
5	杭嘉湖模型提供	29	杭嘉湖模型提供	53	杭嘉湖模型提供
6	杭嘉湖模型提供	30	杭嘉湖模型提供	54	杭嘉湖模型提供
7	杭嘉湖模型提供	31	杭嘉湖模型提供	55	杭嘉湖模型提供
8	杭嘉湖模型提供	32	杭嘉湖模型提供	56	杭嘉湖模型提供
9	杭嘉湖模型提供	33	杭嘉湖模型提供	57	杭嘉湖模型提供
10	杭嘉湖模型提供	34	杭嘉湖模型提供	58	杭嘉湖模型提供
11	杭嘉湖模型提供	35	杭嘉湖模型提供	59	杭嘉湖模型提供
12	杭嘉湖模型提供	36	杭嘉湖模型提供	60	杭嘉湖模型提供
13	杭嘉湖模型提供	37	杭嘉湖模型提供	61	杭嘉湖模型提供
14	杭嘉湖模型提供	38	杭嘉湖模型提供	62	杭嘉湖模型提供
15	杭嘉湖模型提供	39	杭嘉湖模型提供	63	杨家浦站点同步水文水质监测
16	杭嘉湖模型提供	40	杭嘉湖模型提供	64	新塘站点同步水文水质监测
17	杭嘉湖模型提供	41	杭嘉湖模型提供	65	杭嘉湖模型提供
18	杭嘉湖模型提供	42	杭嘉湖模型提供	66	合溪站点同步水文水质监测
19	杭嘉湖模型提供	43	杭嘉湖模型提供	67	杭嘉湖模型提供
20	杭嘉湖模型提供	44	杭嘉湖模型提供	68	杭嘉湖模型提供
21	杭嘉湖模型提供	45	杭嘉湖模型提供	69	夹浦站点同步水质监测、收集资料水文监测
22	杭嘉湖模型提供	46	杭嘉湖模型提供	70	杭嘉湖模型提供
23	杭嘉湖模型提供	47	杭嘉湖模型提供	71	杭嘉湖模型提供
24	杭嘉湖模型提供	48	杭嘉湖模型提供		

表 4-7　嘉善县水环境数学模型边界条件来源表

编号	边界来源	编号	边界来源
1	杭嘉湖模型提供	13	杭嘉湖模型提供
2	荻沼站点同步水质监测、收集资料水文监测	14	柏树桥站点同步水文水质监测
3	民主水文站同步水质监测、收集资料水文监测	15	杭嘉湖模型提供
4	杭嘉湖模型提供	16	杭嘉湖模型提供
5	杭嘉湖模型提供	17	杭嘉湖模型提供
6	杭嘉湖模型提供	18	杭嘉湖模型提供
7	油车港出口站点同步水文水质监测	19	杭嘉湖模型提供
8	杭嘉湖模型提供	20	枫南大桥同步水文水质监测
9	杨庙大桥站点同步水文水质监测	21	清凉大桥站点同步水文水质监测
10	七星站点同步水文水质监测	22	红旗塘大坝站点同步水文水质监测
11	杭嘉湖模型提供	23	池家浜水文站同步水文水质监测
12	杭嘉湖模型提供		

表 4-8　桐乡市水环境数学模型边界条件来源表

编号	边界来源	编号	边界来源
1	杭嘉湖模型提供	21	杭嘉湖模型提供
2	乌镇北站点水质监测、收集资料水文监测	22	杭嘉湖模型提供
3	杭嘉湖模型提供	23	南沙渚塘站点同步水文水质监测
4	杭嘉湖模型提供	24	杭嘉湖模型提供
5	杭嘉湖模型提供	25	杭嘉湖模型提供
6	杭嘉湖模型提供	26	杭嘉湖模型提供
7	杭嘉湖模型提供	27	杭嘉湖模型提供
8	杭嘉湖模型提供	28	杭嘉湖模型提供
9	杭嘉湖模型提供	29	杭嘉湖模型提供
10	杭嘉湖模型提供	30	杭嘉湖模型提供
11	晚村站点同步水文水质监测	31	联合桥站点同步水文水质监测
12	杭嘉湖模型提供	32	杭嘉湖模型提供
13	杭嘉湖模型提供	33	杭嘉湖模型提供
14	杭嘉湖模型提供	34	杭嘉湖模型提供
15	大麻渡口站点同步水文水质监测	35	杭嘉湖模型提供
16	杭嘉湖模型提供	36	杭嘉湖模型提供
17	南星桥港站点同步水文水质监测	37	新生新运桥站点同步水文水质监测
18	杭嘉湖模型提供	38	杭嘉湖模型提供
19	杭申公路桥站点同步水文水质监测	39	杭嘉湖模型提供
20	杭嘉湖模型提供		

4.2.3　模型陆域宽度概化水质误差分析及订正技术

1. 模型陆域宽度概化水质误差分析

每条河流都有输水和调蓄两种作用，在获得了一些主干河道水文水质资料基础上对一些细小河道进行概化处理，这些概化的河流中，坡降明显的河流以输水作用为主，将其归入主干河道，以调蓄为主的河道归入成片水域，通常包括流域内一些不参加水流输送的小河、塘堰、湖泊、洼地，其用等效原理概化出的河道的调蓄能力总是小于实际的调蓄能力，这些众多的小河，虽然对输水作用不大，但其调蓄作用是不可忽视的，将直接影响到水量平衡，从而影响计算精度。通常将这些不起输水作用的河道、湖泊、塘坝作为陆域面上的调蓄水面处理（杨柳和逄勇，2017）。

模型概化后的不同河道，在水质模拟中将污染源作为重要的输入条件，可分为点源和面源，其源强准确性对模拟精度有重要影响，污染源中的点源，在河道监测中有固定的排放口位置，因此在建立水质模型时可相应进入对应的子河段。

而面源是由各个河道包围所形成的陆域面积而产生的，它与降雨、下垫面、河段空间分布等因素相关，具有空间时间分配的不均匀性，不具备精确的监测条件，无法进行定量计算。在建立水质模型时，通常采用经验常数估算被河网包围的陆域面积产生的面源总污染负荷量，然后在空间上按包围陆域的河道长度在年内按时间均匀分配。这样，不论是纳污量、水环境功能、类别或是客观水质，都进行了平均化处理，这种处理方式忽略了不同河道的水质差异，模拟后的结果与具体河道的实际情况存在一定的差异（韩龙喜和陆冬，2004；杨柳和逄勇，2017）。

综合水质误差产生的原因，结合模型计算中采用混合模型的运算方式，将成片水域的调蓄作用概化为相应的骨干河道，采取的途径是引入陆域宽度W，即单位河长的汇水面积的概念，以进行产流分配计算，将降雨产生的水量合理地分配给关联的河道，以及引入宽度的概念，将成片的水域概化成相应的河道（杨柳和逄勇，2017）。

设有如图 4-9 所示的河网，由A、B、C、D、E、F、G七条概化河道围成，这七条概化河道长度分别为L_A、L_B、L_C、L_D、L_E、L_F、L_G。

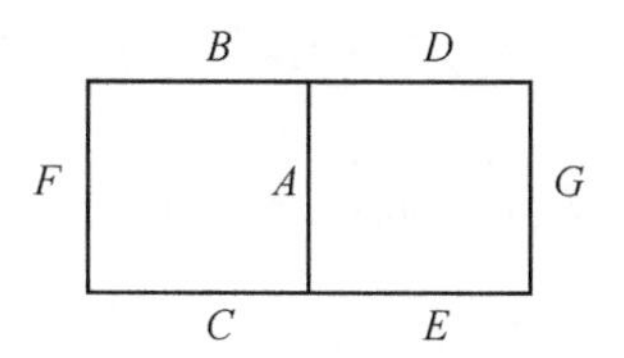

图 4-9　陆域宽度示意图

河道A、B、C、F，A、D、E、G围成面积分别为A_L、A_R的两块降水面积，假定净雨、需水及调蓄作用沿河长均匀分布，则其左、右岸陆域宽度为W_L、W_R。计算如下：

$$W_{\mathrm{L}} = \frac{A_{\mathrm{L}}}{L_A + L_B + L_C + L_F} \tag{4-6}$$

$$W_{\mathrm{R}} = \frac{A_{\mathrm{R}}}{L_A + L_D + L_E + L_G} \tag{4-7}$$

设A河左右两岸陆域面上的水面率分别为P_L和P_R，则该河的左右岸起调蓄作用的水面宽度分别为

$$B_L=P_LW_L \tag{4-8}$$

$$B_R=P_RW_R \tag{4-9}$$

图 4-10 为河道水面宽及流域面上起调蓄作用的水面宽示意图。

在实际操作中，由于周围河道过水能力有大有小，对于过水能力小的河道要让它与过水能力大的河道负担同样的排涝或供水能力，会超出小河道的过水能

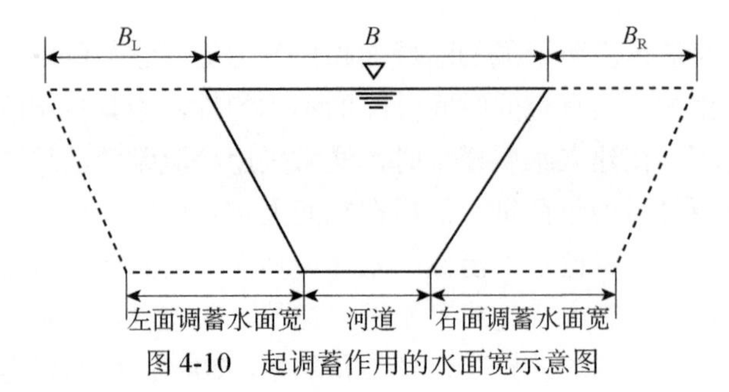

图 4-10　起调蓄作用的水面宽示意图

力，在数值模拟中计算会出错，为避免发生这种不合理现象，可以根据河道过水能力大小来分配陆域宽度（朱琰，2003）。

假定A_l面积分配到四周河道上的陆域宽度为α_A、α_B、α_C、α_F，因此有：

$$L_A\alpha_A + L_B\alpha_B + L_C\alpha_C + L_F\alpha_F = A_L \tag{4-10}$$

假定陆域宽度的分配与河道过水面积的n次方a^n成正比，即

$$\alpha_i \propto a_i^n \text{或} \alpha_i = \beta\alpha_i^n \tag{4-11}$$

β为比例系数，代入式（4-10）得：

$$\beta(L_A a_A^n + L_B a_B^n + I_C a_C^n + L_F a_F^n) = A_L \tag{4-12}$$

$$\beta = \frac{A_L}{L_A\alpha_A^n + L_B\alpha_B^n + L_C\alpha_C^n + L_F\alpha_F^n} \tag{4-13}$$

当n=0时，

$$\beta = \frac{A_L}{L_A + L_B + L_C + L_F} \tag{4-14}$$

根据不同的n值，可以求得每条河道的陆域宽度。

河网概化后，采用混合模型进行一维非恒定计算，引入单位河长的槽蓄宽度即当量宽度B'，在圣维南方程组的连续方程中体现。通常采用放大系数法、库容修正法和水面率法等方法求解，本书采用水面率法可得概化后在圣维南方程组中体现出来的当量宽度：

$$B' = B + B_L + B_R \tag{4-15}$$

2. 模型陆域宽度概化水质订正技术

针对河网概化水质模拟误差产生的原因，对较小河流与其他河道结合考虑及河网地区陆域面污染源进入河道的负荷量产生误差订正方法做了研究，在搜集了相关污染源及水文水质监测资料的基础上，建立混合模型，利用一维稳态公式对每条河道的扩散质进行有限差分离散，计算得各单一河道出流断面水质浓度与入流断面水质浓度间的线性关系，交叉口处理方式引入均匀混合假设：流出交叉口的断面水质浓度等于流入（流出）交叉口各断面水质浓度之和（之差），求得各

交叉口水质浓度，再接着返回单一河道计算各断面质量浓度。

在模型概化中，为了保证运河附近的水面率和陆域面积，对运河附近的一些小河道做了概化处理，所以概化后运河流量必然增大。由于平原河网地区河道相互贯通，地势平坦，河床变化不明显，河网内水位几乎处于同一水位，概化前后河道水位变化不明显，基本处于同一水平。河道水位变化不大，概化前后流量比值等于河宽比值。

$$\frac{Q_0'}{Q_0}=\frac{B'}{B}>1 \tag{4-16}$$

式中，B'为概化后河道宽度（m），即当量宽度，$B'=B+B_L+B_R$；B为实际河道宽度（m）。

对实际河道及概化后河道，根据水质模拟订正系数求解方法，结合河流完全混合公式及河流一维稳态公式得当有m个排污口时的订正系数：

$$\delta=\frac{C_0Q_0\exp\left[-\dfrac{k\left(x_1-x_m\right)}{86400u}\right]+\sum_{i=1}^{m-1}C_iQ_i\exp\left[-\dfrac{k\left(x_i-x_m\right)}{86400u}\right]+C_mQ_m}{C_0Q_0'\exp\left[-\dfrac{k\left(x_1-x_m\right)}{86400u}\right]+\sum_{i=1}^{m-1}C_iQ_i\exp\left[-\dfrac{k\left(x_i-x_m\right)}{86400u}\right]+C_mQ_m}\times\frac{Q_0'+\sum_{i=1}^{m}Q_i}{Q_0+\sum_{i=1}^{m}Q_i} \tag{4-17}$$

式中，C_0为河流上游某污染物的浓度（mg/L）；Q_0为概化前河流上游的流量（m^3/s）；Q'_0为概化后河流上游的流量（m^3/s）；k为污染物衰减系数；u为断面平均流速（m/s）；i为排污口个数；x_i为第i个排污口到控制断面的距离（m）；C_i为第i个排放口处污染物的排放浓度（mg/L）；Q_i为第i个排放口处的废水排放量（m^3/s）。

4.2.4　杭嘉湖水环境数学模型参数率定与验证

杭嘉湖水环境数学模型参数率定过程采用2013年4月16～18日水文水质同步监测数据，部分边界由太湖模型计算值提供；模型验证过程所有边界采用2011年全年水文过程，数据来源于2011年太湖流域水文统计年鉴，水质边界均采用2011年全年常规水质监测数据；为确定模型参数的准确性，在杭嘉湖流域4个示范区采用2013年8月水文水质同步监测数据对模型参数再次进行验证。

1. 模型参数率定

1）杭嘉湖水环境数学模型水位率定

采用2013年4月16～18日三天同步监测资料对水动力模型进行率定，采用试错法（即根据部分断面实测的流量资料）调试各河道的糙率，使得计算水位过程与实测水位相吻合，率定得出的河道糙率为0.017～0.028。表4-9给出了模型率定计算得到的部分断面水位计算值、实测值的绝对误差统计结果，可知水位的绝对误差均在15cm以内。

表4-9 2013年4月16～18日研究区域断面水位计算值、实测值的绝对误差统计结果表

时间	崇德			菱湖		
	实测值/m	计算值/m	绝对误差/cm	实测值/m	计算值/m	绝对误差/cm
4月16日-1	1.14	1.08	−6.00	1.20	1.13	−7.00
4月16日-2	1.15	1.08	−7.00	1.20	1.12	−8.00
4月16日-3	1.11	1.08	−3.00	1.20	1.10	−10.00
4月16日-4	1.12	1.06	−6.00	1.20	1.09	−11.00
4月17日-1	1.12	1.05	−7.00	1.20	1.08	−12.00
4月17日-2	1.13	1.04	−9.00	1.20	1.08	−12.00
4月17日-3	1.11	1.06	−5.00	1.20	1.10	−10.00
4月17日-4	1.14	1.07	−7.00	1.20	1.12	−8.00
4月18日-1	1.13	1.09	−4.00	1.20	1.14	−6.00
4月18日-2	1.14	1.10	−4.00	1.20	1.15	−5.00
4月18日-3	1.13	1.12	−1.00	1.20	1.15	−5.00
4月18日-4	1.12	1.11	−1.00	1.20	1.14	−6.00
4月16日-1	1.00	0.85	−15.00	1.27	1.17	−10.00
4月16日-2	1.00	0.89	−11.00	1.27	1.16	−11.00
4月16日-3	0.99	0.89	−10.00	1.20	1.13	−7.00
4月16日-4	0.98	0.88	−10.00	1.15	1.10	−5.00
4月17日-1	0.98	0.88	−10.00	1.23	1.10	−13.00
4月17日-2	0.97	0.95	−2.00	1.24	1.10	−14.00
4月17日-3	0.97	0.92	−5.00	1.19	1.12	−7.00
4月17日-4	0.97	0.93	−4.00	1.18	1.14	−4.00
4月18日-1	0.98	0.92	−6.00	1.19	1.16	−3.00
4月18日-2	0.98	0.98	0.00	1.19	1.19	0.00
4月18日-3	0.98	0.97	−1.00	1.17	1.19	2.00
4月18日-4	1.00	1.02	2.00	1.24	1.20	−4.00
4月16日-1	1.20	1.17	−3.00	1.21	1.17	−4.00
4月16日-2	1.20	1.16	−4.00	1.21	1.16	−5.00
4月16日-3	1.22	1.13	−9.00	1.19	1.13	−6.00
4月16日-4	1.18	1.11	−7.00	1.19	1.11	−8.00
4月17日-1	1.23	1.10	−13.00	1.20	1.10	−10.00
4月17日-2	1.20	1.10	−10.00	1.21	1.10	−11.00
4月17日-3	1.19	1.12	−7.00	1.20	1.12	−8.00
4月17日-4	1.18	1.14	−4.00	1.19	1.14	−5.00
4月18日-1	1.19	1.16	−3.00	1.19	1.16	−3.00

续表

时间	崇德			菱湖		
	实测值/m	计算值/m	绝对误差/cm	实测值/m	计算值/m	绝对误差/cm
4 月 18 日-2	1.18	1.19	1.00	1.19	1.19	0.00
4 月 18 日-3	1.19	1.19	0.00	1.19	1.19	0.00
4 月 18 日-4	1.21	1.20	−1.00	1.20	1.20	0.00
4 月 16 日-1	1.27	1.29	2.00	1.24	1.30	6.00
4 月 16 日-2	1.27	1.20	−7.00	1.25	1.24	−1.00
4 月 16 日-3	1.27	1.14	−13.00	1.24	1.20	−4.00
4 月 16 日-4	1.28	1.16	−12.00	1.24	1.22	−2.00
4 月 17 日-1	1.30	1.19	−11.00	1.25	1.21	−4.00
4 月 17 日-2	1.32	1.23	−9.00	1.30	1.22	−8.00
4 月 17 日-3	1.29	1.24	−5.00	1.27	1.24	−3.00
4 月 17 日-4	1.28	1.27	−1.00	1.26	1.25	−1.00
4 月 18 日-1	1.26	1.32	6.00	1.27	1.28	1.00
4 月 18 日-2	1.27	1.35	8.00	1.23	1.31	8.00
4 月 18 日-3	1.43	1.52	9.00	1.33	1.34	1.00
4 月 18 日-4	1.49	1.59	10.00	—	—	—

2）杭嘉湖水环境数学模型流量率定

对比同步监测期间获取的流量实测值与模型模拟得到的点位流量计算值，表 4-10 给出了模型计算得到的部分断面流量计算值、实测值的相对误差统计分析结果，可知流量的相对误差绝对值均小于27.14%，平均误差为10.73%。

表 4-10　2013 年 4 月 16～18 日研究区域断面流量计算值、实测值的相对误差统计结果表

时间	长山河			红旗塘		
	实测值/（m^3/s）	计算值/（m^3/s）	相对误差/%	实测值/（m^3/s）	计算值/（m^3/s）	相对误差/%
4 月 16 日-1	12.8	14.56	13.75	10.4	9.61	−7.60
4 月 16 日-2	13.7	14.61	6.64	46.8	49.68	6.15
4 月 17 日-1	13.4	12.81	−4.40	49.1	39.67	−19.21
4 月 17 日-2	14.7	15.24	3.67	43.1	46.86	8.72
4 月 18 日-1	14.3	15.95	11.54	17	14.29	−15.94
4 月 18 日-2	13.1	14.89	13.66	43.1	52.32	21.39
4 月 16 日-1	18.3	18.87	3.11	27.7	24.81	−10.43
4 月 16 日-2	19.3	15.99	−17.15	28.29	21.99	−22.27
4 月 17 日-1	18.5	18.63	0.70	28.94	27.98	−3.32
4 月 17 日-2	18.9	18.12	−4.13	29.62	28.79	−2.80
4 月 18 日-1	18	19.24	6.89	28.3	35.98	27.14
4 月 18 日-2	15.8	17.68	11.90	34.17	39.28	14.95

3）杭嘉湖水环境数学模型水质率定

采用2013年4月16～18日6次同步监测资料对水质模型进行率定，各水系分区河网模型参数取值见表4-11。表4-12给出了模型率定计算得到的部分断面COD、氨氮、TP、TN、BOD_5的计算值、实测值的相对误差分析结果，从表的误差分析结果可知，COD的相对误差绝对值均小于28.56%，平均误差为10.9%；氨氮的相对误差绝对值均小于30.00%，平均误差为11.78%；TP的相对误差绝对值均小于30.43%，平均误差为16.07%；TN的相对误差绝对值均小于33.87%，平均误差为20.18%；BOD_5的相对误差绝对值均小于31.36%，平均误差为16.64%。

表4-11 不同水系分区河网模型参数取值结果表 （单位：d^{-1}）

序号	参数	长兴水系	苕溪水系	运河水系	上塘河水系
1	K_{COD}	0.09～0.12	0.09～0.12	0.09～0.13	0.09～0.13
2	$K_{氨氮}$	0.05～0.06	0.04～0.06	0.04～0.07	0.04～0.07
3	K_{TN}	0.07～0.10	0.07～0.11	0.06～0.10	0.06～0.11
4	K_{TP}	0.045	0.045	0.045	0.045

2. 模型参数验证

1）杭嘉湖水环境数学模型参数验证

A. 水位验证

利用4.2.4节中给出的糙率值，基准年2011年的水文资料对模型参数进行验证，流域内大部分地区计算与实测水位吻合较好，表4-13给出了模型验证计算得到的部分断面水位计算值、实测值的绝对误差统计分析结果，可知80%的水位绝对误差绝对值均在10cm以内，92%的水位绝对误差绝对值均在15cm以内。

B. 流量验证

对比2011年全年逐日流量计算值与实测值，表4-14给出了模型计算得到的部分断面流量计算值、实测值的相对误差统计分析结果，可知85%的流量相对误差绝对值均在30%以内。将计算结果与实测值对比可知，验证结果与实际情况拟合较好。

C. 水质模型验证

基于2011年研究区域的实测水质资料进行模型水质参数验证，表4-15给出了部分断面COD、氨氮、TP和TN的模型水质验证的计算值、实测值的相对误差分析，模型验证结果表明建立的模型适用于该地区的水质模拟。

表 4-12　2013 年 4 月 16～18 日研究区域断面 COD、氨氮、TP、TN 和 BOD_5 计算值、实测值的相对误差统计结果表

监测站点	时间	COD			氨氮			TP			TN			BOD_5		
		实测值/（mg/L）	计算值/（mg/L）	相对误差/%	实测值/（mg/L）	计算值/（mg/L）	相对误差/%	实测值/（mg/L）	计算值/（mg/L）	相对误差/%	实测值/（mg/L）	计算值/（mg/L）	相对误差/%	实测值/（mg/L）	计算值/（mg/L）	相对误差/%
屠甸	4 月 16 日-1	19.40	20.48	5.57	1.52	1.55	1.97	0.32	0.24	−25.00	4.32	3.63	−15.97	4.65	3.77	−18.92
	4 月 16 日-2	17.60	20.59	16.99	1.37	1.53	11.68	0.32	0.24	−25.00	4.53	4.08	−9.93	3.90	3.76	−3.59
	4 月 17 日-1	21.60	21.07	−2.45	1.58	1.62	2.53	0.32	0.25	−21.88	4.78	6.05	26.57	3.75	3.72	−0.80
	4 月 17 日-2	22.20	21.07	−5.09	1.56	1.55	−0.64	—	—	—	—	—	—	4.55	3.71	−18.46
	4 月 18 日-1	20.40	21.75	6.62	1.76	1.67	−5.11	0.36	0.26	−27.78	—	—	—	—	—	—
	4 月 18 日-2	18.00	21.89	21.61	1.87	1.63	−12.83	—	—	—	—	—	—	4.00	3.66	−8.50
长山河入口	4 月 16 日-1	21.30	20.26	−4.88	1.59	1.75	10.06	—	—	—	—	—	—	5.35	3.76	−29.72
	4 月 16 日-2	22.20	20.47	−7.79	—	—	—	0.36	0.29	−19.44	4.38	3.36	−23.29	3.60	3.75	4.17
	4 月 17 日-1	—	—	—	1.61	1.84	14.29	0.34	0.29	−14.71	4.56	5.27	15.57	4.75	3.70	−22.11
	4 月 17 日-2	17.20	20.97	21.92	—	—	—	0.34	0.30	−11.76	—	—	—	4.95	3.68	−25.66
	4 月 18 日-1	18.10	21.16	16.91	1.89	1.85	−2.12	0.39	0.29	−25.64	—	—	—	4.75	3.65	−23.16
	4 月 18 日-2	21.30	21.23	0.33	1.71	1.86	8.77	0.34	0.29	−14.71	—	—	—	—	—	—
晚村	4 月 16 日-1	—	—	—	2.52	2.02	−19.84	0.27	0.32	18.52	6.26	4.14	−33.87	4.90	3.75	−23.47
	4 月 16 日-2	25.20	21.17	−15.99	2.35	2.03	−13.62	—	—	—	6.04	4.64	−23.18	3.70	3.66	−1.08
	4 月 17 日-1	—	—	—	2.66	1.92	−27.82	0.25	0.31	24.00	6.35	4.89	−22.99	—	—	—
	4 月 17 日-2	16.00	20.57	28.56	2.23	1.83	−17.94	0.31	0.31	0.00	5.70	4.54	−20.35	4.05	3.07	−24.20
	4 月 18 日-1	17.60	19.21	9.15	—	—	—	0.25	0.30	20.00	—	—	—	4.40	3.02	−31.36
	4 月 18 日-2	17.10	18.96	10.88	—	—	—	0.26	0.30	15.38	—	—	—	3.95	3.06	−22.53

续表

监测站点	时间	COD			氨氮			TP			TN			BOD_5		
		实测值/（mg/L）	计算值/（mg/L）	相对误差/%	实测值/（mg/L）	计算值/（mg/L）	相对误差/%	实测值/（mg/L）	计算值/（mg/L）	相对误差/%	实测值/（mg/L）	计算值/（mg/L）	相对误差/%	实测值/（mg/L）	计算值/（mg/L）	相对误差/%
西双桥	4月16日-1	21.40	20.75	−3.04	1.86	1.82	−2.15	0.29	0.29	0.00	6.09	4.72	−22.50	4.25	3.77	−11.29
	4月16日-2	25.40	20.88	−17.80	1.48	1.83	23.65	0.27	0.30	11.11	5.95	5.30	−10.92	3.40	3.74	10.00
	4月17日-1	21.00	21.13	0.62	1.81	1.82	0.55	0.30	0.30	0.00	5.53	6.67	20.61	3.70	3.59	−2.97
	4月17日-2	19.10	21.16	10.79	1.68	1.81	7.74	0.31	0.30	−3.23	5.34	7.03	31.65	—	—	—
	4月18日-1	22.20	21.13	−4.82	2.19	1.76	−19.63	0.27	0.30	11.11	—	—	—	—	—	—
	4月18日-2	25.10	21.11	−15.90	1.55	1.75	12.90	0.27	0.30	11.11	—	—	—	4.75	3.30	−30.53
梧桐南	4月16日-1	25.90	20.86	−19.46	1.83	1.95	6.56	0.35	0.30	−14.29	5.20	4.11	−20.96	5.35	3.77	−29.53
	4月16日-2	26.70	21.08	−21.05	1.77	1.97	11.30	0.34	0.31	−8.82	5.85	4.77	−18.46	4.40	3.76	−14.55
	4月17日-1	17.70	21.68	22.49	2.68	2.01	−25.00	0.27	0.32	18.52	6.01	6.72	11.81	4.85	3.72	−23.30
	4月17日-2	20.60	21.89	6.26	2.35	2.04	−13.19	0.27	0.33	22.22	6.34	7.40	16.72	3.25	3.70	13.85
	4月18日-1	23.40	22.45	−4.06	2.77	2.09	−24.55	—	—	—	—	—	—	4.80	3.66	−23.75
	4月18日-2	21.30	22.53	5.77	2.57	2.09	−18.68	0.32	0.35	9.37	—	—	—	3.90	3.65	−6.41
梧桐北	4月16日-1	23.50	20.59	−12.38	1.66	1.78	7.23	0.40	0.29	−27.50	—	—	—	3.15	3.80	20.63
	4月16日-2	22.30	20.81	−6.68	1.40	1.82	30.00	0.23	0.30	30.43	5.69	4.32	−24.08	3.65	3.78	3.56
	4月17日-1	23.10	21.17	−8.35	1.71	1.84	7.60	0.27	0.30	11.11	5.81	6.03	3.79	3.35	3.68	9.85
	4月17日-2	21.30	21.34	0.19	1.67	1.85	10.78	—	—	—	5.44	6.53	20.04	4.80	3.62	−24.58
	4月18日-1	24.90	21.29	−14.50	1.78	1.79	0.56	0.35	0.31	−11.43	5.62	7.34	30.60	—	—	—
	4月18日-2	—	—	—	1.89	1.78	−5.82	0.43	0.31	−27.91	—	—	—	—	—	—

表4-13 2011年研究区域断面水位计算值、实测值的绝对误差统计结果表

序号	断面名称	最小值			最大值			平均值			绝对误差绝对值<10cm所占比例/%	绝对误差绝对值<15cm所占比例/%
		实测值/m	计算值/m	绝对误差/cm	实测值/m	计算值/m	绝对误差/cm	实测值/m	计算值/m	绝对误差/cm		
1	崇德	0.769	0.810	4.10	2.509	2.182	−32.70	1.241	1.224	−1.70	93.4	95.9
2	塘栖	0.827	0.853	2.60	2.647	2.722	7.50	1.322	1.310	−1.20	89.8	92.3
3	嘉兴	0.639	0.772	13.30	2.169	2.147	−2.20	1.052	1.166	11.40	35.2	86.3
4	软城	0.736	0.685	−5.10	2.126	2.104	−2.20	1.122	1.079	−4.30	86.0	94.8
5	菱湖	0.689	0.818	12.90	2.319	2.192	−12.70	1.119	1.226	10.70	87.1	91.5
6	桐乡	0.929	0.854	−7.50	2.479	2.821	34.20	1.332	1.350	1.80	37.4	82.7
7	乌镇双溪桥	0.800	0.841	4.10	2.350	2.223	−12.70	1.234	1.248	1.40	97.0	98.9
8	双林	0.809	0.877	6.80	2.399	2.481	8.20	1.275	1.350	7.50	76.1	89.8
9	梅溪	0.844	0.881	3.70	5.104	4.714	−39.00	1.563	1.526	−3.70	86.8	91.2
10	港口	0.829	0.878	4.90	4.399	3.843	−55.60	1.466	1.477	1.10	93.7	96.2
11	杨家埠	0.799	0.870	7.10	2.879	2.844	−3.50	1.350	1.420	7.00	84.3	92.9
12	余新	0.339	0.714	37.50	2.139	2.114	−2.50	1.056	1.110	5.40	87.6	92.3

表4-14 2011年研究区域断面流量计算值、实测值的相对误差统计结果表

序号	断面名称	最小值			最大值			平均值			相对误差绝对值<30%所占比例/%
		实测值/(m^3/s)	计算值/(m^3/s)	相对误差/%	实测值/(m^3/s)	计算值/(m^3/s)	相对误差/%	实测值/(m^3/s)	计算值/(m^3/s)	相对误差/%	
1	瓶窑	0	−0.90	—	350	348.25	−0.5	22.78	21.09	−7.4	92.0
2	德清大桥	−12.7	−12.62	0.6	382	346.29	−9.3	8.41	10.42	23.9	82.0
3	港口	−17.4	−2.23	87.2	353	410.50	16.3	39.19	29.12	−25.7	80.0
4	杨家埠	−64.8	−101.91	−57.3	98.1	96.52	−1.6	28.85	24.05	−16.6	87.0

表4-15 2011年研究区域断面水质计算值、实测值的相对误差统计结果表

水质指标	2011年率定误差绝对值＜20%所占比例/%	2011年率定误差绝对值＜35%所占比例/%
COD	34.2	62.5
氨氮	32.0	69.2
TP	38.8	72.9
TN	31.0	60.0

2）示范区水环境数学模型参数验证

A. 水位验证

利用4.2.4节中率定得到的糙率值，采用2013年8月同步监测资料对湖州市区、长兴县、嘉善县和桐乡市4个示范区水动力模型进行验证，表4-16～表4-18

给出了湖州市区、长兴县和嘉善县模型计算得到的断面水位计算值、实测值的绝对误差统计分析结果，由表可知：湖州市区、长兴县和嘉善县示范区水位的绝对误差绝对值分别在7cm、8cm和14cm以内。

表 4-16　2013 年 8 月 19～21 日湖州市区断面水位计算值、实测值的绝对误差统计结果表

时间	菱湖			杭长桥		
	实测值/m	计算值/m	绝对误差/cm	实测值/m	计算值/m	绝对误差/cm
8 月 19 日-1	1.08	1.14	6	1.21	1.28	7
8 月 19 日-2	1.08	1.11	3	1.24	1.25	1
8 月 19 日-3	1.11	1.15	4	1.23	1.26	3
8 月 19 日-4	1.16	1.21	5	1.26	1.22	−4
8 月 20 日-1	1.18	1.19	1	1.22	1.21	−1
8 月 20 日-2	1.21	1.17	−4	1.25	1.23	−2
8 月 20 日-3	1.23	1.18	−5	1.25	1.23	−2
8 月 20 日-4	1.22	1.20	−2	1.25	1.22	−3
8 月 21 日-1	1.21	1.18	−3	1.24	1.23	−1
8 月 21 日-2	1.22	1.17	−5	1.27	1.27	0
8 月 21 日-3	1.22	1.18	−4	1.31	1.31	0
8 月 21 日-4	1.23	1.19	−4	1.33	1.32	−1

表 4-17　2013 年 8 月 19～21 日长兴县断面水位计算值、实测值的绝对误差统计结果表

时间	长兴		
	实测值/m	计算值/m	绝对误差/cm
8 月 19 日-1	1.24	1.30	6
8 月 19 日-2	1.25	1.27	2
8 月 19 日-3	1.24	1.25	1
8 月 19 日-4	1.24	1.27	3
8 月 20 日-1	1.25	1.26	1
8 月 20 日-2	1.30	1.24	−6
8 月 20 日-3	1.27	1.24	−3
8 月 20 日-4	1.26	1.31	5
8 月 21 日-1	1.27	1.35	8
8 月 21 日-2	—	—	—
8 月 21 日-3	1.33	1.40	7
8 月 21 日-4	—	—	—

表 4-18　2013 年 8 月 22～24 日嘉善县断面水位计算值、实测值的绝对误差统计结果表

时间	嘉善			陶庄		
	实测值/m	计算值/m	绝对误差/cm	实测值/m	计算值/m	绝对误差/cm
8 月 22 日-1	0.78	0.77	−1	0.84	0.81	−3
8 月 22 日-2	0.97	0.89	−8	1.05	0.91	−14
8 月 22 日-3	—	—	—	0.9	1.01	11
8 月 22 日-4	0.96	0.98	2	1.05	0.99	−6
8 月 23 日-1	—	—	—	0.89	0.98	9
8 月 23 日-2	0.98	0.97	−1	1.08	0.98	−10
8 月 23 日-3	—	—	—	0.94	0.99	5
8 月 23 日-4	—	—	—	1.05	1.03	−2
8 月 24 日-1	0.95	0.99	4	1.05	0.99	−6
8 月 24 日-2	—	—	—	0.94	0.97	3
8 月 24 日-3	0.90	0.88	−2	1.01	0.91	−10
8 月 24 日-4	0.85	0.83	−2	0.91	0.88	−3

B. 流量验证

对比2013年8月示范区主要断面流量计算值、实测值，表4-19给出了湖州市区断面流量计算值、实测值的相对误差统计结果，由表可知：湖州市区模型流量的相对误差的绝对值小于13.33%，平均误差为6.88%。

表 4-19　2013 年 8 月 19～21 日湖州市区断面流量计算值、实测值的相对误差统计结果表

时间	毗山			织里		
	实测值/m^3	计算值/m^3	相对误差/%	实测值/m^3	计算值/m^3	相对误差/%
8 月 19 日-1	29.00	28.72	−0.97	3.40	3.70	8.82
8 月 19 日-2	26.50	24.36	−8.08	4.20	4.50	7.14
8 月 20 日-1	28.20	28.38	0.64	4.40	4.54	3.18
8 月 20 日-2	9.20	10.03	9.02	4.90	5.52	12.65
8 月 21 日-1	36.50	39.09	7.10	3.00	2.60	−13.33
8 月 21 日-2	42.70	45.54	6.65	3.00	2.80	−6.67

C. 水质验证

采用2013年8月19～24日同步监测资料对湖州市区、长兴县、嘉善县和桐乡市4个示范区水质模型参数进行验证。对比部分点位的COD、氨氮、TP和TN计算值、实测值，表4-20～表4-23给出了4个模型计算得到的断面COD、氨氮、TP和TN的误差分析结果，从表的误差分析结果可知，湖州市区、长兴县、嘉善县和桐乡市4个示范区COD的相对误差绝对值分别小于20.00%、22.59%、12.75%和17.78%，平均误差分别为7.28%、12.37%、5.04%和7.08%；氨氮的相

表 4-20　2013 年 8 月 19～21 日湖州市区断面COD、氨氮、TP和TN计算值、实测值的相对误差统计结果表

监测站点	时间	COD			氨氮			TP			TN		
		实测值/（mg/L）	计算值/（mg/L）	相对误差/%	实测值/（mg/L）	计算值/（mg/L）	相对误差/%	实测值/（mg/L）	计算值/（mg/L）	相对误差/%	实测值/（mg/L）	计算值/（mg/L）	相对误差/%
鲍山	8 月 19 日 10:00	15.70	15.27	−2.74	0.224	0.206	−8.04	0.105	0.123	17.14	1.16	1.03	−11.21
	8 月 19 日 16:00	12.90	15.48	20.00	0.241	0.215	−10.79	0.117	0.125	6.84	1.21	1.04	−14.05
	8 月 20 日 10:00	16.20	15.44	−4.69	—	—	—	0.122	0.112	−8.20	1.11	1.04	−6.31
	8 月 20 日 16:00	16.30	14.89	−8.65	—	—	—	0.112	0.104	−7.14	0.97	0.95	−2.06
	8 月 21 日 10:00	14.80	14.71	−0.61	0.163	0.16	−1.84	0.129	0.099	−23.26	1.00	0.99	−1.00
	8 月 21 日 16:00	14.10	14.23	0.92	0.147	0.155	5.44	0.121	0.106	−12.40	0.87	0.95	9.20
织里	8 月 19 日 10:00	15.50	17.59	13.48	0.319	0.277	−13.17	0.071	0.074	4.23	0.79	0.72	−8.86
	8 月 19 日 16:00	18.30	17.09	−6.61	0.296	0.268	−9.46	0.061	0.074	21.31	0.71	0.70	−1.41
	8 月 20 日 10:00	14.70	17.12	16.46	0.296	0.258	−12.84	—	—	—	0.71	0.68	−4.23
	8 月 20 日 16:00	17.20	17.40	1.16	0.247	0.261	5.67	0.067	0.083	23.88	0.88	0.66	−25.00
	8 月 21 日 10:00	19.10	17.88	−6.39	—	—	—	0.076	0.079	3.95	0.75	0.60	−20.00
	8 月 21 日 16:00	17.40	18.13	4.20	—	—	—	0.069	0.077	11.59	0.68	0.58	−14.71
三里桥	8 月 19 日 10:00	10.00	11.60	16.00	0.20	0.24	20.00	0.04	0.05	25.00	—	—	—
	8 月 19 日 16:00	12.20	11.73	−3.85	0.22	0.24	9.09	0.05	0.05	0.00	0.59	0.64	8.47
	8 月 20 日 10:00	12.70	12.15	−4.33	—	—	—	—	—	—	—	—	—
	8 月 20 日 16:00	11.40	12.13	6.40	—	—	—	0.03	0.04	33.33	—	—	—
	8 月 21 日 10:00	—	—	—	0.12	0.15	25.00	0.04	0.03	−25.00	0.45	0.44	−2.22
	8 月 21 日 16:00	—	—	—	0.13	0.12	−7.69	0.05	0.03	−40.00	0.53	0.43	−18.87

表 4-21　2013 年 8 月 19～21 日长兴县断面COD、氨氮、TP和TN计算值、实测值的相对误差统计结果表

监测站点	时间	COD			氨氮			TP			TN		
		实测值/（mg/L）	计算值/（mg/L）	相对误差/%	实测值/（mg/L）	计算值/（mg/L）	相对误差/%	实测值/（mg/L）	计算值/（mg/L）	相对误差/%	实测值/（mg/L）	计算值/（mg/L）	相对误差/%
泗安水库	8 月 19 日 09:00	17.00	13.16	−22.59	0.107	0.113	5.61	0.054	0.039	−27.78	0.75	0.73	−2.67
	8 月 19 日 15:00	16.80	13.40	−20.24	—	—	—	0.045	0.040	−11.11	—	—	—
	8 月 20 日 09:00	15.40	13.81	−10.32	0.107	0.087	−18.69	0.045	0.039	−13.33	0.60	0.78	30.00
	8 月 20 日 15:00	17.00	14.07	−17.24	—	—	—	0.037	0.039	5.41	—	—	—
	8 月 21 日 09:00	14.20	14.61	2.89	0.187	0.134	−28.34	0.054	0.041	−24.07	0.90	1.02	13.33
	8 月 21 日 15:00	12.40	14.09	13.63	—	—	—	0.041	0.043	4.88	—	—	—
泗安	8 月 19 日 09:00	—	—	—	0.092	0.104	13.04	0.054	0.040	−25.93	—	—	—
	8 月 19 日 15:00	11.90	12.10	1.68	0.082	0.105	28.05	0.045	0.039	−13.33	—	—	—
	8 月 20 日 09:00	13.40	11.74	−12.39	—	—	—	0.045	0.036	−20.00	0.72	0.71	−1.39
	8 月 20 日 15:00	13.20	11.83	−10.38	0.127	0.093	−26.77	0.037	0.036	−2.70	—	—	—
	8 月 21 日 09:00	—	—	—	—	—	—	0.050	0.037	−26.00	1.10	0.81	−26.36
	8 月 21 日 15:00	—	—	—	0.117	0.106	−9.40	0.045	0.038	−15.56	—	—	—
港口	8 月 19 日 09:00	—	—	—	—	—	—	—	—	—	1.20	0.89	−25.83
	8 月 19 日 15:00	—	—	—	0.112	0.101	−9.82	0.079	0.069	−12.66	1.27	0.89	−29.92
	8 月 20 日 09:00	—	—	—	0.107	0.103	−3.74	0.088	0.064	−27.27	1.08	0.85	−21.30
	8 月 20 日 15:00	—	—	—	0.107	0.103	−3.74	0.079	0.063	−20.25	—	—	—
	8 月 21 日 09:00	—	—	—	—	—	—	0.067	0.059	−11.94	—	—	—
	8 月 21 日 15:00	—	—	—	0.137	0.108	−21.17	—	—	—	0.61	0.80	31.15

表 4-22　2013 年 8 月 22～24 日嘉善县断面COD、氨氮、TP和TN计算值、实测值的相对误差统计结果表

监测站点	时间	COD			氨氮			TP			TN		
		实测值/（mg/L）	计算值/（mg/L）	相对误差/%	实测值/（mg/L）	计算值/（mg/L）	相对误差/%	实测值/（mg/L）	计算值/（mg/L）	相对误差/%	实测值/（mg/L）	计算值/（mg/L）	相对误差/%
红旗塘	8 月 22 日 10:00	20.8	21.8	4.81	0.71	0.68	−4.23	0.236	0.213	−9.75	2.24	2.20	−1.79
	8 月 22 日 16:00	25.0	23.2	−7.20	0.73	0.67	−8.22	0.236	0.211	−10.59	2.16	2.27	5.09
	8 月 23 日 10:00	22.0	20.5	−6.82	0.65	0.70	7.69	0.222	0.204	−8.11	2.27	2.29	0.88
	8 月 23 日 16:00	21.4	21.6	0.93	0.75	0.64	−14.67	0.229	0.202	−11.79	2.25	2.21	−1.78
	8 月 24 日 10:00	22.7	21.7	−4.41	0.45	0.54	20.00	0.202	0.196	−2.97	2.30	2.11	−8.26
	8 月 24 日 16:00	22.6	21.8	−3.54	0.6	0.66	10.00	0.191	0.195	2.09	2.27	2.18	−3.96
下甸庙	8 月 22 日 10:00	14.9	16.8	12.75	0.12	0.14	16.67	0.075	0.092	22.67	2.46	2.33	−5.28
	8 月 22 日 16:00	20.4	18.8	−7.84	0.12	0.14	16.67	0.090	0.100	11.11	2.38	2.31	−2.94
	8 月 23 日 10:00	16.4	15.7	−4.27	0.11	0.13	18.18	0.072	0.079	9.72	2.42	2.26	−6.61
	8 月 23 日 16:00	15.3	15.9	3.92	0.13	0.15	15.38	0.093	0.085	−8.60	2.51	2.25	−10.36
	8 月 24 日 10:00	15.8	16.6	5.06	0.32	0.28	−12.50	0.085	0.091	7.06	2.51	2.16	−13.94
	8 月 24 日 16:00	18.7	17.6	−5.88	0.33	0.29	−12.12	0.089	0.101	13.48	2.46	2.20	−10.57
卖鱼桥	8 月 22 日 10:00	31.9	30.4	−4.70	2.01	1.89	−5.97	0.342	0.311	−9.06	2.70	2.63	−2.59
	8 月 22 日 16:00	29.0	29.8	2.76	1.54	1.80	16.88	0.287	0.294	2.44	2.69	2.61	−2.97
	8 月 23 日 10:00	32.3	30.5	−5.57	2.38	2.13	−10.50	0.318	0.296	−6.92	2.71	2.73	0.74
	8 月 23 日 16:00	32.1	30.3	−5.61	1.51	1.87	23.84	0.284	0.274	−3.52	2.73	2.71	−0.73
	8 月 24 日 10:00	30.8	29.7	−3.57	2.35	2.10	−10.64	0.318	0.289	−9.12	2.61	2.54	−2.68
	8 月 24 日 16:00	29.4	29.7	1.02	2.11	2.18	3.32	0.225	0.268	19.11	2.61	2.51	−3.83

表 4-23　2013 年 8 月 22～24 日桐乡市断面COD、氨氮、TP和TN计算值、实测值的相对误差统计结果表

监测站点	时间	COD			氨氮			TP			TN		
		实测值/（mg/L）	计算值/（mg/L）	相对误差/%	实测值/（mg/L）	计算值/（mg/L）	相对误差/%	实测值/（mg/L）	计算值/（mg/L）	相对误差/%	实测值/（mg/L）	计算值/（mg/L）	相对误差/%
屠甸市河	8 月 22 日 10:00	19.10	19.28	0.94	0.177	0.187	5.65	—	—	—	3.74	3.54	−5.35
	8 月 22 日 14:00	19.60	19.20	−2.04	0.211	0.188	−10.90	—	—	—	3.25	3.54	8.92
	8 月 23 日 10:00	19.80	16.28	−17.78	0.212	0.176	−16.98	0.181	0.202	11.60	3.29	3.10	−5.78
	8 月 23 日 14:00	17.00	15.50	−8.82	0.167	0.169	1.20	0.177	0.196	10.73	3.01	2.97	−1.33
	8 月 24 日 10:00	13.80	13.50	−2.17	—	—	—	0.213	0.178	−16.43	2.96	2.62	−11.49
	8 月 24 日 14:00	15.60	13.52	−13.33	—	—	—	0.209	0.177	−15.31	2.79	2.62	−6.09
单桥	8 月 22 日 10:00	22.60	22.56	−0.18	—	—	—	—	—	—	3.58	3.70	3.35
	8 月 22 日 14:00	—	—	—	—	—	—	—	—	—	3.56	3.60	1.12
	8 月 23 日 10:00	19.90	20.72	4.12	0.090	0. 089	−1.11	0.177	0.179	1.13	3.68	3.13	−14.95
	8 月 23 日 14:00	18.80	20.34	8.19	0.086	0.084	−2.33	0.185	0.176	−4.86	2.81	3.05	8.54
	8 月 24 日 10:00	17.00	18.41	8.29	0.080	0.073	−8.75	0.177	0.172	−2.82	3.11	2.85	−8.36
	8 月 24 日 14:00	—	—	—	0.063	0.072	14.29	0.201	0.173	−13.93	3.21	2.84	−11.53
双林	8 月 22 日 10:00	—	—	—	—	—	—	0.150	0.124	−17.33	1.60	1.84	15.00
	8 月 22 日 14:00	16.80	15.66	−6.79	0.108	0.091	−15.74	—	—	—	—	—	—
	8 月 23 日 10:00	—	—	—	0.091	0.090	−1.10	0.134	0.122	−8.96	1.90	1.79	−5.79
	8 月 23 日 14:00	17.50	15.15	−13.43	0.112	0.088	−21.43	0.095	0.119	25.26	1.60	1.75	9.38
	8 月 24 日 10:00	14.70	16.26	10.61	—	—	—	0.103	0.124	20.39	—	—	—
	8 月 24 日 14:00	16.20	16.60	2.47	—	—	—	—	—	—	1.96	1.87	−4.59

对误差绝对值分别小于25.00%、28.34%、23.84%和21.43%，平均误差分别为10.75%、15.31%、12.64%和9.04%；TP的相对误差绝对值分别小于40.00%、27.78%、22.67%和25.26%，平均误差分别为16.45%、16.39%、9.34%和12.40%；TN的相对误差绝对值分别小于25.00%、31.15%、13.94%和15.00%，平均误差分别为9.84%、20.22%、3.83%和7.60%。

4.3 控制单元划分与水环境容量核算

4.3.1 控制单元划分研究

1. 控制单元概念

控制单元是对重要水质控制断面影响的主要污染负荷所在区域（黄娟等，2020；王大春，2017）。

2. 控制单元划分原则

A. 以“十一五”太湖流域控制单元为基础

根据“十一五”太湖流域控制单元划分成果，太湖流域（浙江片区）共划分成35个控制单元。由于“十一五”期间，浙江省考核断面并未明确，控制单元的划分并没有与考核断面相结合。本书在明确的自动监测体系及饮用水源地对研究区域控制单元的划分做进一步完善。

B. 以“十二五”研究区域控制断面设置为依据

“十二五”期间，浙江省在各县（区）重要交界断面设置了55个自动监测站，监测水量、COD、氨氮，监测体系的完善为水环境管理提供强有力的基础，是控制单元修改的重要依据之一。饮用水源地是人民生活、水产用水之本，特别是近年来饮用水源地水质恶化严重，因此保证饮用水源地水质达标是实现控制单元管理的重要目的之一。

C. 考虑流域及水文情势原则

研究区域河流湖浜众多，受潮汐影响，下游边界多为双向流，因此污染源对控制断面水质的影响复杂多变，进行控制单元划分时必须要考虑流域及主体水文情势。

D. 兼顾县（区）行政边界原则

为便于行政区划管理，调整的控制单元边界应优先考虑行政边界，对没有可调的行政边界，可根据河流水系分布进行完善。

3. 区域敏感目标信息收集

在“十一五”太湖流域控制单元划分成果的基础上，综合考虑上述控制单元划分原则，收集了2013年区域控制单元调整涉及的55个行政交接断面、20个县级及以上饮用水源地及14个生态敏感目标（表4-24），用于对控制单元的调整和完善。

表 4-24　太湖流域（浙江片区）生态敏感目标信息表

编号	类别	生态敏感目标名称	市	县（区）	级别
1	风景名胜区	杭州西湖风景名胜区	杭州	西湖	国家级
2		莫干山风景名胜区	湖州	德清	国家级
3		南北湖风景名胜区	嘉兴	海盐	省级
4		超山风景名胜区	杭州	余杭	省级
5		天荒坪风景名胜区	湖州	安吉	省级
6		大明山风景名胜区	杭州	临安	省级
7		下渚湖风景名胜区	湖州	德清	省级
8	水产种质资源保护区	东西苕溪国家级水产种质资源保护区	跨杭州、湖州两市		国家级
9		湖州南太湖翘嘴红鱼鲌、青虾水产种质资源保护区	湖州	长兴	省级
10	自然保护区	临安清凉峰自然保护区	杭州	临安	国家级
11		天目山自然保护区	杭州	临安	国家级
12		长兴地质遗迹自然保护区	湖州	长兴	国家级
13		尹家边扬子鳄自然保护区	湖州	长兴	省级
14		龙王山自然保护区	湖州	安吉	省级

4. 控制单元划分结果

基于以上控制单元完善依据，将太湖流域（浙江片区）“十一五”的35个控制单元进行调整，完善后的控制单元见图4-11，表4-25为完善后的控制单元信息。

图 4-11　太湖流域（浙江片区）完善后控制单元划分结果图

表 4-25 研究区域完善后控制单元信息表

序号	图示码	新编码	面积/km²	覆盖区域	备注
1	2001	III121-201-湖州市	728	长兴县	
2	2002	III122-202-湖州市	698	长兴县	修改边界
3	2003	III122-203-湖州市	647	安吉县	修改边界
4	2004	III123-204-湖州市	776	安吉县	修改边界
5	2005	III122-205-湖州市	457	安吉县	与2006合并；修改边界
6	2007	III124-207-湖州市	607	湖州市区	修改边界
7	2008	III235-208-湖州市	201	湖州市区	
8	2009	III235-209-湖州市	314	湖州市区	
9	2010	III235-210-湖州市	440	湖州市区	
10	2011	III124-211-湖州市	550	德清县	修改边界
11	2012	III235-212-湖州市	402	德清县	
湖州市小计			5820		
12	2201	III236-208-嘉兴市	189	嘉善县	
13	2202	III233-207-嘉兴市	315	嘉善县	
14	2203	III236-214-嘉兴市	151	平湖市	
15	2204	III236-216-嘉兴市	193	平湖市	
16	2205	III236-215-嘉兴市	186	平湖市	
17	2206	III236-213-嘉兴市	169	海盐县	
18	2207	III236-212-嘉兴市	343	海盐县	
19	2208	III235-209-嘉兴市	214	海宁市	
20	2209	III236-210-嘉兴市	331	海宁市	修改边界
21	2210	III236-211-嘉兴市	112	海宁市	修改边界
22	2301	III236-201-嘉兴市	263	桐乡市	
23	2302	III236-202-嘉兴市	464	桐乡市	
24	2303	III233-204-嘉兴市	184	嘉兴市区	
25	2304	III233-205-嘉兴市	192	嘉兴市区	
26	2305S	—	160	嘉兴市区	从2305中细化
27	2305	III236-206-嘉兴市	146	嘉兴市区	
28	2306	III236-203-嘉兴市	303	嘉兴市区	
嘉兴市小计			3915		
29	2307	III235-207-杭州市	399	杭州市区	修改边界
30	2308	III235-205-杭州市	167	余杭区	修改边界
31	2309	III235-204-杭州市	300	余杭区	
32	2401	III125-201-杭州市	654	临安区	修改边界
33	2402	III125-202-杭州市	187	临安区	
34	2403	III124-203-杭州市	456	余杭区	
35	2404	III124-206-杭州市	300	余杭区	修改边界
杭州市小计			2463		
合计			12198		

4.3.2　水环境容量概念及计算方法

1. 水环境容量概念

水功能区水环境容量是指在设计水文条件下，满足计算水域的水质目标要求时，水体所能容纳的某种污染物的最大数量。其大小与水体特征、水质目标及污染物特性有关，通常以单位时间内水体所能承受的污染物总量表示。水环境容量计算时还要考虑水功能区现状水质、现状污染物入河排放量、污染物削减程度、社会经济发展水平、污染治理程度及其下游水功能区的敏感性等因素，根据从严控制、未来有所改善的要求，最终确定该区域水环境容量（罗慧萍等，2015；田炯和王翠然，2011）。

2. 水环境容量计算方法

1）基于多目标的水环境容量计算思路

本书提出了基于河网区河流功能区整体水质达标、排污口污染混合带约束长度、控制断面水质达标及入湖口排污带面积等多个控制目标的水环境容量计算体系。该体系包括四个模块：输入模块、数值模拟模块、数据处理模块及结果输出模块（秦文浩等，2016），见图4-12。

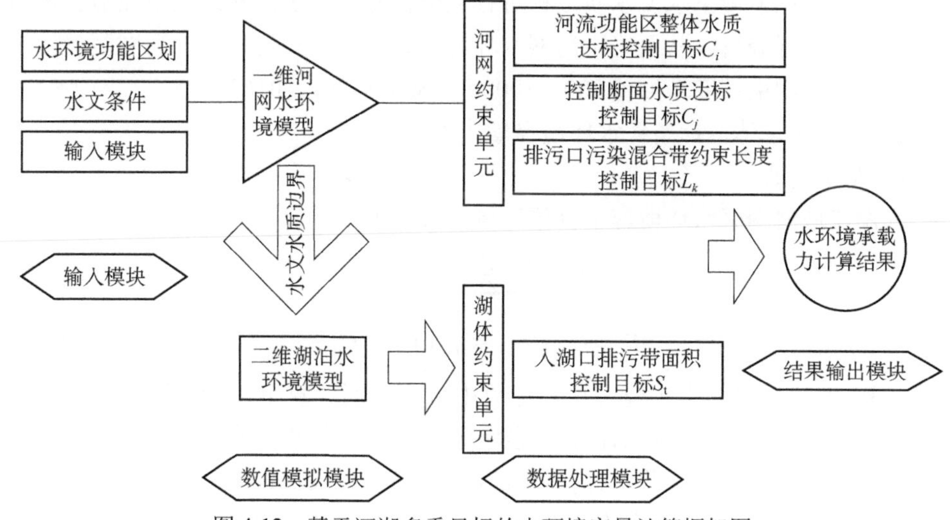

图 4-12　基于河湖多重目标的水环境容量计算框架图

输入、输出模块分别实现河湖系统水环境目标、水文条件及污染源强度等初始条件输入及最终结果的输出；数值模拟模块主要通过河网湖泊耦合水环境数学模型实现河湖系统水流水质过程的数值模拟；数据处理模块是计算体系中的重要过程，主要包括河网约束单元、湖体约束单元两大部分。

河网约束单元以河网区总体水质、控制考核断面水质、排污口污染混合带长度三项因子作为计算约束条件，即河流功能区整体水质达标控制目标（C_i）、控制断面水质达标控制目标（C_j）、排污口污染混合带约束长度控制目标（L_k），具体见式（4-18）：

$$\begin{cases} C_i = f(Q_i, W_i) \le C_{si}, i = 1, \cdots, m \\ C_j = g(Q_j, W_j) \le C_{sj}, j = 1, \cdots, n \\ L_k = r(Q_k, W_k) \le L_s, k = 1, \cdots, h \end{cases} \tag{4-18}$$

式中，C_i为河网区内第i个功能区水质浓度（mg/L）；Q_i为第i个河流功能区流量（m^3/s）；W_i为第i个河流功能区纳污量（t）；C_{si}为第i个功能区水质目标（mg/L）；m为河网区控制单元个数；C_j为河网区内第j个控制断面水质浓度（mg/L）；Q_j为对应断面所在河流流量（m^3/s）；W_j为对应断面所在河流纳污量（t）；C_{sj}为第j个控制断面水质目标（mg/L）；n为河网区控制断面个数；L_k为河网区内第k个排污口形成的排污混合带长度（m）；Q_k为排污口所在河流流量（m^3/s）；W_k为第k个排污口污染物质排放量（t）；L_s为河网区概化排污口污染混合带约束长度（m）；h为河网区概化排污口个数。

通过对输入模块水文边界及污染源强包括点源、面源的不断调试，运用数值模拟模块对不同情境下水流水质过程进行数值计算，基于河网约束单元对各项河流控制目标进行分析，从而确定河网水环境承载力。计算过程中，河网区各排污口污染混合带约束长度L_s取值800～1000m（秦文浩等，2016）。

2）功能区总体达标条件水环境容量计算方法

A. 基本公式

太湖流域河网区水环境容量具体计算公式如下：

$$W = \sum_{j=1}^{n} \sum_{i=1}^{m} \alpha_{ij} \times W_{ij} \tag{4-19}$$

$$W_{ij} = Q_{0ij}(C_{sij} - C_{0ij}) + KV_{ij}C_{sij} \tag{4-20}$$

式中，W_{ij}为计算中的水环境容量，计算中最小空间计算单元为河段（河段为两节点之间的河道），最小时间计算单元为天；Q_{0ij}、V_{ij}为设计水文条件，采用杭嘉湖水环境数学模型计算结果；C_{sij}为功能区水质目标；C_{0ij}为上游来水水质浓度；K为水质降解系数；α_{ij}为不均匀系数，$\alpha_{ij}\in$（0，1]，水面越大，则α_{ij}越小。

根据确定的水文边界条件，利用研究区域河网水环境数学模型，计算出研究区域最小空间单元和最小时间单元的水环境容量值；再根据式（4-18）计算出示范区总的水环境容量值。

对于往复流地区，采用双向流计算公式，具体如下：

$$W = \frac{A}{A+B} W_{正} + \frac{B}{A+B} W_{反} \quad (4\text{-}21)$$

$$W_{正} = Q_{01}(C_s - C_{01}) + KVC_s \quad (4\text{-}22)$$

$$W_{反} = Q_{02}(C_s - C_{02}) + KVC_s \quad (4\text{-}23)$$

式中，A为正向流计算时间段天数；B为反向流计算时间段天数；$W_{正}$为河流正向流的水环境容量；$W_{反}$为河流反向流的水环境容量；Q_{01}为河流正向流的流量；Q_{02}为河流反向流的流量；C_{01}为河流正向流情况下的水质浓度；C_{02}为河流反向流情况下的水质浓度；C_s为功能区水质目标；V为功能区河段水体容积；K为水质降解系数（逄勇等，2009）。

B. 主要参数确定

a. 不均匀系数的选取

由于污染物质很难在水体中达到完全均匀混合，需要对计算出来的水环境容量进行不均匀系数订正，一般河流越宽、不均匀系数越小；水面面积越大，不均匀系数越小。一般性河流的不均匀系数取值范围见表4-26。

表 4-26 一般性河流的不均匀系数取值范围表

河宽/m	不均匀系数	河宽/m	不均匀系数
<30	0.7～1.0	200～500	0.3～0.4
30～100	0.5～0.7	500～800	0.3
100～200	0.4～0.6	>800	0.1～0.3

b. 设计水文条件

根据长序列降雨量资料推求出不同水文保证率的典型年，建立太湖流域主要水体的水量数学模型；根据典型年计算区域水利工程的调度资料及边界处在水文保证率条件下的水位或流量，利用模型对各计算河网（或河道区）各河段的设计水文条件进行计算，得到各水环境功能区的设计水文条件（逄勇等，2009）。本次水环境容量计算以水文部门和太湖流域分析的1954～2013年共60年水文资料为基础，统一选取典型枯水年1971年为计算年，用于设置模型的设计水文条件，针对其中缺乏1971年实测资料的边界条件和初始条件，均取自太湖流域河网区水环境数学模型计算结果。

c. 水质目标确定

根据浙江省水利厅、浙江省环境保护局2005年联合发布的《浙江省水功能区、水环境功能区划分方案》，确定太湖流域（浙江片区）包括杭嘉湖平原河网183个功能区划，苕溪河网98个功能区划。选取各功能区划河段对应的目标水质，作为水环境容量计算模型设置的水质目标。

C. 控制断面水质达标水环境容量计算方法

a. 计算方法

利用已建立的杭嘉湖水环境数学模型，根据设计水文条件和边界水文水质，计算得到研究区域内控制断面水质达标时各概化排污口的允许排污量，该允许排污量即为研究区域水环境容量（王雪等，2015）。

b. 模型参数选取原则

本次计算选取第4章率定得到的水质降解系数进行计算。

c. 设计水文条件

90%保证率的典型年主要依据太湖流域模型构建分析时收集的太湖流域的降水量资料进行选取，考虑太湖流域36个水文分区的雨量站的分布，采用丹阳、茅东、赵村、溧阳、宜兴、常州、陈墅等80多个雨量站1954～2013年共60年的年降雨量资料进行频率分析，确定1971年的枯水月保证率为90%（陆健刚等，2015；庄巍等，2016）。

4.3.3 水环境容量计算结果及合理性分析

1. 水环境容量计算结果

根据设计水文条件、水质降解系数及研究区域水环境功能区划，以地市为基本单元，将水环境功能区上、下界面或常规监测断面作为节点，采用断面水质及功能区水质双重达标计算方法（边博等，2012），得到研究区域的水环境容量，见表4-27。

表4-27 太湖流域（浙江片区）水环境容量计算结果 （单位：t/a）

城市	县（市、区）	COD	氨氮	TP	TN
杭州市	杭州市区	15081	2672	462	7816
	余杭区	24996	3362	728	9037
	临安区	12032	1261	277	2773
杭州市汇总		52109	7295	1467	19626
嘉兴市	嘉兴市区	8833	1122	280	2589
	平湖市	6194	686	167	1791
	海盐县	7968	686	169	1650
	海宁市	8654	964	251	2463
	桐乡市	5735	401	194	918
	嘉善县	10544	931	224	2139
嘉兴市汇总		47928	4790	1285	11550
湖州市	湖州市区	23496	2455	522	5667
	长兴县	7789	906	163	1975

续表

市	县（市、区）	COD	氨氮	TP	TN
湖州市	德清县	8805	1005	203	2243
	安吉县	19241	2210	431	4703
湖州市汇总		59331	6576	1319	14588
总计		159368	18661	4071	45764

2. 水环境容量计算结果合理性分析

现状水质状况与污染物入河量排放情况呈一定的线性关系，将研究区域污染物削减率与该区域水质超标率作对比，可验证水环境容量计算结果的合理性。

污染物削减率计算公式为

$$削减率=\frac{(入河量-水环境容量)}{入河量}\times 100\% \tag{4-24}$$

式中，入河量为2011年各类污染物入河量；水环境容量为设计水文条件下的污染物最大允许入河量。

根据水环境容量的2011年污染物削减率和研究区域2011年地表水环境现状，研究区域COD、氨氮、TP的污染物削减率与单因子水质超标率的对比如图4-13所示。

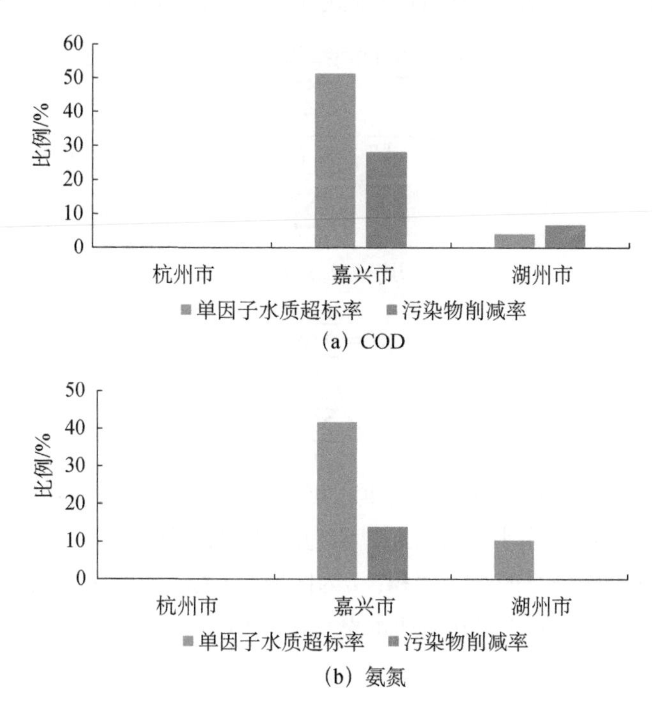

(a) COD

(b) 氨氮

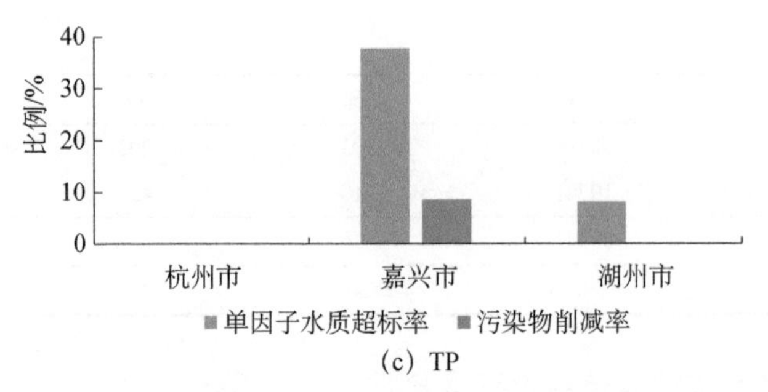

(c) TP

图 4-13　污染物削减率与单因子水质超标率对比图

由图4-13可见，各种污染物的削减率和单因子水质超标率相差在29%以内，削减率与水质超标率基本吻合，说明水环境容量计算结果基本合理。

4.3.4　水环境容量分配

1. 水环境容量分配方法

影响控制单元水环境容量分配的主要因素有两点：一是控制单元内水功能区划情况；二是控制单元的水域面积。基于控制单元功能区长度、水质目标及功能区水域面积多重目标，对常用的分配公式进行改进，得到本书采用的水环境容量按县（区）和按控制单元分配的计算公式（王大春，2017）：

$$\alpha_j = \frac{\sum_{i=1}^{5}(S_j \times \frac{l_{ij}}{\sum_{i=1}^{5} l_{ij}} \times C_{si})}{\sum_{i=1}^{5}(S \times \frac{l_i}{\sum_{i=1}^{5} l_i} \times C_{si})} \tag{4-25}$$

$$W_j = \alpha_j \times W_{总} \tag{4-26}$$

$$S = \sum_{j=1}^{n} S_j \tag{4-27}$$

$$l_i = \sum_{j=1}^{n} l_{ij} \tag{4-28}$$

式中，α_j为某区域j占的环境容量权重；$W_{总}$为可分配水环境容量；W_j为区域j的水环境容量；C_{si}为i类水水质标准值；S_j为区域j的水域面积；l_{ij}为区域j的i类水功能区总长；S为区域总的水域面积；l_i为区域的i类水功能区总长；j为县（区）编号；i为水功能区类型（胡开明和范恩卓，2015）。

2. 水环境容量分配结果

1）按县（区）水环境容量分配结果

以4.3.3节太湖流域（浙江片区）各地市水环境容量为基础，按照4.3.4节水环境容量分配方法，根据2010年太湖流域（浙江片区）13个行政区域水域遥感解译图（图4-14），利用GIS提取出各县（区）的水域面积，最终确定太湖流域（浙江片区）13个行政区域水环境容量值，具体见表4-28。

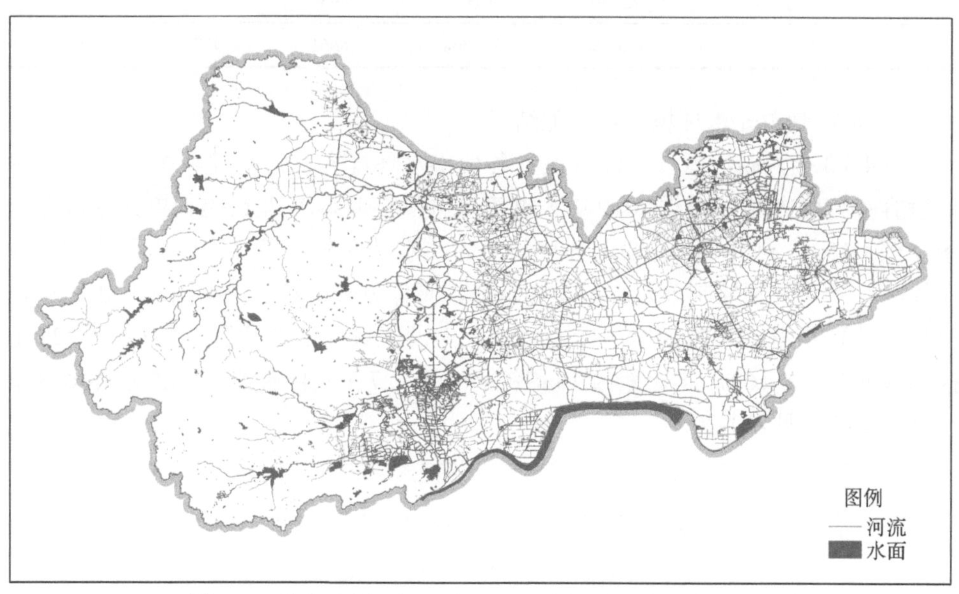

图4-14　太湖流域（浙江片区）13个行政区域水域范围图

表 4-28　太湖流域（浙江片区）13个行政区域水环境容量值计算结果

城市	县（市、区）	水域面积/km²	COD/(t/a)	氨氮/(t/a)	TP/(t/a)	TN/(t/a)
杭州市	杭州市区	41.60	10732	1571	316	4227
	余杭区	141.30	32092	4476	900	12041
	临安区	47.01	9285	1248	251	3358
杭州市汇总		229.91	52109	7295	1467	19626
嘉兴市	嘉兴市区	113.33	13633	1362	365	3285
	平湖市	33.28	4428	443	119	1067
	海盐县	27.83	3593	359	96	866
	海宁市	41.30	6485	648	174	1563
	桐乡市	41.69	5212	521	140	1256
	嘉善县	118.35	14577	1457	391	3513
嘉兴市汇总		375.78	47928	4790	1285	11550

续表

城市	县（市、区）	水域面积/km²	COD/(t/a)	氨氮/(t/a)	TP/(t/a)	TN/(t/a)
湖州市	湖州市区	311.57	25098	2743	551	6085
	长兴县	90.73	7472	846	170	1874
	德清县	213.13	17953	2085	418	4619
	安吉县	112.48	8808	902	180	2010
湖州市汇总		727.91	59331	6576	1319	14588
总计		1333.60	159368	18661	4071	45764

2）按控制单元水环境容量分配结果

以4.3.3节太湖流域（浙江片区）各地市水环境容量为基础，按照4.3.4节水环境容量分配方法，根据2010年太湖流域（浙江片区）理想控制单元水域范围图（图4-15），利用GIS提取出各控制单元的水域面积，最终确定太湖流域（浙江片区）35个理想控制单元水环境容量值，具体见表4-29。根据国家《水污染防治行动计划》考核断面水质达标的要求，太湖流域（浙江片区）共划分了27个控制单元（图4-16），此处称为实际控制单元，27个实际控制单元的水环境容量计算分配结果见表4-30。

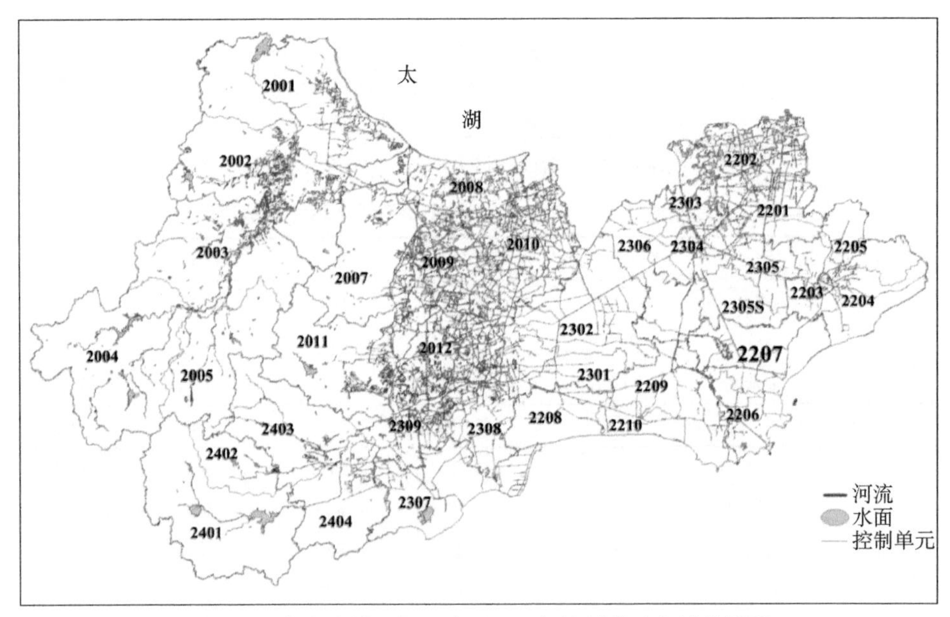

图4-15　太湖流域（浙江片区）理想控制单元水域范围图

表 4-29　太湖流域（浙江片区）35 个理想控制单元水环境容量计算结果

城市	所在县（市、区）	编号	水域面积/km²	COD/（t/a）	氨氮/（t/a）	TP/（t/a）	TN/（t/a）
湖州市	长兴县	2001	36.73	2830	295	59	652
	长兴县	2002	54.00	4642	551	111	1221
	安吉县	2003	59.42	4980	575	116	1274
	安吉县	2004	38.83	2739	215	42	487
	安吉县	2005	14.23	1089	112	22	249
	湖州市区	2007	48.52	3953	442	89	979
	湖州市区	2008	50.64	3540	294	59	659
	湖州市区	2009	139.40	11498	1304	262	2890
	湖州市区	2010	73.02	6106	703	141	1558
	德清县	2011	59.24	4641	494	99	1094
	德清县	2012	153.89	13313	1591	320	3525
	湖州市汇总		727.92	59331	6576	1320	14588
嘉兴市	嘉善县	2201	14.21	2050	205	55	494
	嘉善县	2202	104.14	12527	1252	336	3019
	平湖市	2203	10.85	1682	168	45	405
	平湖市	2204	9.03	1134	114	31	273
	平湖市	2205	13.40	1612	161	43	389
	海盐县	2206	9.00	1084	108	29	261
	海盐县	2207	18.82	2509	251	67	605
	海宁市	2208	17.62	3535	353	95	852
	海宁市	2209	19.45	2440	244	65	588
	海宁市	2210	4.23	510	51	14	123
	桐乡市	2301	21.52	2786	278	75	671
	桐乡市	2302	20.17	2426	243	65	585
	嘉兴市区	2303	61.41	7388	738	198	1781
	嘉兴市区	2304	16.53	1988	199	53	479
	嘉兴市区	2305S	5.32	640	64	17	154
	嘉兴市区	2305	7.92	952	95	26	230
	嘉兴市区	2306	22.16	2665	266	71	642
	嘉兴市汇总		375.78	47928	4790	1285	11551
杭州市	杭州市区	2307	41.60	10732	1571	316	4227
	余杭区	2308	27.24	7263	1066	214	2867
	余杭区	2309	52.49	12837	1825	368	4909
	临安区	2401	42.55	8471	1149	231	3092
	临安区	2402	4.46	814	99	20	266
	余杭区	2403	32.24	6711	957	192	2574

续表

城市	所在县（市、区）	编号	水域面积/km²	COD/（t/a）	氨氮/（t/a）	TP/（t/a）	TN/（t/a）
杭州市	余杭区	2404	29.33	5281	628	126	1691
	杭州市汇总		229.91	52109	7295	1467	19626
	区域合计		1333.61	159368	18661	4072	45765

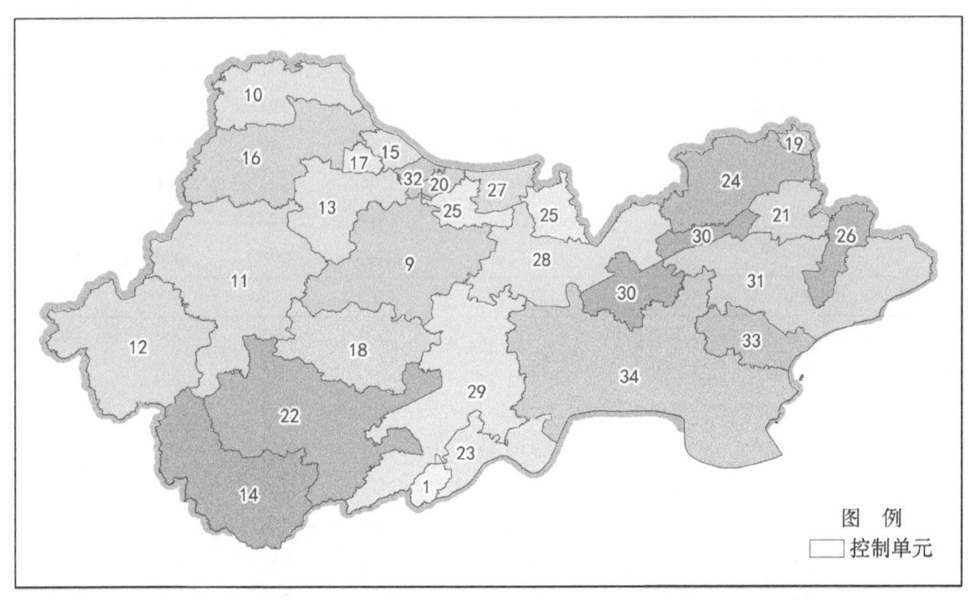

图 4-16　太湖流域（浙江片区）27 个实际控制单元相对位置示意图

表 4-30　太湖流域（浙江片区）27 个实际控制单元水环境容量计算结果（单位：t/a）

地市	所在县（市、区）	编号	实际控制单元名称	COD	氨氮	TP	TN
杭州市	上城区、西湖区	1	西湖杭州市控制单元	1426	209	42	562
湖州市	吴兴区、南浔区、德清县	9	东苕溪湖州控制单元	13280	1503	303	3333
湖州市	长兴县	10	泗安溪湖州控制单元	1469	153	31	338
湖州市	安吉县	11	西苕溪湖州市 2 控制单元	5932	669	134	1485
湖州市	安吉县	12	西苕溪湖州市 1 控制单元	2770	222	44	501
湖州市	吴兴区、长兴县	13	西苕溪湖州控制单元	2481	291	59	644
杭州市	临安区	14	南苕溪杭州控制单元	8471	1149	231	3092
湖州市	长兴县	15	西苕溪湖州市控制单元	296	31	6	68
湖州市	长兴县	16	泗安溪湖州 1 控制单元	3611	416	83	921
湖州市	长兴县	17	杨家浦港湖州控制单元	193	20	4	45

续表

地市	所在县（市、区）	编号	实际控制单元名称	COD	氨氮	TP	TN
湖州市	德清县	18	东苕溪湖州 1 控制单元	5832	643	129	1426
嘉兴市	嘉善县	19	俞汇塘嘉兴市控制单元	1464	146	39	353
湖州市	吴兴区	20	东苕溪湖州 2 控制单元	282	32	6	70
嘉兴市	嘉善县	21	嘉善塘嘉兴市控制单元	2050	205	55	494
杭州市	西湖区、余杭区、临安区、安吉县	22	东苕溪杭州控制单元	16308	2218	446	5962
杭州市	上城区、下城区、江干区、西湖区	23	京杭运河杭州市控制单元	5511	807	162	2170
嘉兴市	秀洲区、嘉善县	24	红旗塘嘉兴市控制单元	18451	1844	495	4447
湖州市	吴兴区、南浔区	25	頔塘湖州控制单元	3526	339	69	755
嘉兴市	平湖市	26	上海塘嘉兴市控制单元	1602	159	42	386
湖州市	吴兴区	27	汤溇湖州市控制单元	1466	122	24	273
嘉兴市	秀洲区、桐乡市、南浔区	28	澜溪塘嘉兴市控制单元	9020	1006	213	2267
杭州市	拱墅区、西湖区、余杭区、德清县	29	京杭运河杭州控制单元	31036	4183	841	10654
嘉兴市	南湖区、桐乡市、秀洲区	30	湘家荡嘉兴市控制单元	2372	238	64	572
嘉兴市	海盐县、平湖市、南湖区	31	广陈塘嘉兴市控制单元	6100	611	165	1471
湖州市	吴兴区	32	西苕溪湖州 1 控制单元	347	39	8	86
嘉兴市	海盐县	33	海盐塘嘉兴控制单元	1810	181	48	436
嘉兴市	秀洲区、海盐县、海宁市、桐乡市	34	长山河嘉兴控制单元	12262	1225	329	2954
区域合计				159368	18661	4072	45765

4.4　水污染排放许可证发放与管理

4.4.1　排污许可企业界定及最大允许排放量确定原则

1. 排污许可企业界定

太湖流域（浙江片区）排污许可企业主要有重点直排工业企业和污水处理厂共两类。其中重点直排工业企业占COD总排放量的80%，共有278家；污水处理厂共有59家，其污水处理对象主要包括城镇生活污水和纳管的工业污水。经统计，最终确定各县（区）排污许可企业个数见表4-31。

表 4-31　太湖流域（浙江片区）排污许可企业个数统计表

城市	县（市、区）	重点直排工业企业个数	污水处理厂个数	总计
杭州市	杭州市区	1	2	3
	余杭区	4	3	7
	临安区	14	3	17
	小计	19	8	27
嘉兴市	嘉兴市区	23	9	32
	平湖市	12	1	13
	海盐县	8	1	9
	海宁市	1	3	4
	桐乡市	7	5	12
	嘉善县	18	4	22
	小计	69	23	92
湖州市	湖州市区	86	12	98
	长兴县	19	10	29
	德清县	30	4	34
	安吉县	55	2	57
	小计	190	28	218
总计		278	59	337

2. 最大允许排放量确定原则

（1）各企业污染物排放总量满足所在功能区及各区域水环境容量总量要求。

（2）以控制单元为最小排污许可管理单元，控制单元边界水质需达到水功能区水质目标，保证控制断面水质达标。

（3）满足法律法规原则。满足《浙江省自然保护区管理办法》等法律法规原则；满足达标排放原则。具体包括《中华人民共和国水污染防治法》《产业结构调整指导目录（2011年本）》《浙江省水功能区、水环境功能区划分方案》及各行业污染物排放标准。

（4）考虑已发排污许可企业排污量、现状污染物排放量等基于现状原则。

4.4.2　排污许可量确定方法

1. 基于功能区达标的排污许可量确定

根据4.4.1节中最大允许排放量确定原则，各企业污染物排放总量需满足所在功能区及各区域水环境容量总量要求。将各功能区的污染物入河量与区域水环境容量进行比较。最终确定各企业污染物排放总量均能保证功能区及各区域水环境容量总量要求。

2. 基于控制断面达标的排污许可量确定

基于控制断面达标的排污许可量确定方法以一维稳态水环境数学模型为基础。第一步，梳理太湖流域主要控制断面，包括：

（1）55个交界断面（自动监测站）；

（2）20个饮用水源地；

（3）对于没有控制断面的控制单元，以控制单元的边界作为控制断面。

第二步，确定各县（区）污染源排污口的实际位置。

第三步，建立污染源实际排污口与控制断面水质的响应关系，分析各污染源实际排污口对控制断面水质的影响，计算出控制断面达标情况下的控制单元内各污染源实际排污口的最大允许排放量。

一维稳态水环境数学模型计算公式如下：

$$C' = C \times \exp\left(\frac{-ux}{86400}\right) \tag{4-29}$$

其中，

$$C = \frac{C_0 \times Q_0 + C_p \times Q_p}{Q_0 + Q_p} \tag{4-30}$$

式中，C为污染物初始混合浓度，C_0为河流污染物初始浓度；C_p为排污口污染物排放浓度；Q_0为河流平均流量；Q_p为排污口排放废水流量；C'为初始混合浓度C经河流降解后的浓度；u为河流平均流速；x为初始混合浓度C的降解距离。

模型的建立考虑到太湖流域河网往复流的特征，各河段均进行双向流的计算研究。通过已建立的太湖流域大网水环境数学模型，得到90%水文条件下各河道最不利条件下的月均流量及流速值。模型边界水质浓度取该控制单元边界所在水功能区的达标浓度值，水质降解系数参考太湖流域大网水环境数学模型的水质降解系数的率定结果。

通过控制断面及污染源实际排污口的确定，结合一维稳态水环境数学模型，建立如$C_{控制断面}=C\{C_{边界断面}，C_{支流}，W_1，W_2\cdots\}$（$W$为污染源实际排污口排污量）的污染源实际排污口与控制断面水质响应关系。先建立支流排污口与水质响应关系，再确定干流排污口与控制断面水质响应关系。支流汇入时要求功能区水质达标。

3. 基于法律法规的排污许可量确定

依据国家相关法律法规政策，核实研究区域各县（区）内各企业和污水厂入河排污口位置及截污纳管情况，并相应调整基于功能区达标和控制断面达标的企业最大允许排放量。具体法律法规包括《浙江省自然保护区管理办法》、《中华人民共和国水污染防治法》、《产业结构调整指导目录（2011年本）》及《浙江省水功能区、水环境功能区划分方案》。

《浙江省自然保护区管理办法》第十九条规定：“自然保护区的核心区和缓冲区内不得建设任何生产、经营设施。”第二十条规定：“自然保护区的实验区内不得建设污染环境、破坏自然资源或者自然景观的生产设施；建设其他项目，必须符合自然保护区保护和建设规划，并依法办理审批手续。已建成的设施，污染物超过国家和地方排放标准或者危及保护对象的，应当限期治理；无法治理或者限期治理后仍未达标的，应当停止生产经营活动，限期迁移。”排污口位置均按在自然保护区核心区考虑。

《中华人民共和国水污染防治法》第六十五条规定：“禁止在饮用水水源一级保护区内新建、改建、扩建与供水设施和保护水源无关的建设项目；已建成的与供水设施和保护水源无关的建设项目，由县级以上人民政府责令拆除或者关闭。”第六十六条规定：“禁止在饮用水水源二级保护区内新建、改建、扩建排放污染物的建设项目；已建成的排放污染物的建设项目，由县级以上人民政府责令拆除或者关闭。”

4.4.3 排污许可企业最大允许排放量计算结果及示范区许可证发放

1. 排污许可企业最大允许排放量计算结果及分析

根据4.4.1节排污许可企业最大允许排放量确定原则，结合上述功能区达标核实、控制断面水质达标核实及符合法律法规要求核实的结果，在保证企业污染物最大允许排放量不大于“三同时”、环评批复量及满足各行业污染物排放标准的达标排放量的基础上，得到各县（区）内本次排污许可企业清单内的所有排污许可企业最大允许排放量确定结果，计算分类结果统计见表4-32。

表4-32 排污许可企业最大允许排放量计算分类结果统计表

企业类型	杭州市			嘉兴市			湖州市			区域合计		
	工业企业	污水厂	小计	工业企业	污水厂	小计	工业企业	污水厂	小计	工业企业	污水厂	合计
功能区水质超标	10	5	15	14	13	27	121	11	132	145	29	174
已关停	3	0	3	15	0	15	1	0	1	19	0	19
已纳管	1	0	1	6	0	6	7	0	7	14	0	14
功能区水质达标	4	3	7	2	1	3	2	10	12	8	14	22
控制断面超标	0	0	0	0	3	3	1	2	3	1	5	6
基于排污许可证发放量或排污权量确定	0	0	0	30	6	36	38	5	43	68	11	79
排污口位于保护区内	1	0	1	0	0	0	17	0	17	18	0	18
不排放污染物	0	0	0	2	0	2	3	0	3	5	0	5
总计	19	8	27	69	23	92	190	28	218	278	59	337

2. 示范区水污染物排放企业许可证发放

在前述研究区域内排污许可企业最大允许排放量计算的基础上，优先考虑工业企业自动在线监控、地方实际发放的许可证企业，以及满足COD和氨氮发放许可证，实现基于容量总量和目标总量排污许可证制度并轨运行，在太湖流域（浙江片区）选择湖州市区、长兴县、嘉善县、桐乡市4个示范区，针对重点直排企业、污水处理厂、纳管企业，共计发放258家企业水污染物排放许可证。各示范区企业信息统计见表4-33。

表4-33　示范区企业信息统计表

序号	示范区	地方发放的许可证企业个数	有许可证副本的企业个数
1	湖州市区	77	57
2	长兴县	53	43
3	嘉善县	58	22
4	桐乡市	336	136
合计		524	258

4.4.4 基于控制单元水质目标的排污许可证管理体系

结合各地区的特点，制定基于控制单元的水质目标管理规范，建立基于控制单元水质目标的排污许可证管理体系，建议将排污许可证制度作为许可、核定、监管污染源所有排污行为的环境管理核心制度，有效衔接整合环评审批、“三同时”验收、执法监管、总量控制、排污权有偿使用和交易、排污申报和收费等环境管理制度，重塑环境管理体系，再造环境管理流程，实现环境管理“一证对外”，将排污许可证打造为政府环境监管的执法依据、企业环境行为的守法文书、公众环保监督的参与平台。改革的核心环节，是制度整合、流程再造，通过制度整合带动管理资源整合、流程再造优化，有效发挥制度和管理合力，提高管理效率。制度整合主要是将环境影响评价作为排污许可证核发的主要依据，两者同步审核（备案）、同步发放，将环评中涉及项目建设期、运行期的环境管理要求载入排污许可证；按照排污许可证登载的建设期环境管理内容对建设项目实行“三同时”管理，作为企业合法生产的前提，取消竣工验收行政许可，改为企业依照排污许可证要求自行委托第三方机构进行检测和验收，并向核发排污许可证的环保部门报备，环保部门加强事中事后执法监管；将排污权指标获得作为许可的前提，将总量控制指标通过排污许可证分解落实到企业，有多少指标排多少污；以排污许可证确认的实际排污量作为排污收费的依据；将噪声、固废管理要求载入排污许可证，实现全要素监管；以排污权有偿使用和交易作为排污许可证核发前提；将排污权通过许可证确权；以排污许可证作为环保执法的依据，做到依证执法、违证处罚。

参考文献

边博，夏明芳，王志良，等. 2012. 太湖流域重污染区主要水污染物总量控制. 湖泊科学，3：327-333.

韩龙喜，陆冬. 2004. 平原河网水流水质数值模拟研究展望. 南京：河海大学.

胡开明，范恩卓. 2015. 西太湖区域水环境容量分配及水质可控目标研究. 长江流域资源与环境，24（8）：1373-1380.

胡尧文. 2010. 杭嘉湖地区引排水工程改善水环境效果分析. 杭州：浙江大学.

黄娟，逄勇，邢雅囡. 2020. 控制单元核定及水环境容量核算研究——以江苏省太湖流域为例. 环境保护科学，46（1）：30-36.

金春久，王超，范晓娜，等. 2010. 松花江干流水质模型在流域水资源保护管理中的应用. 水利学报，（1）：88-94.

雷四华. 2007. 平原河网地区水流模型及其在水资源调度中的应用. 南京：河海大学.

陆健刚，钟燮，刘颖，等. 2015. 苏南运河苏州段水环境容量及水质达标性计算. 水电能源科学，33（7）：51-54.

罗慧萍，逄勇，徐心彤，等. 2015. 江苏省太湖流域水功能区纳污能力及限制排污总量研究. 环境工程学报，（4）：1559-1564.

逄勇，周静，张文佳，等. 2009. 江苏省太湖流域水环境容量计算研究. 北京：北京航空航天大学出版社.

秦文浩，夏琨，叶晓东，等. 2016. 竺山湾流域河湖系统污染物总量控制研究. 长江流域资源与环境，25（5）：822-829.

史铁锤. 2010. 湖州市环太湖河网区水环境容量与水质管理研究. 杭州：浙江大学.

田炯，王翠然. 2011. 江苏省沿江开发区水环境容量核算研究. 水资源与水工程学报，（5）：153-156.

王大春. 2017. 太湖西岸典型控制单元污染物排放核定研究. 环境科学与管理（7）：141-145.

王飞儿，杨佳，李亚男，等. 2013. 基于沉积物磷释放的WASP水质模型改进研究. 环境科学学报，（12）：115-122.

王雪，逄勇，谢蓉蓉，等. 2015. 基于控制断面水质达标的秃尾河流域总量控制. 北京工业大学学报，（1）：123-130.

谢蓉蓉，逄勇，张倩，等. 2012. 嘉善地区水环境敏感点水质影响权重分析及风险等级判定. 环境科学，33（7）：2244-2250.

徐祖信，廖振良. 2003. 水质数学模型研究的发展阶段与空间层次. 上海环境科学，（2）：9-15，75.

杨柳，逄勇. 2017. 苕溪流域控制断面河网概化水质订正方法. 水电能源科学，（1）：43-47.

杨宇栋，李书建. 2009. 引清活水改善常州城市水环境的研究. 常州工学院学报，22（4）：20-25.

张洪刚，熊莹，邴建平，等. 2008. NAM模型与水资源配置模型耦合研究. 人民长江，（17）：19-21.

张立坤. 2014. 基于面源污染治理的阿什河流域总量控制技术研究. 北京：中国环境科学研究院.

朱敏喆，王船海，刘曙光，等. 2014. 淮河干流分布式水文水动力耦合模型研究. 水利水电技术，45（8）：27-32.

朱琰. 2003. 太湖流域实时洪水预报调度系统研究. 南京：河海大学.

庄巍，王晓，逄勇，等. 2016. 太湖流域跨界区域水污染物通量数值模型构建与应用. 水资源保护，32（1）：36-41，50.

第5章

太湖流域（浙江片区）水环境风险评估及预警技术体系

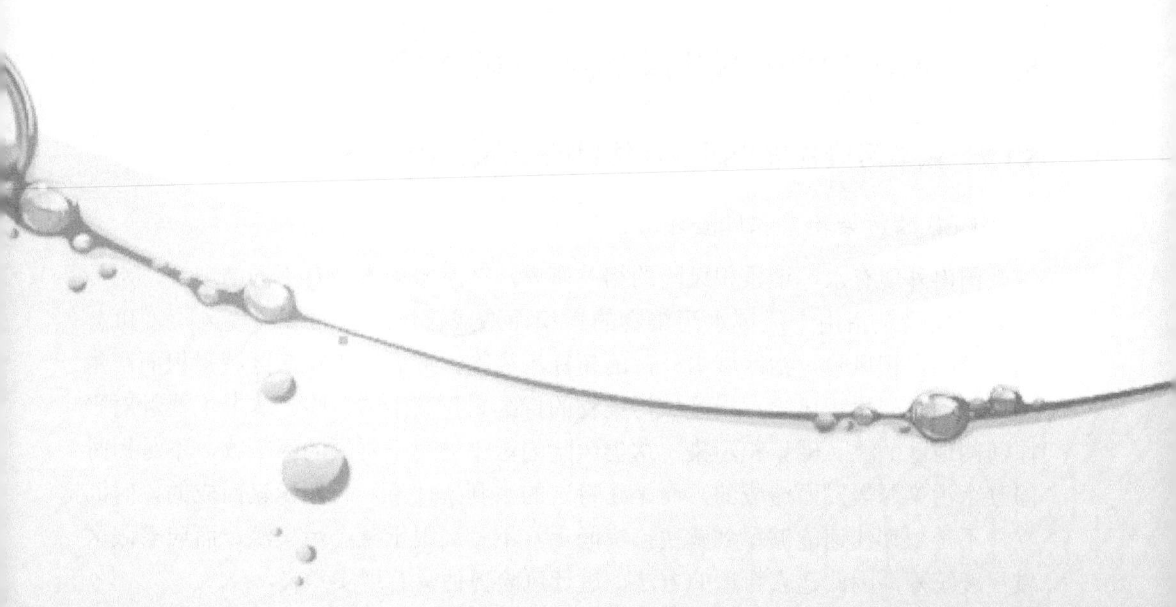

风险是指遭受损失、损害和毁坏的可能性。包括两层含义：首先风险的产生具有一种可能性，常以概率来描述这种可能性的大小；其次，风险的发生常常会带来不期望的后果，这种后果可能是环境被破坏，经济上遭受损失，人们的生存受到威胁等（何理和曾光明，2002）。参照风险的定义，水环境风险可定义为主要在水体中产生，或经由水体传递的，能对人类社会、自然生态系统及环境产生破坏、损害作用，同时又具有某种不确定性的危害事件发生的可能性。

常见的环境风险有企业突发环境事件风险、行政区域突发环境事件风险、集中式地表水饮用水源地突发环境事件风险等。本书研究对象为太湖流域（浙江片区）水环境，兼有河网型与山丘型两大类型水体，针对不同类型水体、不同风险含义和不同的监控条件，总结研究水环境风险评估和监控预警技术，将其分为三大部分，即关注监测断面常规水质持续超标的河网区氮磷累积风险预警、关注饮用水源地等敏感水体水环境安全的工业点源突发环境事件风险预警、关注控制断面所在区域行政边界污染来源的跨行政区污染物通量风险预警。

太湖流域（浙江片区）三大水环境风险和监控预警技术是以风险评估为基础，以交接断面、饮用水源地水质自动监测体系为预警讯号，根据不同的关注点，识别不同的风险源，将风险评估、预警功能集成并发到水环境综合管理平台，开展溯源、预警的数字化设计，提出完善风险预警体系及污染防控措施的建议。

5.1 河网区水环境氮磷污染物累积风险预警

5.1.1 氮磷污染物累积风险评估目的和风险指标

1. 氮磷污染物累积风险评估目的

国内外现有水环境累积风险的相关研究，针对概念本身有不同的理解，水环境累积风险是指由于流域水污染物的累积而造成流域层面的水环境风险，可分为：空间累积风险，指区域内外部的超标污染物，造成污染物在区域累积而产生的风险；时间累积风险，指区域污染物的持续累积产生的风险。本书主要针对平原河网地区的氮、磷累积污染，这类风险的污染物属于常规的污染物，不是短时间某个污染源爆发而造成的，而是在特定的水利条件下，长期积累而成的，时间上，不是短期快速能够得到解决，空间上，不是局限于某个污染源，而应着眼区域尺度统筹，因此建立合适的方法，进行风险评估具有现实意义。

本书给出的方法是：在流域尺度上，确定合适的风险源，以一定范围的自然汇水区域为风险计算单元，核实其内部点源和面源产生的污染风险，概化成评估要素，建立风险指标体系，评估风险计算单元对关注断面的风险级别。

2. 风险指标筛选的原则

评估指标体系的建立，遵循系统性与层次性原则、综合性与针对性原则、可行性与实用性原则、继承性与开拓性原则筛选。以层次分析法，结合专家协定打分进行指标权重的确定，运用模糊综合评估法进行风险等级判别。

水环境累积风险评估指标体系的建立，重点围绕与氮、磷有关的累积性风险要素，以保护水环境安全的目的来进行，尽量减少评估工作复杂程度，使指标体系简单实用。评估指标体系具有层次结构，包含一级指标层、二级指标层、因素层。为体现有所侧重，一级指标层考虑水环境自身状况、污染源影响；二级指标层细分具体的影响因素，保证全面、客观地反映自然资源的可持续利用和水环境质量的持续良好程度（韩冰，2007）。二级指标层在水环境累积风险评估体系中处于核心地位，因素层各个相关因素处于辅助地位。各层级相关指标相互联系，共同构成完整的指标体系。

3. 综合指标体系的构建

根据以上原则，平原河网水环境氮磷污染物累积风险，主要从风险受体和风险源等方面开展评估，其中风险受体即水环境本身，包括河道和断面的水质、水量、功能区划等，属于直接评估指标类型；风险源分为点源和面源等方面，包括工业废水排放量、农田化肥施用量、畜禽养殖排放量、生活污水排放量等影响水环境状况的因素，通过分析这些因素，预测评估水环境累积风险，属于间接评估指标类型。

1）指标体系框架

水环境累积风险评估按氨氮、TN、TP 因子分别进行，对应的具体指标体系框架见表 5-1。

表 5-1　风险评估指标体系框架

指标		
一级指标	二级指标	因素
风险源	点源	主导行业
		污水排放量
		污水水质复杂程度
		主导行业生产工艺水平
	面源	氮肥施用强度
		磷肥施用强度
		畜禽养殖数量
		生活污水接管率

续表

指标		
一级指标	二级指标	因素
水环境	控制断面	断面控制类别
		断面距离
		断面水质
	河段	功能区划目标水质
	水量	流量

A. 水环境评估指标

依据《地表水环境质量标准》（GB 3838—2002）不同水质类别对应的水质指标值，结合水环境功能区划、控制断面、水量等信息，对水环境状况进行评估。

B. 风险源评估指标

影响水环境质量的因素中，污染源是最为关注的背景因子，按分布特性可以分为点源和面源，按来源可以分为工业源、生活源、农业源。水环境累积风险评估的一级指标中的风险源，即为污染源；二级指标层选择的是污染源的点源和面源；因素层选择的是工业源、农业源和生活源，点源主要考虑工业源的行业类型、废水排放、废水水质复杂程度、主导行业工艺水平等因素，面源考虑化肥施用强度、畜禽养殖情况、生活污水的排放情况等因素。本书中的风险源评估指标，侧重分析因污染源长期排放，对受纳水体水质的累积性影响。

2）指标评估等级划分

指标评估标准及分值划分见表 5-2。

表 5-2　指标评估标准及分值划分表

指标			分值			
			4	3	2	1
风险源	点源	主导行业	石油加工、炼焦和核燃料加工业，化学原料和化学制品制造业，医药制造业	纺织业，造纸及纸制品业，金属冶炼及压延加工业、金属表面处理及热处理加工业，皮革、毛皮、羽毛及其制品和制鞋业，橡胶和塑料制品业，化学纤维制品业	设备制造业，交通运输、仓储和邮政业，建筑业，采矿业	其他
		污水排放量/(m^3/d)	≥2000	≥1000	≥200	<200
		污水水质复杂程度	复杂	中等	简单	不排放
		主导行业工艺水平	国内落后	国内平均	国内先进	国际先进
	面源	氮肥施用强度/(kg/hm^2)	>364	>225	>120	≤120
		磷肥施用强度/(kg/hm^2)	>104	>46	>10	≤10

续表

指标				分值			
				4	3	2	1
风险源	面源	畜禽养殖数量（折算成猪，头）		≥6000	≥3000	≥1200	<1200
		生活污水接管率/%		≤70	≤80	≤90	≤100
水环境	控制断面	断面控制类别		国控	省控	市控	县控及以下
		断面距离/km		0	0～3	3～7	＞7
		断面水质/(mg/L)	氨氮	＞2.0	＞1.5	＞1.0	≤1.0
			TN	＞2.0	＞1.5	＞1.0	≤1.0
			TP	＞0.4	＞0.3	＞0.2	≤0.2
	河段	功能区划目标水质		Ⅰ、Ⅱ	Ⅲ	Ⅳ	Ⅴ
	水量	流量/(m³/s)		≤5	≤15	≤150	＞150

A. 水环境评估指标

河道主要监测断面具有对应的断面控制类型，据此给出不同分值，国控断面的级别最高，省控其次，再者是市控，县控及以下最低。

累积风险评估区域的小流域出口至断面的距离远近，会对断面的水质变化产生一定影响，根据一维稳态水质模型模拟计算衰减，参考水环境功能区划取水口上下游保护距离的划分等，给出小流域出口至控制断面的距离评估阈值。

断面水质指标标准值参考《地表水环境质量标准》中不同类别对应的水质标准值。

河段功能区划目标水质的指标值参考《浙江省水功能区、水环境功能区划分方案》。

河流流量的评估标准值划分参考水利行业标准《水域纳污能力计算规程》中大、中、小型河道类型。

B. 风险源评估指标

点源评估指标参考生态环境部南京环境科学研究所的《太湖流域水环境风险评估与预警技术示范》（编号 2009ZX07528005）。主导行业类型划分参考《国民经济行业分类》《上市公司环保核查行业分类管理名录》，结合专家意见，考虑各行业对水环境的污染影响程度，划分行业所属指标等级；污水排放量参考流域点源废水排放情况；污水水质复杂程度参考《环境影响评价技术导则　地面水环境》，按行业分类的特征水质参数表以及水质复杂程度类型的判定方法；主导行业工艺水平参照行业相关工艺发展情况。

面源的氮肥施用强度和磷肥施用强度评估指标标准值，参考《化肥施用环境安全技术导则》及国际氮肥施用情况，综合杭嘉湖地区农田施肥情况给出；畜禽养殖数量评估规模划分是结合浙江省地方标准和国家标准的集约化养殖区的适用规模划分表给出，畜禽养殖种类排污的折算方法参照《浙江省畜禽养殖业污染物排放标准》；生活污水接管率参考研究区域内生活污水接管处理的统计情况。

C. 评估指标权重确定

在多项指标构成的评估指标体系中，由于事物本身影响的不平衡性，有的指标重要程度较高，有的指标重要程度较低，为了表示不同指标对评估结果的影响程度，需要将评估指标进行加权处理，权重系数的大小表明了指标的潜在危险性及其安全的重要性。本书以层次分析法和专家协议的方法对风险指标权重进行确定，各项指标权重见表5-3～表5-5。

表5-3 风险评估指标权重值（氨氮）

指标			权重		
一级指标	二级指标	因素	一级指标	二级指标	因素
风险源	点源	主导行业	0.4	0.1	0.0167
		污水排放量			0.05
		污水水质复杂程度			0.0167
		主导行业工艺水平			0.0166
	面源	氮肥施用强度		0.3	0.12
		畜禽养殖数量			0.12
		生活污水接管率			0.06
水环境	控制断面	断面控制类别	0.6	0.35	0.075
		断面距离			0.075
		断面水质			0.2
	河段	功能区划目标水质		0.15	0.15
	水量	流量		0.10	0.10

表5-4 风险评估指标权重值（TN）

指标			权重		
一级指标	二级指标	因素	一级指标	二级指标	因素
风险源	点源	主导行业	0.4	0.1	0.0167
		污水排放量			0.05
		污水水质复杂程度			0.0167
		主导行业工艺水平			0.0166
	面源	氮肥施用强度		0.3	0.12
		畜禽养殖数量			0.12
		生活污水接管率			0.06

续表

指标			权重		
一级指标	二级指标	因素	一级指标	二级指标	因素
水环境	控制断面	断面控制类别	0.6	0.35	0.075
		断面距离			0.075
		断面水质			0.2
	河段	功能区划目标水质		0.15	0.15
	水量	流量		0.10	0.10

表 5-5 风险评估指标权重值（TP）

指标			权重		
一级指标	二级指标	因素	一级指标	二级指标	因素
风险源	点源	主导行业	0.4	0.1	0.0167
		污水排放量			0.05
		污水水质复杂程度			0.0167
		主导行业工艺水平			0.0166
	面源	磷肥施用强度		0.3	0.12
		畜禽养殖数量			0.12
		生活污水接管率			0.06
水环境	控制断面	断面控制类别	0.6	0.35	0.075
		断面距离			0.075
		断面水质			0.2
	河段	功能区划目标水质		0.15	0.15
	水量	流量		0.10	0.10

将表5-2风险评估技术体系中氨氮、TN、TP因子的各指标相应评分为1～4，乘以对应的影响权重（表5-3～表5-5），乘积之和得到各因子累积风险分值M，将值域划分4个区域（表5-6），对应得到针对不同控制断面不同因子的累积风险等级。

表 5-6 累积风险等级评分分级表

项目	风险评价值			
	$1<M\leqslant1.75$	$1.75<M\leqslant2.5$	$2.5<M\leqslant3.25$	$3.25<M\leqslant4$
风险等级	极低风险（Ⅳ级）	低风险（Ⅲ级）	中风险（Ⅱ级）	高风险（Ⅰ级）

5.1.2 氮磷污染物累积风险评估

1. 评估对象

太湖流域（浙江片区）河网错综复杂、水系交错连通，为分析研究区域水系相通的不同区块氮磷污染排放对主要河道控制断面氨氮、TN、TP水质指标的累积影响程度，将研究区域范围内的55个主要河道水质控制断面作为水环境氮磷累积风险评估对象，55个主要控制断面属性见表5-7。

表5-7 氮磷累积风险评估的主要控制断面属性表

序号	断面名称	断面位置	序号	断面名称	断面位置
1	奉口	市界	29	民主水文站	省界
2	荷花坟	市界	30	池家浜水文站	省界
3	四通桥	市界	31	枫南大桥	省界
4	联合桥	县界	32	油车港出口	市界
5	杭申公路桥	县界	33	杨庙大桥	市界
6	渡船桥	市界	34	七星	市界
7	众安桥	省界	35	柏树桥	市界
8	长山闸一号桥	省界	36	王江泾	省界
9	尤角	县界	37	斜路港	省界
10	新文桥	县界	38	洛东大桥	省界
11	长山河大桥	县界	39	王店南梅	县界
12	义桥	区界	40	青阳汇	省界
13	三义村	区界	41	小新村	省界
14	武林头	县界	42	斜桥	县界
15	小梅口	省界	43	荒田浜	县界
16	新港口	省界	44	乌镇	市界
17	大钱	省界	45	晚村	市界
18	幻溇	省界	46	新生新运桥	县界
19	汤溇	省界	47	大麻渡口	市界
20	古溇港	省界	48	南星桥港	县界
21	南浔	省界	49	乌镇北	省界
22	南潘	县界	50	径山	县界
23	含山	县界	51	汪家埠	县界
24	泉庆村	县界	52	合溪新港	省界
25	八字桥	县界	53	新塘	省界
26	东升	县界	54	杨家浦	省界
27	红旗塘大坝	省界	55	吴山	县界
28	清凉大桥	省界			

2. 评估范围

河网区水环境氮磷累积风险评估的范围为太湖流域（浙江片区）。

风险计算单元的划分，主要以DEM为基础，划分水文响应单元，并结合流域水系分布、行政区划、控制单元等信息，调整形成最终的计算小流域，综合考虑了水文情况、行政管理、污染控制等多方因素。

根据杭州、湖州、嘉兴等地区的统计资料和地方提供的乡镇行政区划图件，整理太湖流域（浙江片区）范围内乡镇边界矢量图，在研究区域范围内共有216个乡镇。结合DEM等地理信息资料，对太湖流域（浙江片区）数字高程信息进行洼地填充等预处理，再运用D8水文算法，划分得到415个子流域。综合乡镇边界、水系河流分布和55个控制断面等信息，将上述415个子流域成果进行了调整，最终得到太湖流域（浙江片区）307个风险计算单元，作为评价主体范围，风险计算单元位置见图5-1。

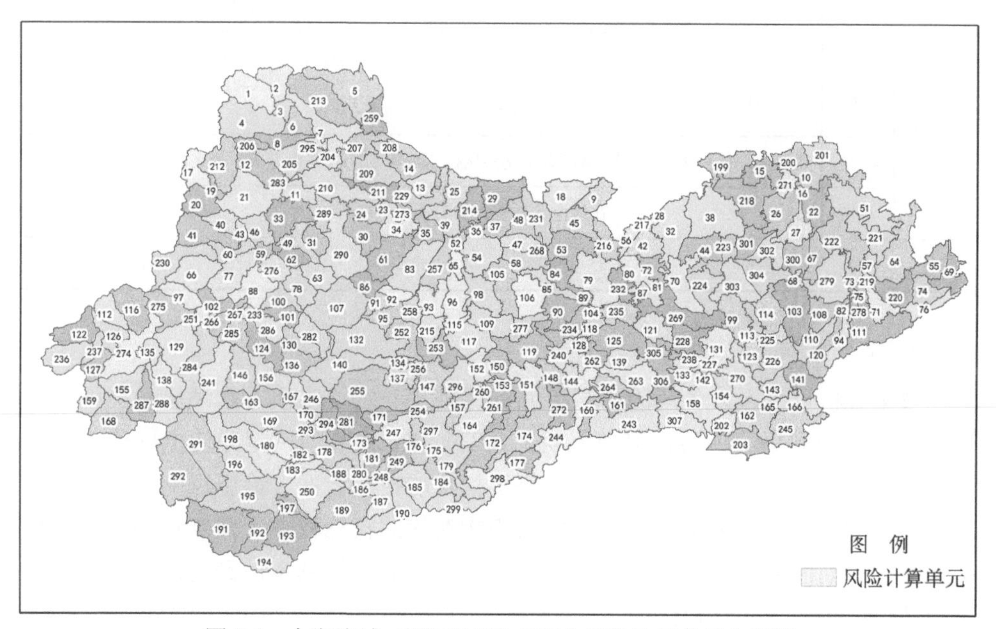

图 5-1　太湖流域（浙江片区）307个风险计算单元位置图

3. 数据来源

各因素的数据来源见表 5-8。

表 5-8　各因素的数据来源说明表

<table>
<tr><th colspan="3">指标</th><th rowspan="2">数据来源</th></tr>
<tr><th>一级指标</th><th>二级指标</th><th>因素</th></tr>
<tr><td rowspan="8">污染源</td><td rowspan="4">点源</td><td>主导行业</td><td rowspan="4">污普数据、污染源在线监控数据等</td></tr>
<tr><td>污水排放量</td></tr>
<tr><td>污水水质复杂程度</td></tr>
<tr><td>主导行业工艺水平</td></tr>
<tr><td rowspan="4">面源</td><td>氮肥施用强度</td><td rowspan="3">实地调查收集、统计年鉴等</td></tr>
<tr><td>磷肥施用强度</td></tr>
<tr><td>畜禽养殖数量</td></tr>
<tr><td>生活污水接管率</td><td>实地调查收集、统计年鉴等当地收集的农村生活污水处理情况</td></tr>
<tr><td rowspan="3">水环境</td><td>控制断面</td><td>控制断面与风险计算单元出口距离</td><td>因为全片区大部分为平原河网地区，水流往复，故在地图上沿河道测量风险计算单元出口到断面的距离，取河网中最短距离作为评估的最不利情况</td></tr>
<tr><td>河段</td><td>功能区划目标水质</td><td>《浙江省水功能区、水环境功能区划分方案》规定的功能区目标水质</td></tr>
<tr><td>水量</td><td>流量</td><td>在线监测数据、实时模拟数据等</td></tr>
<tr><td colspan="3">水质预警信息来源</td><td>55 个地表水监测站水质在线监测数据、常规监测水质数据等</td></tr>
</table>

4. 结果分析

收集分析示范区内各风险计算单元的污染源、水文水质及水环境功能区划等资料，整理得到每个风险计算单元氨氮、TN、TP 的各项风险评估指标值，依据相应的指标阈值对应的评分值，针对每个指定的控制断面，给出风险计算单元各项污染物的分析指标分值；结合不同污染物对应的指标权重，得到每个风险计算单元对指定断面的氮磷累积风险等级。评估指标的阈值基本做到逐日给出，因此风险评估结果也相应逐日给出。

以嘉兴新塍大通（新生新运桥）断面氨氮连续超标为例，2013 年该断面氨氮在线监测逐日数据见图5-2，可以发现1月5～13日、1月17～26日、2月18～3月3日、3月20～4月2日、5月17～23日氨氮有连续超标，最高为2.56mg/L，为劣Ⅴ类水，运用前述建立的氮磷累积风险评估方法分析这一段时间内，307 个风险计算单元各自的污染对该断面氨氮超标的风险影响程度，找出高风险的计算单元。1月、3月、4月的风险评估结果见图5-3。

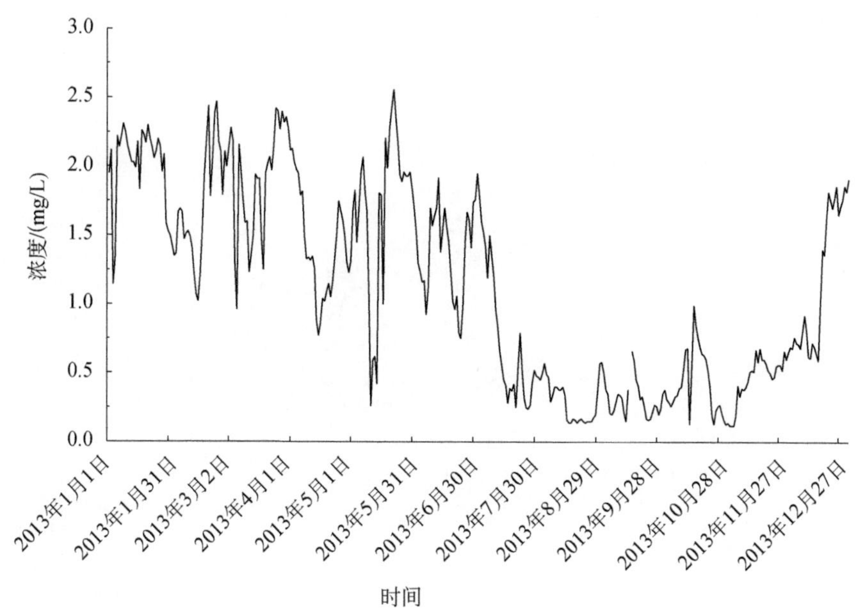

图 5-2　嘉兴新塍大通 2013 年氨氮在线监测逐日数据结果曲线图

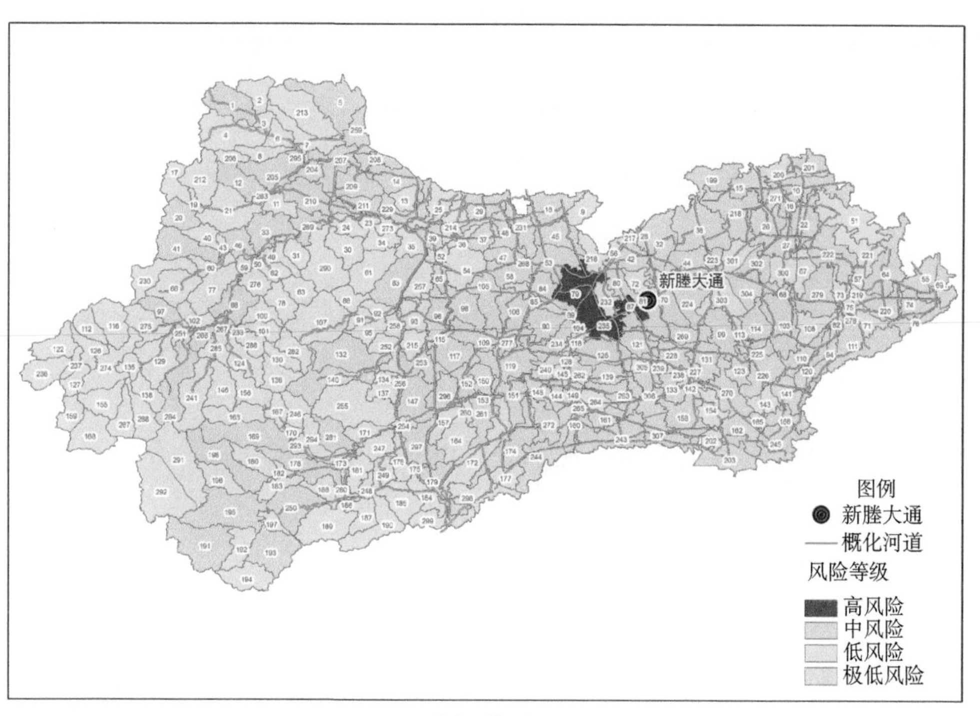

(a) 1月5日

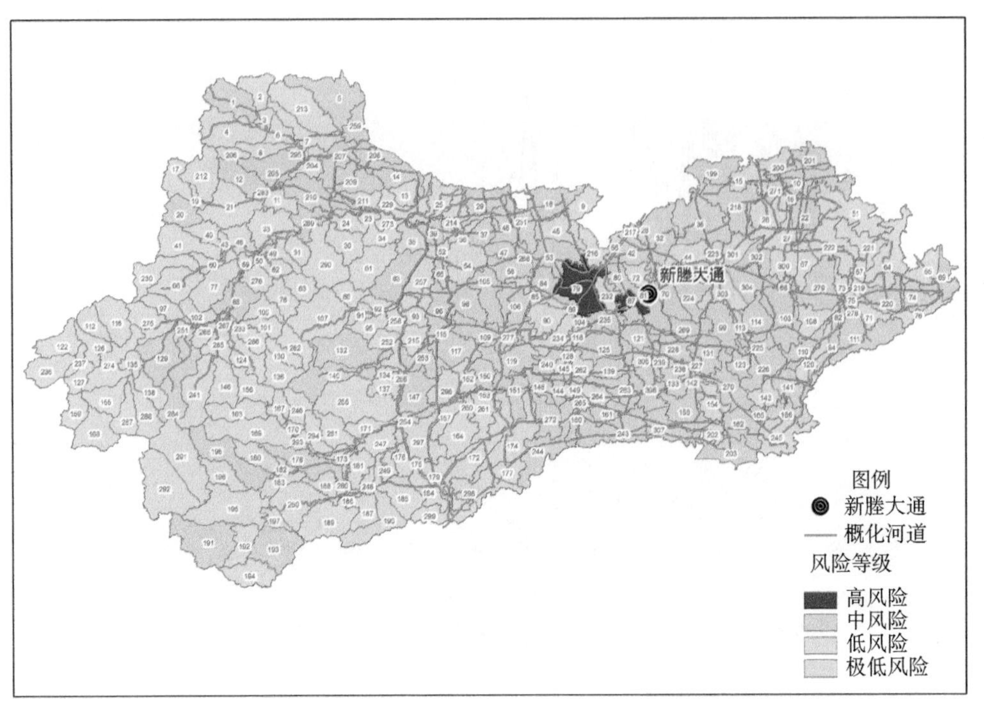

（b）1月16日

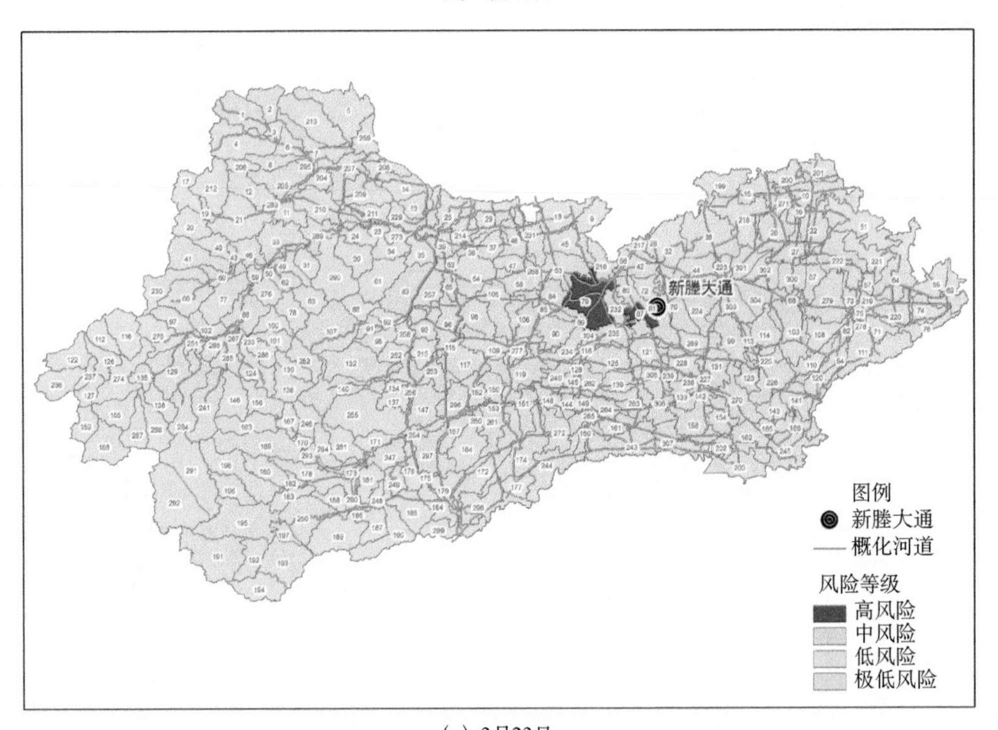

（c）3月23日

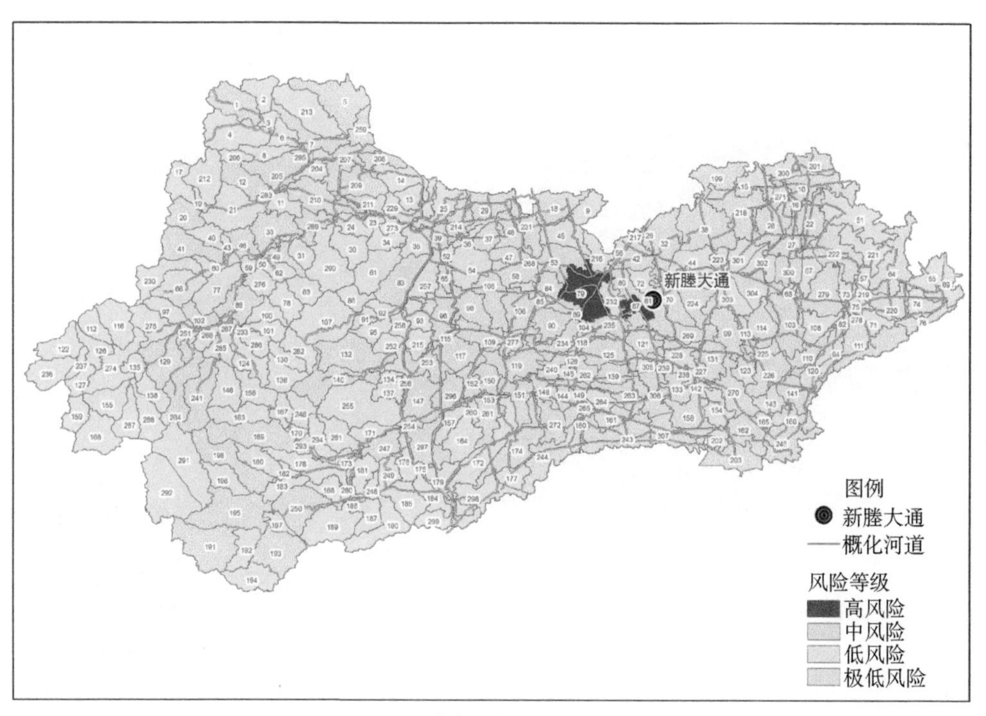

（d）3月26日

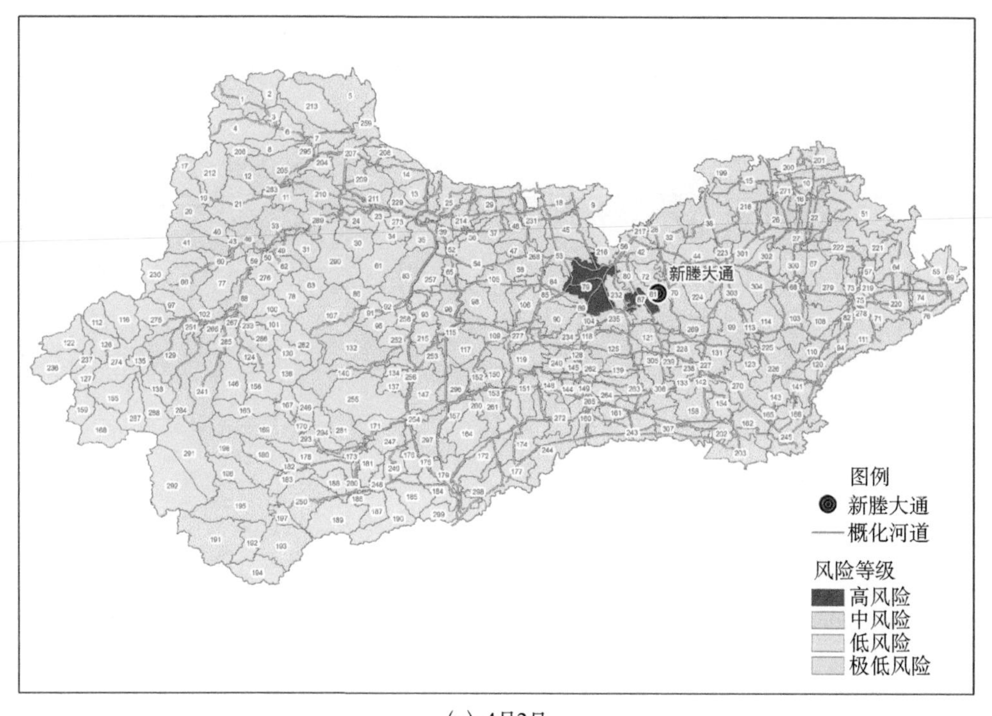

（e）4月2日

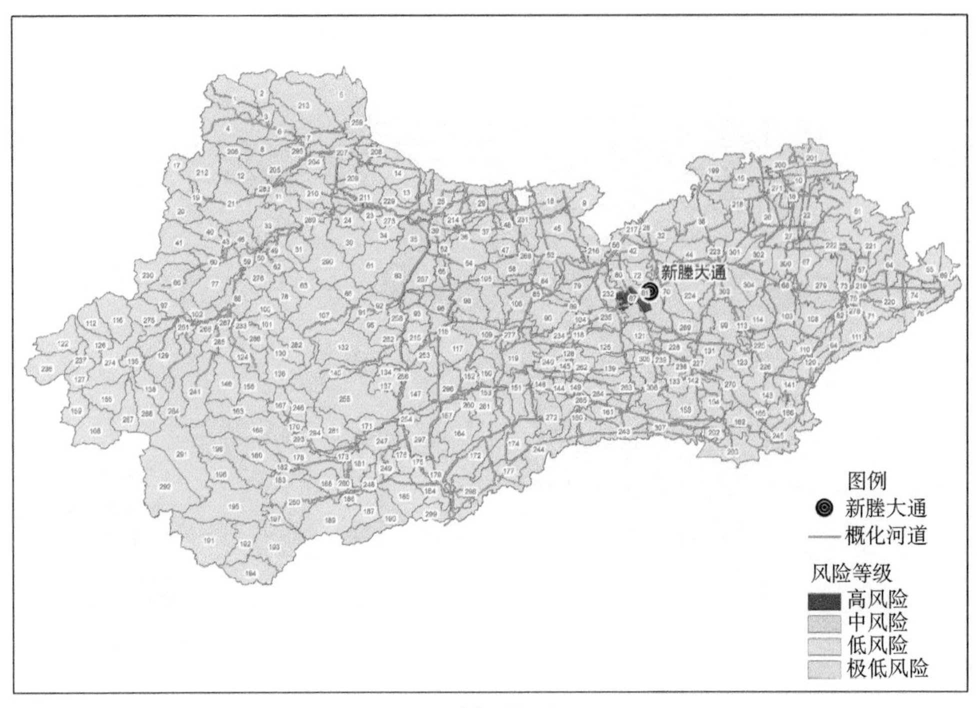
新塍大通
图例
新塍大通
概化河道
风险等级
高风险
中风险
低风险
极低风险

(f) 4月3日

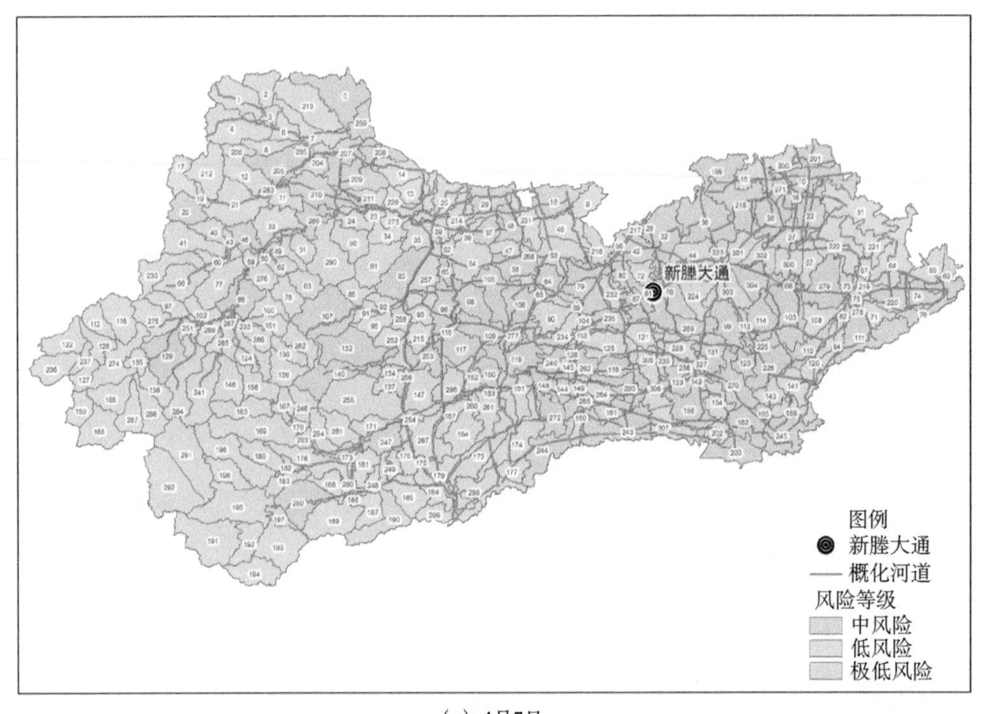
新塍大通
图例
新塍大通
概化河道
风险等级
中风险
低风险
极低风险

(g) 4月7日

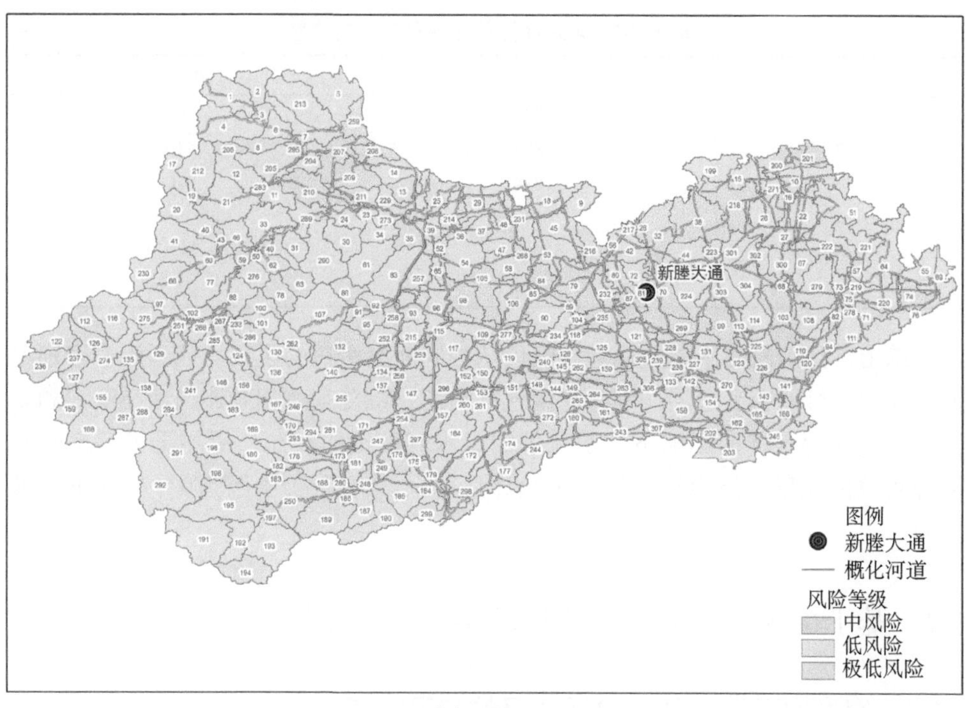

（h）4月8日

图 5-3 嘉兴新塍大通断面2013年1月、3月、4月氨氮超标期间部分日期对应的307个计算单元累积性风险等级评价结果示意图

由图5-3可知，嘉兴新塍大通断面氨氮连续超标期间，对其影响等级为“高风险”的风险计算单元为87#、79#、235#这3个风险计算单元，“中风险”计算单元则更多。

分析这3个高风险计算单元的污染源情况和位置，发现它们风险计算单元内工业点源、畜禽养殖数量都比较多，见表5-9，且距离嘉兴新塍大通控制断面比较近。

表 5-9 超标高风险影响计算单元情况

风险计算单元编号	主导行业代码	污水排放量/（t/d）	氮肥施用强度/（kg/hm²）	磷肥施用强度/（kg/hm²）	畜禽养殖数量（折算成猪，头）	生活污水接管率/%	断面距离/km	功能区划目标水质
79#	1723	10882	201.01	32.61	17506	69	13.5	III
87#	1723	1358	192.85	30.29	4382	81	2.5	III
235#	1723	12663	128.57	20.20	5624	77	8.9	III

分析距离嘉兴新塍大通断面距离最近的前6个风险计算单元如表5-10所示。

表 5-10 风险计算单元编号及距离信息

序号	风险计算单元编号	距离/km
1	70#	7.3
2	80#	11.3
3	81#	0.0
4	87#	2.5
5	235#	8.9
6	269#	12.3

综上，控制断面水质超标溯源仅仅从控制断面所在的区域，或者沿着个别河道去梳理，可能会有遗漏，因为河网地区河流错综复杂，相互连通，在潮汐和太湖、钱塘江等水体的影响下，水流不定，水利枢纽的存在，更加重了污染来源溯源查找的难度，结合氮磷累积风险评估体系，可以为污染溯源分析提供技术方向。

5.2 基于生物毒性的突发水环境事件风险预警

5.2.1 突发水环境事件风险评估目的和风险指标

1. 突发水环境事件风险评估目的

突发水环境事件风险是由点源事故释放的一种或多种危险性因素造成关注断面风险暴露的后果，在太湖流域（浙江片区）范围内，2013年有20个饮用水源地（含备用），共建设了15套饮用水源地自动监控系统，大部分安装了生物毒性监测仪，主要采用发光细菌法或鱼类毒性法预警，但未建设统一的突发水环境事件预警体系。

针对饮用水源地等敏感水体控制断面水安全问题，开展突发水环境事件风险评估，建立企业风险源数据库，结合敏感水体生物毒性在线监控预警，在水环境综合管理平台形成突发环境事件上报、信息收集、预案建立、模拟分析、处置建议等完整的功能，实现敏感水体突发环境事件实时快速预警，保障集中式饮用水源地的安全。

2. 风险指标筛选的原则

在企业突发环境事件风险源中，企业风险因子的特性、存量，工艺过程的危险性，环境风险管理工作的开展情况，区域环境监管水平以及风险受体的脆弱性均会影响环境风险源的风险水平。在环境污染事故中，泄漏或事故排放的污染物性质、状态、数量、引发的环境污染事故类型及环境影响不尽相同，事故发生后的救援处置要求也有差别，各级监管部门的行政协调、组织力度也各不相同，因此，环境风险源的监管工作要突出重点，以满足各级政府对风险源进行“优先管理、重点管理”差异化的监管需要。

环境风险源风险程度的判断主要由风险主体自身特性、风险概率即风险控制程度，以及其一旦酿成事故对环境的危害程度或受体易损度来决定。

从风险主体的危险度、控制机制的有效性和风险受体的易损性三方面综合评估各类环境风险源的风险水平。其中风险主体的危险度，可以通过风险因子的存量、危险属性、危险行为来表征；控制机制包括内部控制机制和外部控制机制，控制机制的有效性间接反映了风险事故的发生概率；风险受体的易损性可以通过企业所在区域的人口分布、生态功能区、环境保护目标来表征，该指标反映了区域承受环境风险的水平。

风险主体危险物质存量越大，危险物质的爆炸性、易燃性越强，并存在不良环境记录等行为，风险主体的危险可能性越高；控制机制以企业安全措施和区域风险监控预警体系的完备程度进行表征，企业、区域环境风险防控体系越完备，控制机制的有效性越高；风险受体的易损性可以通过企业周边人口总数、区域环境功能区、环境保护目标等指标来度量，人口分布越多、区域环境功能级别越高、周边存在取水口、自然保护区等环境保护目标，受体易损性越强。综合分析，风险主体的危害度越高、控制机制的有效性越差、风险受体的易损性越强，环境风险源的风险水平越高。

3. 点源风险评估指标体系

结合浙江省实际情况，遵循指标的可获得性和可操作性，并尽可能保持指标间的独立性，以风险源-控制机制-风险受体三级综合评估指标建立点源风险评估体系，共16个指标，指标量化采用4分制，评分越小说明风险程度越低，具体指标见表5-11。

表 5-11　太湖流域（浙江片区）突发水环境事件风险评估指标体系

指标		4 分	3 分	2 分	1 分
风险主体	行业类别	石油加工、炼焦和核燃料加工业，化学原料和化学制品制造业，医药制造业，水的生产和供应业	纺织业，造纸及纸制品业，化学纤维制造业，橡胶制品业，电气机械及器材制造业，金属冶炼及压延加工业，金属表面处理及热处理加工，皮革、毛皮、羽毛及其制品和制鞋业	设备制造业，食品制造业，危险品储存	其他

续表

指标		4分	3分	2分	1分
风险主体	行业工艺水平	国内落后	国内平均	国内先进	国际先进
	工业废水排放量/（m^3/d）	>2000	(1000，2000]	[200，1000]	<200
	污水水质复杂程度	复杂	中等	简单	不排放
	废水排放去向	直接排入江河湖库等	直接排入海域	排入污水处理厂或工业废水集中处理厂	无生产废水排放或废水处理后100%回用
	企业排放废水监测合格率/%	≤90	(90，95]	(95，100)	100
	环境风险物质与临界量比值	≥100	[10，100)	[1，10)	<1
	企业环境不良记录	有违法排污、事故排放等不良记录，取值4		无违法排污、事故排放等不良记录，取值1	
控制机制	企业环境风险防范措施配备率/%	≤50	(50，75]	(75，100)	100
	企业环境风险防范体系	应急预案与环境风险评估报告均无	编制环境风险评估报告，无应急预案	编制应急预案，无环境风险评估报告	编制应急预案和环境风险评估报告
	受纳水体水质达标率/%	≤75	(75，80)	[80，85)	≥85
	区域监控断面情况	无例行监控监测	人工例行监测	自动在线监控	自动在线监控与人工例行监测均有
风险受体	受纳水体生物多样性指数	(0，1]	(1，2]	(2，3]	>3
	饮用水源地	取水口	一级保护区	二级保护区	非饮用水水源地保护区
	生态功能区划	禁止准入	限制准入区	重点准入区	优化准入区
	人口分布	人口密集	人口适中	人口稀疏	无人居住

4. 部分点源风险评估指标解释

1）行业类别

基于《国民经济行业分类》，依据行业涉及的工艺、危险物质特性等，对不同行业的环境风险级别进行划分。

4分行业：多为高危行业，涉及的风险物质种类多且量大，发生突发环境事故的可能性较大。

3分行业：风险物质量相对较小或风险物成分较为单一或风险源泄漏方式较单一，事故发生后处理方式较为固定。

2分行业：风险物质量小的行业。

1分行业：除以上行业之外的其他行业类别。

2）工业废水排放量

工业废水排放量是指经过企业厂区排放口排到企业外部的工业废水量，包括生产废水、外排的直接冷却水、混排的厂区生活污水（韩旭，2010）。根据工业废水排放量的大小，将其危险度划分为以下4个等级（表5-12）。

表5-12　工业废水排放量分类

工业废水排放量/(m^3/d)	>2000	（1000，2000]	[200，1000]	<200
分值	4	3	2	1

3）污水水质复杂程度

污水水质复杂程度指标根据污染物在水环境中迁移、衰减特点分为四类：持久性污染物、非持久性污染物、酸碱和热污染（陈斯婷，2008）。

复杂：污染物类型数大于等于3，或者主要的水污染物数目大于等于10（表5-13）；

中等：污染物类型数等于2，主要的水污染物数目小于10或者只含有一种类型的污染物，但主要的水污染物数目大于等于7；

简单：只含有一种类型的污染物，且主要的水污染物数目小于7（任宗仲，2013）。

表5-13　污水水质复杂程度分类

污水水质复杂程度	复杂	中等	简单	不排放
分值	4	3	2	1

4）企业排放废水监测合格率

企业排放废水监测合格率是指按相应的污水排放标准，企业在近两年环境监测中废水的合格率。若企业排放废水在当次监测的指标中有一项不达标则视为本次监测不合格。工业企业生产过程中排出的废水常含一些有毒有害物质，如不达标将会严重污染下游居民的饮用水源。本书将其分为四个等级：100%、（95%，100%）、（90%，95%]、≤90%。排放废水合格率计算公式如下：

$$排放废水合格率=\frac{n}{N}\times 100\% \tag{5-1}$$

式中，n为近两年环境监测中合格的次数；N为近两年环境监测总次数。

5）环境风险物质与临界量比值

环境风险物质清单及其临界量主要参考《浙江省企业环境风险评估技术指南》（表5-14）。

计算企业所涉及的每种环境风险物质在厂界内的最大存在总量与其对应的临

界量的比值Q：①当企业只涉及一种环境风险物质时，计算该物质的总数量与其临界量比值，即为Q；②当企业存在多种环境风险物质时，则按下式计算物质数量与其临界量比值Q（杨洋洋，2016）：

$$Q=\frac{q_1}{Q_1}+\frac{q_2}{Q_2}+\cdots+\frac{q_n}{Q_n} \tag{5-2}$$

式中，q_1，q_2，…，q_n为每种环境风险物质的最大存在总量（t）；Q_1，Q_2，…，Q_n为每种环境风险物质相对应的临界量（t）。

表 5-14　环境风险物质与临界量比值

环境风险物质与临界量比值	≥100	[10，100)	[1，10)	<1
分值	4	3	2	1

6）企业环境不良记录

企业环境不良记录以是否发生违法排污、事故排放作为不良记录指标的评估依据。不良记录以地方生态环境局为准（表 5-15）。

表 5-15　企业不良记录分类

企业环境不良记录	有违法排污、事故排放的不良记录	无违法排污、事故排放不良记录
分值	4	1

7）企业环境风险防控措施配备率

企业环境风险防控措施是对企业生产过程中涉及危险化学品防控措施配备情况的衡量。本书基于可用数据源情况选取了八项风险防控措施的配备情况，分别是：①是否有地面防渗；②是否有雨污分流系统；③是否有围堰；④是否有液漏在线监测监控系统；⑤是否接入远程监控网；⑥是否有事故应急池；⑦是否有清净下水排放切换阀门；⑧是否有清净下水排水缓冲池。

企业环境风险防控措施，按完成以上8条要求的比例赋分如表5-16所示，对不需要的选项，可删除并折算比例。

表 5-16　企业环境风险防控措施配备率

环境风险防控措施配备率/%	≤50	(50，75]	(75，100)	100
分值	4	3	2	1

8）企业环境风险防范体系

将各企业编制突发环境事件应急预案情况作为指标评价依据，实际评估可简化按照首次评审90分以上得 4分，首次评审60～80分得3分，首次评审60以下或有较大变化未更新，得2分，应编制但未编制预案得1分。

9）受纳水体水质达标率

受纳水体水质达标率是指地表水断面监测结果按相应水体功能标准衡量不同水环境功能水质达标率的平均值。水域功能区水质达标率是考核地表水水质状况的重要指标，是考核不同水域水质是否满足使用要求的重要指标（黄晓容，2009）。将受纳水体水质达标率分为四个等级：≥85%、[80%，85%)、(75%，80%)、≤75%。

10）区域监控断面情况

太湖流域（浙江片区）有 142 个人工例行监控断面，55 个自动在线监控断面。区域监控断面情况指受纳河流下游 1km 范围内监控断面情况，监控断面分为四个等级：自动在线监控与人工例行监测均有、自动在线监控、人工例行监测和无例行监控监测（表 5-17）。

表 5-17　区域监控断面分类

区域监控断面情况	无例行监控监测	人工例行监测	自动在线监控	自动在线监控与人工例行监测均有
分值	4	3	2	1

11）受纳水体生物多样性指数

生物多样性采用香农–维纳（Shannon-Wiener）指数（H）评价：

$$H=\sum_{i=1}^{s}\left(\frac{n_i}{n}\right)\log_2\left(\frac{n_i}{n}\right) \tag{5-3}$$

式中，s 为样品中的种类个数；n_i 为样品中第 i 种生物的个体数；n 为样品中生物总个体数。

Shannon-Wiener 指数来源于信息理论，指数的大小代表水体污染的程度，即 H 值越小，水体污染程度越重。Shannon-Wiener 指数分级评价标准见表 5-18。

表 5-18　Shannon-Wiener 指数分级评价标准

指数范围	(0，1]	(1，2]	(2，3]	>3
指示	水体重度污染	水体中度污染	水体轻微污染	水体无污染
分值	4	3	2	1

12）饮用水源地

饮用水源地指标以企业是否位于饮用水源地为评价标准。饮用水源地保护等级越高，污染事故发生后引起的影响就越大，风险度也就越高。

13）生态功能区划

生态功能区划以企业所在区域生态功能区划为依据进行分级。

14）人口分布

人口分布指标是指点源周边居住的人口数量，以点源周边半径5km范围内常住人口总数计。环境污染事故发生后污染物进入水体，若导致饮用水源污染则可能会影响依赖该取水口的人口，进而引发健康危害效应。人口分布多的区域可能遭受更多的损害，因而易损性高，分级如表5-19所示。

表5-19　人口分布分级表

人口分布	人口密集	人口适中	人口稀疏	无人居住
具体人口数量范围	≥100000	（20000，100000）	（0，20000]	0
分值	4	3	2	1

根据杭州、嘉兴、湖州地区2013年人口统计年鉴，各地区人口密度如表5-20所示，本书以地区人口密度乘以半径5km区域面积得出人口分布数据并加以分级。

表5-20　各区域2013年人口密度

城市	县（市、区）	人口密度/(人/km^2)
杭州市	余杭区	983
	临安区	184
嘉兴市	秀洲区	643
	嘉善县	750
	平湖市	900
	海宁市	964
	海盐县	717
	桐乡市	912
	嘉兴经济开发区	1995
	嘉兴港区	2778
	南湖区	1122
湖州市	吴兴区	701
	南浔区	699
	德清县	461
	长兴县	437
	安吉县	244
	湖州经济开发区	921

5. 点源风险评估指标权重

由于各指标要素对于风险源潜在风险的贡献不同，因此，首先要确定不同指标的权重，以及不同指标对于风险源潜在风险的贡献程度（任宗仲，2013）。为了保证权重确定的合理性，将专家评分法与层次分析法（AHP）相结合。点源风险评估指标的权重分配主要基于指标对于环境影响的重大程度及收集数据的可靠性。

由判断矩阵计算被比较元素对于该准则的相对权重，确定本层次元素相对于上一层次重要性的权重值，采用和法计算（任宗仲，2013），点源环境指标体系指标权重结果见表5-21。

表 5-21　点源环境指标体系指标权重

A层	B层	A-B层权重	C层	B-C层权重	A-C层权重
环境风险综合指数	风险主体	0.41	行业类别	0.2197	0.0901
			行业工艺水平	0.1525	0.0625
			工业废水排放量	0.0846	0.0347
			污水水质复杂程度	0.1677	0.0688
			废水排放去向	0.1213	0.0497
			企业排放废水监测合格率	0.0972	0.0399
			环境风险物质与临界量比值	0.1413	0.0579
			企业环境不良记录	0.0157	0.0064
	控制机制	0.35	企业环境风险防范措施配备率	0.2430	0.0851
			企业环境风险防范体系	0.3235	0.1132
			受纳水体水质达标率	0.1374	0.0481
			区域监控断面情况	0.2961	0.1036
	风险受体	0.24	受纳水体生物多样性指数	0.3895	0.0935
			饮用水源地	0.1224	0.0294
			生态功能区划	0.1959	0.0470
			人口分布	0.2922	0.0701

6. 点源风险评估的分级标准

根据环境风险复合系统的特征确定指标体系及划分依据，进行单因子分级评分；在各单因子分级评分的基础上，通过直接叠加或者加权叠加求出点源风险综合指数；然后对点源风险综合指数进行分级，确定点源风险等级（杨洁等，2006）。

采用以下公式进行综合评价法分析：

$$M=\sum_{j=1}^{n}K_jM_j \tag{5-4}$$

式中，M为系统分值；K_j为子系统权重系数；M_j为子系统评价分值；n为分系统数目。

对太湖流域（浙江片区）水环境点源进行综合评价值的计算，其风险分级表见表5-22。

表5-22 太湖流域（浙江片区）水环境点源风险分级表

综合评估值	$3.00<M\leqslant 4.00$	$2.00<M\leqslant 3.00$	$M\leqslant 2.00$
风险等级	高风险	中风险	低风险

5.2.2 突发水环境事件风险评估

1. 评估范围

以2013年环境统计中废水排放企业为基础，经调查，太湖流域（浙江片区）废水排放企业共有3022家，企业区域分布分别为：杭州市467家，占比15.5%；嘉兴市1378家，占比45.6%；湖州市1177家，占比38.9%，企业分布图见图5-4。

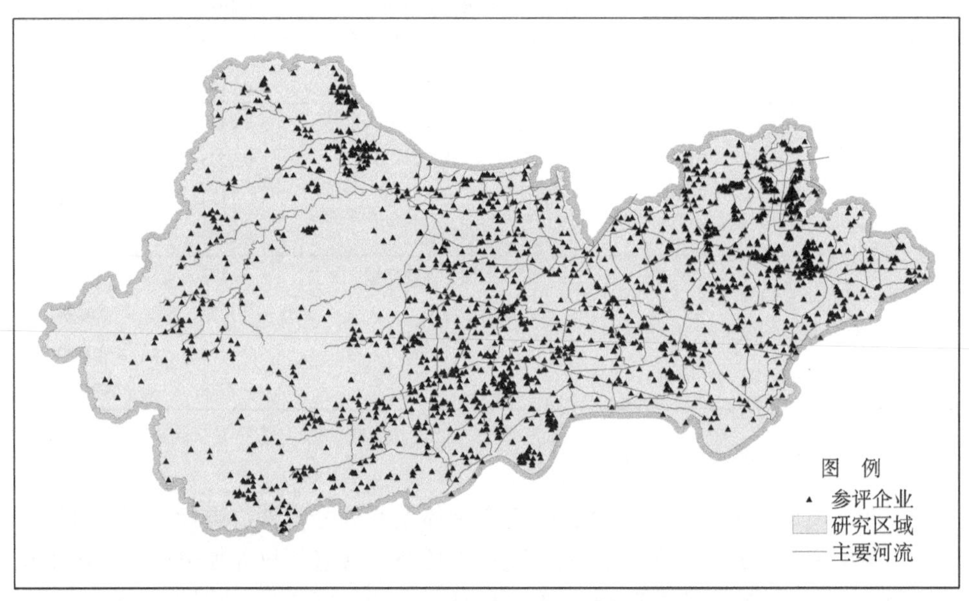

图5-4 太湖流域（浙江片区）水环境风险评估企业分布

水环境风险评估企业涉及的受纳水体主要包括泗安溪、长山河、东苕溪、西苕溪、南苕溪、合溪、京杭运河、太湖、红旗塘等，部分企业位于太湖流域，但废水排入钱塘江和东海，为保持区域研究的完整性和应用的实用性，也将其列入水环境风险评估范围内。具体信息如表5-23所示。

表 5-23 太湖流域（浙江片区）水环境风险评估企业受纳水体

城市	受纳水体	企业数目
杭州市	东苕溪	170
	南苕溪	2
	京杭运河	199
	钱塘江	96
湖州市	东苕溪	444
	西苕溪	390
	合溪	66
	泗安溪	139
	长山河	121
	未标明去向	18
嘉兴市	长山河	66
	运河嘉兴段	133
	东海	753
	黄浦江	9
	太湖	11
	新塍塘	41
	盐平塘	3
	长水塘	5
	红旗塘	171
	乍浦塘	5
	钱塘江	142
	未标明去向	38
总计		3022

水环境风险评估企业的行业类别共涉及32种，其中纺织业1046家，占比34.6%；非金属矿物制品业362家，占比12.0%，化学原料和化学制品制造业287家，占比9.5%，金属制品业157家，占比5.2%，其余行业占比38.8%，具体信息如表5-24所示。

表 5-24 太湖流域（浙江片区）水环境风险评估企业的行业类别

行业类别	杭州市	嘉兴市	湖州市	合计	占比/%
纺织业	67	553	426	1046	34.6
非金属矿物制品业	56	111	195	362	12.0
化学原料和化学制品制造业	47	151	89	287	9.5
金属制品业	41	82	34	157	5.2
木材加工及木、竹、藤棕草制品业	15	22	92	129	4.3

续表

行业类别	杭州市	嘉兴市	湖州市	合计	占比/%
造纸及纸制品业	26	48	27	101	3.3
通用设备制造业	24	41	28	93	3.1
农副食品加工业	20	47	17	84	2.8
水的生产和供应	10	28	37	75	2.5
纺织服饰、鞋、帽制造业	3	59	12	74	2.4
黑色金属冶炼及压延加工业	45	14	15	74	2.4
通信设备、计算机及其他电子设备制造业	20	36	10	66	2.2
电气机械及器材制造业	6	20	27	53	1.8
电力、热力的生产和供应业	10	16	23	49	1.6
皮革、毛皮、羽毛及其制品和制鞋业	1	34	11	46	1.5
食品制造业	11	18	18	47	1.6
医药制造业	10	13	15	38	1.3
饮料制造业	9	12	15	36	1.2
塑料制造业	11	13	9	33	1.1
有色金属冶炼及压延加工业	2	6	25	33	1.1
其他	33	53	53	139	4.6
总计	467	1377	1178	3022	100

2. 点源风险评估结果

在对3022家水环境点源风险评估相关参数进行调查、计算的基础上，得出各企业综合评估值，按照水环境点源风险分级表，高风险企业共237家，此外考虑到污水处理厂污染物排放量大，相对风险也较大，因此直接列入高风险企业中，区域内共75家，合计高风险企业312家，占10.3%；中风险企业913家，占30.2%；低风险企业1797家，占59.5%。高风险企业类别主要以化工行业为主，约占52.2%（表5-25～表5-27）。

表5-25 太湖流域（浙江片区）水环境风险评估分级情况

风险等级	企业数量	比例/%
高风险	312	10.3
中风险	913	30.2
低风险	1797	59.5
合计	3022	100

表 5-26　太湖流域（浙江片区）水环境风险等级地区分布情况

风险等级	企业数量		
	杭州市	嘉兴市	湖州市
高风险	34	151	127
中风险	163	418	332
低风险	270	808	719
合计	467	1377	1178

表 5-27　太湖流域（浙江片区）高风险企业的行业分布情况

序号	行业类别	数量	所占比例/%
1	化学原料和化学制品制造业	163	52.2
2	医药制造业	9	2.9
3	有色金属冶炼及压延加工业	3	1.0
4	水的生产和供应业	75	24.0
5	皮革、毛皮、羽毛及其制品和制鞋业	1	0.3
6	电气机械及器材制造业	19	6.1
7	橡胶制造业	5	1.6
8	石油加工、炼焦和核燃料加工业	8	2.6
9	电力、热力的生产和供应业	2	0.6
10	纺织业	1	0.3
11	化学纤维制造业	8	2.6
12	金属制品业	6	1.9
13	农副食品加工业	3	1.0
14	食品制造业	1	0.3
15	塑料制品业	4	1.3
16	造纸及纸制品业	4	1.3
合计		312	100

评估结果与《2014年度浙江省环境安全重点监管企业名单》具有一致性。高、中风险的企业，在现场调查与资料收集的基础上，基本信息进入水环境综合管理平台，在饮用水源地生物毒性系统预警后，在快速检测分析的基础上，根据判定的风险物质快速定位企业范围，开展溯源分析。

5.3 跨行政区断面水环境污染物通量超标风险预警

5.3.1 跨行政区断面水环境污染物通量预警目的

跨行政区断面水环境污染物通量是指在单位时间内通过不同行政区河道断面

的水污染物量，县级行政区是我国水环境管理的一个现实的实施主体，对每个行政区来说，既有内部产生的污染源，如工业点源、农业面源、生活源等，也有外部来的污染源，主要为交接河流跨区域入省境的污染通量。利用日趋完善的水质水量自动监测站，开展跨区域污染物通量监控，明确区域内、外污染来源的比例规模，结合行政区域的水环境容量，建立跨行政区通量预警机制，对判断污染主要来源，确定治理的主要方向或实施生态补偿有现实意义。

5.3.2 跨行政区断面水环境污染物通量计算及阈值

1. 跨行政区断面水环境污染物通量计算方法

污染物通量计算需要跨行政区河流断面的流量及水质数据，在地表水自动站尚未全覆盖、数据未能完整获取的情况下，利用建立的水环境数学模型计算得到需要的跨行政区河流断面的水质水量数据，来实现太湖流域（浙江片区）主要跨行政区的水污染物通量。由于部分断面采用模型获得的数据，利用式（5-5）进行跨行政区污染物通量计算，结果有一定的误差，为了提高跨行政区污染物通量计算结果的准确性，采用实时校核及区域叠加技术对污染物通量进行校核，该技术主要是利用跨行政区断面实测数据与模型计算数据进行实时校核，从而提高模型计算数据的准确性，利用式（5-6）计算得到跨行政区污染物通量校核系数，利用所得系数校核区域内其他河道污染物通量计算结果，并将跨行政区区域所有河道污染物通量值叠加，计算得到跨行政区域污染物通量值（庄巍等，2016）。

跨行政区断面污染物通量计算公式：

$$W=\sum_{i=1}^{n}C_iQ_i\alpha_i\times 8.64\times 10^{-2} \tag{5-5}$$

式中，W为跨行政区断面污染物通量（t）；i为计算天数；C_i为第i天跨行政区断面水质浓度（mg/L）；Q_i为第i天跨行政区断面流量（m^3/s）；α_i为第i天该断面污染物通量校核系数。

跨行政区污染物通量校核系数计算公式：

$$\alpha=\frac{C_J Q_J}{C_S Q_S} \tag{5-6}$$

式中，α 为跨行政区污染物通量校核系数；C_J 为跨行政区断面水质计算浓度（mg/L）；Q_J为跨行政区断面计算流量（m^3/s）；C_S为跨行政区断面水质实测浓度（mg/L）；Q_S为跨行政区断面实测流量（m^3/s）（王雪等，2018）。

2. 跨行政区断面水环境污染物通量阈值计算方法

跨行政区断面水环境污染物通量阈值是水环境管理的重要依据，也是跨行政区污染物通量预警的主要依据，从可行性来看，本书采用跨行政区河段的水环境容量值，利用式（5-7）计算得到跨行政区断面污染物通量阈值。

跨行政区断面污染物通量阈值计算公式：

$$W_S = C_S Q \times 8.64 \times 10^{-2} \tag{5-7}$$

式中，W_S为跨行政区断面污染物通量阈值（t/d）；C_S为跨行政区河流的水功能区划水质目标值（mg/L）；Q为跨行政区断面90%设计水文年平均流量（m^3/s）（王雪等，2018）。

1）90%设计水文年确定

90%保证率的典型年选取，主要根据太湖流域模型构建分析时收集的流域降水量资料，考虑太湖流域各水文分区的雨量站分布，采用80多个雨量站1954～2013年共60年的年降水量资料，进行频率分析，最终确定1971年的枯水保证率为90%（庄巍等，2016）。

2）水质目标确定

根据《浙江省水功能区、水环境功能区划分方案》，确定太湖流域（浙江片区）水环境功能区划，跨行政区断面所在河段水环境功能区划水质目标见表5-28。部分跨行政区断面下游有保护目标时，需满足保护目标水质达标的要求下，利用一维数学模型基本方程，计算出上游跨行政区断面水质目标值。

表5-28 跨行政区断面河段水环境功能区水质目标表 （单位：mg/L）

序号	断面名称	交界区域	功能区水质目标	对应《地表水环境质量标准》（GB 3838—2002）中的浓度限值			
				COD	氨氮	TP	TN
1	三义村	杭州市区—余杭区	Ⅲ	20	1	0.2	1
2	义桥	杭州市区—余杭区	Ⅲ	20	1	0.2	1
3	奉口	余杭区—德清县	Ⅲ	20	1	0.2	1
4	汪家埠	临安区—余杭区	Ⅱ	15	0.5	0.1	0.5
5	径山	临安区—余杭区	Ⅲ	20	1	0.2	1
6	小新村	平湖市—上海市	Ⅲ	20	1	0.2	1
7	新文桥	嘉兴市区—海盐县	Ⅲ	20	1	0.2	1
8	长山河大桥	海宁市—海盐县	Ⅲ	20	1	0.2	1
9	枫南大桥	嘉善县—上海市	Ⅲ	20	1	0.2	1
10	池家浜水文站	嘉善县—上海市	Ⅲ	20	1	0.2	1
11	清凉大桥	嘉善县—上海市	Ⅲ	20	1	0.2	1
12	民主水文站	江苏省—嘉善县	Ⅲ	20	1	0.2	1
13	长山闸一号桥	海盐县—杭州湾	Ⅲ	20	1	0.2	1
14	众安桥	海盐县—杭州湾	Ⅲ	20	1	0.2	1
15	渡船桥	余杭区—海宁市	Ⅳ	30	1.5	0.3	1.5

续表

序号	断面名称	交界区域	功能区水质目标	对应《地表水环境质量标准》（GB 3838—2002）中的浓度限值			
				COD	氨氮	TP	TN
16	青阳汇	平湖市—上海市	Ⅲ	20	1	0.2	1
17	红旗塘大坝	嘉善县—上海市	Ⅲ	20	1	0.2	1
18	新塍大通	桐乡市—嘉兴市区	Ⅲ	20	1	0.2	1
19	三店	嘉兴市区—嘉善县	Ⅲ	20	1	0.2	1
20	天凝	嘉兴市区—嘉善县	Ⅲ	20	1	0.2	1
21	善西	嘉兴市区—嘉善县	Ⅲ	20	1	0.2	1
22	大云	嘉兴市区—嘉善县	Ⅲ	20	1	0.2	1
23	王店南梅	海宁市—嘉兴市区	Ⅲ	20	1	0.2	1
24	联合桥	桐乡市—海宁市	Ⅲ	20	1	0.2	1
25	杭申公路桥	桐乡市—海宁市	Ⅲ	20	1	0.2	1
26	南星桥港	桐乡市—海宁市	Ⅲ	20	1	0.2	1
27	荒田浜	嘉兴市区—平湖市	Ⅲ	20	1	0.2	1
28	斜桥	海盐县—平湖市	Ⅲ	20	1	0.2	1
29	尤角	嘉兴市区—海盐县	Ⅲ	20	1	0.2	1
30	斜路港	江苏省—嘉兴市区	Ⅲ	20	1	0.2	1
31	新塍港	江苏省—嘉兴市区	Ⅲ	20	1	0.2	1
32	晚村	德清县—桐乡市	Ⅲ	20	1	0.2	1
33	大麻	德清县—桐乡市	Ⅳ	30	1.5	0.3	1.5
34	武林头	余杭区—德清县	Ⅲ	20	1	0.2	1
35	吴山	安吉县—长兴县	Ⅲ	20	1	0.2	1
36	新塘港	湖州市区—太湖	Ⅲ	20	1	0.2	1
37	大钱	湖州市区—太湖	Ⅲ	20	1	0.2	1
38	古娄港	湖州市区—江苏省	Ⅲ	20	1	0.2	1
39	幻溇	湖州市区—太湖	Ⅲ	20	1	0.2	1
40	汤溇	湖州市区—太湖	Ⅲ	20	1	0.2	1
41	南浔	湖州市区—江苏省	Ⅲ	20	1	0.2	1
42	荷花玟	余杭区—德清县	Ⅲ	20	1	0.2	1
43	四通桥	余杭区—德清县	Ⅲ	20	1	0.2	1
44	杨家浦	长兴县—太湖	Ⅱ	15	0.5	0.1	0.5
45	南潘	长兴县—湖州市区	Ⅲ	20	1	0.2	1
46	沈家墩	德清县—湖州市区	Ⅲ	20	1	0.2	1
47	小梅口	湖州市区—太湖	Ⅲ	20	1	0.2	1
48	新塘	长兴县—太湖	Ⅲ	20	1	0.2	1
49	合溪	长兴县—太湖	Ⅲ	20	1	0.2	1
50	东升	德清县—湖州市区	Ⅲ	20	1	0.2	1

续表

序号	断面名称	交界区域	功能区水质目标	对应《地表水环境质量标准》（GB 3838—2002）中的浓度限值			
				COD	氨氮	TP	TN
51	含山	德清县—湖州市区	Ⅲ	20	1	0.2	1
52	八字桥	长兴县—湖州市区	Ⅲ	20	1	0.2	1
53	乌镇	湖州市区—桐乡市	Ⅲ	20	1	0.2	1
54	金村埠	长兴县—湖州市区	Ⅲ	20	1	0.2	1
55	余杭塘	余杭区—杭州市区	Ⅲ	20	1	0.2	1
56	中河	杭州市区—杭州湾	Ⅲ	20	1	0.2	1
57	含山西	德清县—湖州市区	Ⅱ	15	0.5	0.1	0.5
58	罗溇	湖州市区—太湖	Ⅲ	20	1	0.2	1
59	濮溇	湖州市区—太湖	Ⅲ	20	1	0.2	1
60	乌镇	湖州市区—桐乡市	Ⅲ	20	1	0.2	1
61	西圣埭港	德清县—桐乡市	Ⅲ	20	1	0.2	1
62	洞环桥港	余杭区—桐乡市	Ⅲ	20	1	0.2	1
63	新塘河	杭州市区—海宁市	Ⅳ	30	1.5	0.3	1.5
64	乌镇北	江苏省—桐乡市	Ⅲ	20	1	0.2	1
65	崇长港	桐乡市—海宁市	Ⅲ	20	1	0.2	1
66	南沙诸港	桐乡市—海宁市	Ⅲ	20	1	0.2	1
67	莲花桥港	桐乡市—嘉兴市区	Ⅲ	20	1	0.2	1
68	莲花桥港南	桐乡市—嘉兴市区	Ⅲ	20	1	0.2	1
69	北永兴港	桐乡市—嘉兴市区	Ⅲ	20	1	0.2	1
70	长山河	海宁市—海盐县	Ⅲ	20	1	0.2	1
71	洛东大桥	江苏省—嘉兴市区	Ⅲ	20	1	0.2	1
72	油车港	嘉兴市区—嘉善县	Ⅲ	20	1	0.2	1
73	三里塘	江苏省—嘉善县	Ⅲ	20	1	0.2	1
74	三里塘东	江苏省—嘉善县	Ⅲ	20	1	0.2	1
75	中心河	嘉善县—平湖市	Ⅳ	30	1.5	0.3	1.5
76	白洋河	海盐县—平湖市	Ⅲ	20	1	0.2	1
77	放港河	平湖市—上海市	Ⅲ	20	1	0.2	1
78	新港河	平湖市—上海市	Ⅲ	20	1	0.2	1
79	乍浦塘	平湖市—杭州湾	Ⅲ	20	1	0.2	1

根据 1971 年水文条件及水功能区划水质目标，利用污染通量阈值计算公式计算太湖流域（浙江片区）跨行政区断面污染物通量阈值。

3. 跨行政区断面水环境污染物超标通量计算方法

跨行政区断面水环境污染物超标通量基本计算公式：

$$W_C = W - W_S \tag{5-8}$$

式中，W_C为跨行政区断面水环境污染物超标通量；W为跨行政区断面水环境污染物通量；W_S为跨行政区断面水环境污染物通量阈值。

根据建立的杭嘉湖水环境数学模型及研究区域水环境功能区划，利用式（5-8），计算出各跨行政区断面污染物超标通量，用于水环境综合管理平台预警。

参考文献

陈斯婷. 2008. 海洋环境影响评价的技术范式研究. 厦门：厦门大学.

韩冰. 2007. 规划环境影响评价指标体系研究. 长春：吉林大学.

韩旭. 2010. 我国工业废水排放量与经济增长关系的实证研究. 成都：西南财经大学.

何理，曾光明. 2002. 内陆水环境风险分析的理论与方法研究. 四川环境，（3）：22-25.

黄晓容. 2009. 重庆三峡库区水环境污染事故预警指标体系研究. 重庆：西南大学.

任宗仲. 2013. 南昌市水环境风险分析. 广州化工，（3）：110-113.

王雪，逄勇，王晓，等. 2018. 平原河网地区跨界断面污染源影响权重分析——以嘉善县为例. 北京工业大学学报，（12）：91-100.

谢蓉蓉，逄勇，蒋彩萍，等. 2016 基于风险源体-受体-响应系统的控制单元水环境综合风险评价. 地理研究，35（12）：2363-2372.

杨洁，毕军，李其亮，等. 2006. 区域环境风险区划理论与方法研究. 环境科学研究，（4）：134-139.

杨洋洋. 2016. 基于水体环境风险的石化企业环境风险源评估方法. 安全、健康和环境，16（8）：31-34.

庄巍，王晓，逄勇，等. 2016. 太湖流域跨界区域水污染物通量数值模型构建与应用. 水资源保护，32（1）：36-41，50.

第6章

太湖流域（浙江片区）水环境综合管理平台

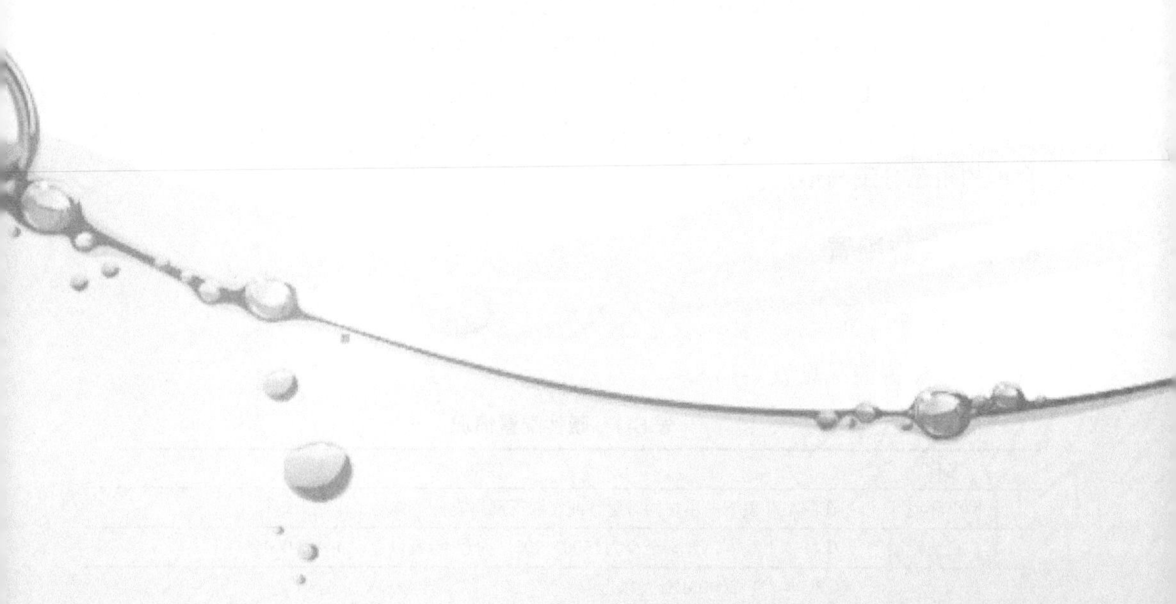

6.1 平台概述

6.1.1 设计目标

本书将以MIKE11为核心，建立太湖流域（浙江片区）水环境综合管理平台。系统平台具有友好的用户操作界面，集成模型数据输入管理和结果可视化展示等功能，可实现基础数据、监测监控体系、控制单元、容量总量及许可证管理和预警预报功能，为水环境合理开发、综合管理和科学决策提供技术工具，提高水环境信息化和数字化管理水平。

（1）全面收集整理相关图形数据集、DEM数据集、土地利用数据集、土壤数据集、气象要素数据集、农田管理数据集、水文数据集、水质数据集、社会经济数据集和生态系统环境数据集等数据信息，建立流域水环境动态管理数据库，并与数学模型系统、GIS系统集成，实现前端界面基于模型系统和GIS系统的展示、查询、统计、分析和导出功能。

（2）实现跨行政区及出入太湖污染通量实时监控、在线监控预警等功能。

（3）实现流域、区域和控制单元污染物容量总量的核定；集成污染源排放总量智能控制系统，实现污染源允许排放量控制管理功能；构建排污许可证管理决策支持系统。

（4）基于流域水环境数学模型，综合累积风险评估预警、突发水环境风险评估预警、跨行政区超标通量风险预警体系，实现风险管理功能的有效集成。

（5）平台体系庞大，应用节点多，数据流复杂，为确保系统安全、功能稳定，应设计良好的安全策略，同时设计多用户体系以及相应的权限策略，以确保合理的角色分工与信息安全。

6.1.2 系统配置

1. 硬件配置

硬件配置情况见表6-1。

表6-1 硬件配置情况

名称	详细说明
网络环境	在网络环境下多用户同时运行或在缺乏网络支持的移动工作站上运行
客户机或终端	IE11以上版本，像素至少为1600×900，内存4G及以上，主频2.0GHz以上
服务器	CPU主频：2000MHz及以上 CPU核心：四核及以上 内存：8G及以上

2. 软件配置

软件配置情况见表 6-2。

表 6-2　软件配置情况

名称	详细说明
服务器	Windows Server 2008、IIS、IE11 及以上或 Firefox、.Net Framework 3.5 以上、Silverlight4.0、MIKE 2012（MIKE 11，MIKE 11 GIS 等）、ArcGIS Server 10.1、ArcGISSilverlightWPF22.exe、SQL Server 2008 R2
客户端	Windows7、IE11 及以上或 firefox、IIS、.Net Framework 3.5 以上、Silverlight.exe
客户端（高级用户：可以访问服务器 CS 程序）	Windows xp、WIN7 等操作系统、堡垒机、堡垒机权限登录服务器
数据库	Server 2008 R2
应用服务器	IIS7
中间件	无

3. 网络配置

平台运行在浙江省生态环境保护专网，对于目前无法利用专网的其他环境相关单位，使用 VPN 方式实现连接，以实现数据的交换与共享。

6.2　系统总体设计

6.2.1　设计原则

1. 功能模块程序设计原则

各功能模块是应用系统完成业务处理与管理，对用户透明的核心应用软件。功能模块的设计遵循正确、可靠、高效，以及可维护、可扩展、开放性好等原则，实现各种业务信息数据的传输、维护、查询、计算、统计、显示和报表等应用功能。采用面向对象的程序设计方法，遵循软件工程的标准，设计开发平台各功能模块程序。

系统划分采用组合分类方法。子系统的划分根据业务“信息流”思想，采用功能划分方法；子系统中的模块划分采用过程划分方法；某些模块的划分根据业务处理的逻辑顺序，采用逻辑划分方法。系统采用组合分类方法后，系统的联结形式好，可修改性好，可靠性高，紧凑性好。

2. 编码原则

根据国家及行业的相关技术标准，采用统一的数据项标准和信息分类编码标准。

6.2.2 逻辑架构

平台系统采用分层架构，分为数据层、核心中间层、应用表现层，有利于数据的共享，也方便在建立不同类型的子系统时，构建不同的用户界面，以及用户接口可以从组件方式中实现，降低了软件开发的难度。其系统逻辑结构如图6-1所示。

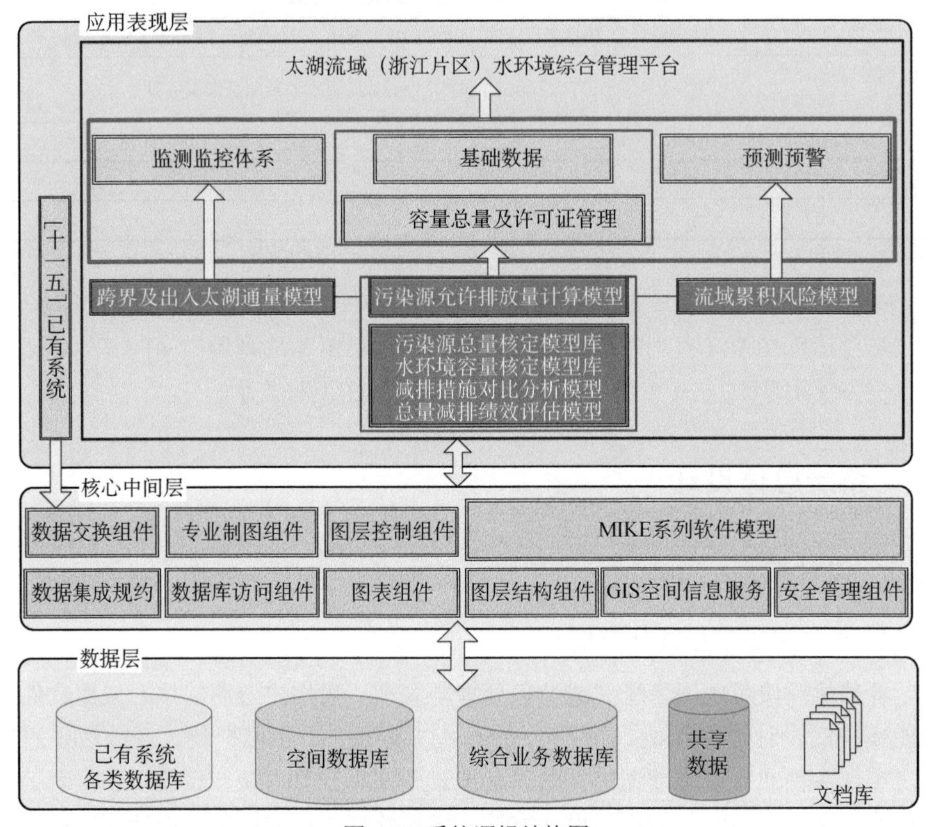

图6-1　系统逻辑结构图

系统的开发和构建，采用数据建模技术、对象建模技术、组件技术等主流技术。由于层次化的结构和新技术的使用，系统的统一性、构件化原则、可扩展性、与第三方系统（如其他业务系统等）的整合等最核心的问题都得到相应的解决。

数据管理引擎主要着重于大系统内部的相关业务分析和建模，采用组件方式进行组合。通过这种管理模式，整合相关业务，形成系统运行的一个共同的数据访问接口。对于不同的系统，可以通过不同的组件结合，形成新的业务体系结构。

6.2.3 技术路线

结合数据库平台、GIS平台、开发架构、网络环境、技术成熟程度、实施管理难易程度、运行维护成本、开发费用等诸多因素的综合考虑，采取如下6种技术路线。

1. 采用C/S和B/S两种结构

整体架构在设计上考虑用户网上办公以及移动办公的应用需求，采用C/S与B/S相结合的部署方式。专业数学模型的数据复杂性、系统载荷，以及系统中需要处理大量数据同步交换的工作，与MIKE模型软件相关的技术操作均采用C/S方式进行部署，方便专业技术人员对数学模型进行更全面的解读与修正，同时大量的数据维护与系统配置工作也在C/S方式下进行操作，以便提高系统的运行速度。而与数据查询、数据分析、结果展示相关的内容则采用B/S方式进行部署，用户能够使用网页浏览器或移动客户端进行访问，实现了基于Web的完整应用体验，有效地满足用户网上办公的诉求。

2. 基于面向服务的体系架构（SOA）

基于SOA的信息管理与传统的数据、内容管理方法相比较，其可以给在合适的时间、合适的地点并有正当理由而需要它的任何用户提供服务。基于SOA的信息管理具有以下优点：①允许系统的IT资产复用，数据建模、映射及转换功能是最复杂并且是最消耗资源的流程，当前的点对点信息集成不容易导致IT资产的复用；②开发速度快，减少了开发和维护的费用；③使用更大的成本效益来提高数据和内容连接性和互用性；④创建附加的基于完全集成化信息的业务模式；⑤保护用户在信息管理方面的投资；⑥简化企业计算模型的总体复杂度。

3. 基于元数据的内容管理技术

元数据是关于数据的数据，是以计算机系统能够使用与处理的格式存在的且与内容相关的数据，是对内容的一种描述方式。通过这种方式来表示内容的属性与结构信息。元数据分为描述元数据、语义元数据、控制元数据和结构元数据。通过对元数据与原始内容分离技术，单独对元数据进行处理，从而简化对内容的操作过程。

在内容管理中，通过对元数据的分析提取，构建面向客户内容管理的通用数据模型，以适应客户不断变化的需求，达到提升信息价值的目的。元数据模型可以方便地支持XML文件向内容管理数据模型的转换。在描述不同内容之间的关系时，准许用户在初始模型建立时或者在使用过程中随时建立链接、数据表外键和引用属性。

4. 基于XML的信息共享与数据交换技术

采用XML技术，实现跨地域、跨部门、跨应用系统和不同数据库之间的互联互通，提供包含提取、转换、传输和加载等操作的数据集成服务；利用数据交换服务器，可以有效解决各级部门之间数据及时、高效地传达，快速实现不同机构、不同应用系统、不同数据库之间基于不同传输协议的数据交换与信息共享，为各种应用和决策支持提供良好的数据环境。

5. 基于WebGIS技术

WebGIS 是基于 Internet/Intranet 的 GIS 技术。用户通过 Web 浏览器浏览WebGIS站点中的空间数据制作专题图，以及进行各种空间检索和空间分析。

6. VPN技术

虚拟专用网（VPN）被定义为通过一个公用网络（通常是因特网）建立一个临时的、安全的连接，是一条穿过混乱的公用网络的安全、稳定的隧道。虚拟专用网是对企业内部网的扩展。虚拟专用网可以帮助远程用户、公司分支机构、商业伙伴及供应商同公司的内部网建立可信的安全连接，并保证数据的安全传输。

6.2.4 用户设计

系统中涉及的应用模块节点主要包括各类外部数据接入、模块不同角色的用户等。采用系统统一分配模块节点用户角色，系统集成子模块，通过系统访问子模块后，分配的权限由系统通过管理模块分配子模块访问权限方式，去判断属于允许使用子模块用户还是非允许使用子模块节点用户，如果不是被允许访问子模块或节点用户，会自动调转至系统登录界面，从而很好地集成了各模块节点用户的使用权限。

6.2.5 接口设计

1. 在线数据接口

为满足系统平台的数据支持，本系统提供Oracle数据库接口和Webservice数据接口。

（1）与工业点源数据接口。通过后台程序访问工业点源Oracle数据提取需要的数据推送至本系统数据库的方法，实现工业点源Oracle数据源与本系统之间工业点源数据获取入库集成。

（2）与饮用水源地数据接口。通过后台程序访问饮用水源地Oracle数据提取需要的数据推送至本系统数据库的方法，实现饮用水源地Oracle数据源与本系统之间饮用水源地数据获取入库集成。

（3）与地表水数据接口。通过后台程序访问地表水站点Oracle数据提取需要的数据推送至本系统数据库的方法，实现地表水站点Oracle数据源与本系统之间地表水站点数据获取入库集成。

2. 其他数据交换接口

为满足系统平台的数据交换需要，本系统提供如下交换方式：

（1）采用链接服务器的方式，依照用户的权限进行相关数据资源的访问；

（2）采用XML数据交换格式，进行相关数据的交换；

（3）在WebGIS发布界面上，采用数据包的形式供用户下载数据资源；

（4）在WebGIS浏览界面上，提供相关数据的导出；

（5）在WebGIS录入界面上，提供相关数据上报与更新。

6.2.6　安全设计

1. 系统安全设计

系统安全设计如图6-2所示。

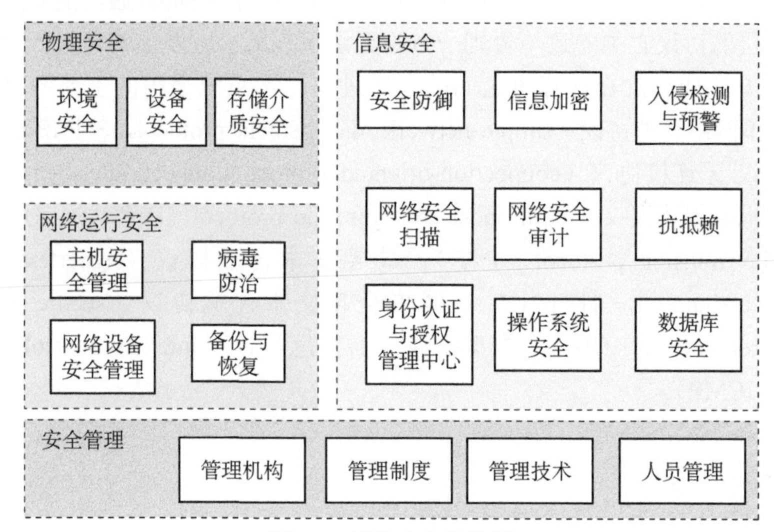

图6-2　系统安全设计图

1）网络运行安全

加强网络安全管理，做好计算机病毒的预防、检测、清除工作，安装网络病毒防杀系统、数据库与网络审计、网络入侵检测等软件防止各类针对网络的攻击。

2）物理安全

定期对系统的硬件设备进行检查和维护，保障系统的物理安全；及时更新操作系统和数据库系统的补丁，修补系统出现的漏洞，以保障操作系统和数据库系统的安全。

3）信息安全

对涉密数据的传输、存储，严格按照相关规定进行加密处理。对各类数据严格执行保密制度，不得泄露。对数据的各项操作实行日志管理，严格监控操作过程，对发现的数据安全问题，及时处理和上报。定期对存储和备份的数据进行优化，以提高系统运行和数据处理的效率。数据备份文件定期进行恢复测试，以确保所备份的数据能够及时、准确、完整地恢复。

4）安全管理

用户认证采用用户名和口令的验证方式，用户通过系统的安全检查后，依据权限进行相关资源的访问。授权采用基于单位、部门、角色和人员四种方式，由系统管理员统一进行授权。

2. 有关网络协议标准文本

在网络的各层中存在着许多协议，它是定义通过网络进行通信的规则，接收发送方同层的协议必须一致，否则一方将无法识别另一方发出的信息，以这种规则规定双方完成信息在计算机之间的传送过程。本系统采用的主要网络协议如下：①简单网络管理协议（simple network management protocol，SNMP）；②面向连接的协议/无连接协议（connection-oriented protocol/connectionless protocol）；③动态主机配置协议（dynamic host configuration protocol，DHCP）；④文件传输协议（file transfer protocol，FTP）；⑤超文本传输协议（hypertext transfer protocol version 1.1，HTTP1.1）；⑥安全超文本传输协议（secure hypertext transfer protocol，HTTPS）；⑦互联网控制信息协议（internet control message protocol，ICMP）。

6.3 数据库设计

6.3.1 数据库总体设计

1. 设计原则

构造一个灵活、高效的大型数据库系统，使数据的管理更加方便、对数据的访问更加灵活、对数据的应用更加广泛，在进行数据库设计时，重点考虑以下原则。

1）数据的标准性与规范性

数据库的设计除遵循软件行业标准外，还遵循国家、行业和地方的数据标准和规范。为保证数据库的一致性、可操作性，采用统一坐标系、统一编码体系和统一属性数据。

为方便与其他系统之间进行数据交换，数据库设计采用已建立系统的数据。

2）不依赖性

不依赖性原则是指数据库系统对各种原始成果数据的格式和内容进行存储和管理，对数据的存储和管理不是依赖于某个特定的软件系统。在数据库系统中，由于成果数据的文件数量多、数据量大、数据种类较多，分别采用文件系统和数据库系统对各类数据进行管理，其中成果资料数据以数据文件方式存储在磁带库中，部分成果数据和索引数据则直接存放在通用的关系型数据库系统中。

任何数据的存储都采用一种数据格式，不管这种数据格式是通用的还是独特的。如果数据的存储和管理不是通过特定的GIS系统来实现的，就为其他系统或用户直接访问和调用这些数据提供了条件，增强了数据使用的灵活性。

3）数据的实用性与完整性

数据库设计充分考虑业务管理工作的实际需要和现状，根据系统规模和实际需求，保证数据的实用性。

数据完整性是业务应用的必要条件。通过约束条件等控制保证数据完整性。约束条件可以检验进入数据库中的数据值，可以防止重复或冗余的数据进入数据库。在系统中我们利用约束条件保证新建或修改后的数据能够遵循所定义的业务知识。

4）开放性原则

数据的开放性原则是指在系统中，数据的存储位置、存储方法、数据格式等对系统管理者来说是透明和开放的，原则上没有数据黑匣子。系统管理员能够知道数据以什么样的格式存放在系统中的位置，为实现真正意义上的数据管理（特别是数据备份）提供条件。系统不限定数据的存储格式，即原则上能存储任意格式的数据。

5）数据的独立性和可扩展性

尽量做到数据库的数据具有独立性，独立于应用程序，使数据库的设计及其结构的变化不影响程序，反之亦然。随着新数据源的出现和用户需求的增加，今后数据库所包含的数据种类可能比现在多，因此要求系统具有一定的可扩充性。当增加新种类的数据时，系统只要在原来的基础上增加一个对新数据的管理模块和若干数据库表后，就可实现对新数据的存储和管理。在进行数据库系统设计时，还考虑了分布式系统、数据库集群等更便于数据存储和管理的技术路线和方法。

数据的可扩展性还包含数据服务的可扩展性。

6）数据的安全性

数据库是整个信息系统的核心和基础，它的设计要保证安全性。通过设计一个合理和有效的备份和恢复策略，如数据库因天灾或人为因素等发生意外事故，导致数据库系统毁坏，要能在最短的时间内使数据库恢复。通过做好对数据库访问的授权设计，保证数据不被非法访问。

7）统一考虑空间、属性、设施、模型数据的兼容性

数据库设计的时候充分考虑数据采集、数据入库、数据应用的紧密结合，便于在空间数据的基础上进行设施及相关属性的管理和应用。空间数据格式设计时充分考虑与计算模型所需数据的结合，利于模型数据直接使用空间及设施的相关数据。

8）数据分级管理机制

根据系统访问角色，将用户分成领导决策分析用户、系统管理用户、运行浏览用户和运行调度用户等几个角色，分别赋予角色访问数据的权限和使用系统功能的权限，严格控制角色登录，实现数据的分级管理。

9）检索和管理的高效性原则

系统的重点是对数据的管理和提供，因此如何高效地实现快速提取数据并加工成用户所要求的产品，是进行技术设计时主要考虑的因素。

2. 设计规范

1）数据类型定义和规范

表结构中使用的数据类型有四种：字符型、数值型、日期型和时间型。

A. 字符型

字符型的格式为C（d）。其中，C为类型标识，用来描述字符型数据格式；（）为括号，固定不变；d为十进制数字，用来描述字段最大可能的字符串长度。

字符型数据格式主要用来描述非数值型的数据，所描述的数据只具有描述意义，不能进行数学计算，如河道代码、名称等。

B. 数值型

数值型的格式为N（D[，d]）。其中，N为类型标识，用来描述数值型数据格式；（）为括号，固定不变；[]标识小数位数可选；D为十进制数字，描述数值型数据的整数位数；d为十进制数字，描述数值型数据的小数位数。

数值型数据格式用来描述两种数据：一种是带小数的浮点数；另一种是整数，如河道长度。

C. 日期型

日期型数据格式用“D”表示。日期型数据采用标准为公元纪年的北京时间，如2005年1月1日。

D. 时间型

时间型数据格式用“T”表示。时间型数据格式用来描述与时间有关的数据。所有时间型数据采用标准为公元纪年的北京时间，如2005年1月1日8:00。

2）数据库版本信息定义

数据库版本信息定义的目的主要是实现对数据库系统的版本控制功能。

版本信息应包括文件名称、版本号、创建人、创建日期、数据提供者等信息。利用版本号、创建日期等信息可以获得以前版本的文档，以及显示数据库版本历史信息。每一个处于版本控制之下的数据库都有自己的历史信息，记录了修改文档的作者及时间等。版本管理系统跟踪这些信息的变化，并提供这些变化的历史信息。

3）键和索引定义规范

主键名：前缀为PK_。主键名称应是前缀+表名+构成的字段名。如果复合主键的构成字段较多，则只包含第一个字段。表名可以去掉前缀。

外键名：前缀为FK_。外键名称应是前缀+外键表名+主键表名+外键表构成的字段名。表名可以去掉前缀。

普通索引：前缀为IDX_。索引名称应是前缀+表名+构成的字段名。如果复合索引的构成字段较多，则只包含第一个字段，并添加序号。表名可以去掉前缀。

主键索引：前缀为IDX_PK_。索引名称应是前缀+表名+构成的主键字段名，在创建表时用using index指定主键索引属性。

唯一索引：前缀为IDX_UK_。索引名称应是前缀+表名+构成的字段名。

外键索引：前缀为IDX_FK_。索引名称应是前缀+表名+构成的外键字段名。

函数索引：前缀为IDX_func_。索引名称应是前缀+表名+构成的特征表达字符。

簇索引：前缀为IDX_clu_。索引名称应是前缀+表名+构成的簇字段。

3. 设计方法和工具

1）数据库设计方法选择

对于一个给定的应用环境，构造最优的数据库模式，建立数据库及应用系统，使之能有效地存储数据，满足各种用户的应用需求。选择合适的设计方法，达到以下设计目标：①能够满足数据存储需求；②便于最终用户访问；③具有良好的安全机制；④数据准确并易于管理；⑤数据库整体性能良好。

典型的数据库设计方法包括NEW ORLEANS框架法、基于3NF的方法、基于E-R模型的方法、语义对象模型的方法、Barker方法等，本书采用E-R模型的方法，同时结合模型工具（ERWin、PowerDesigner等）进行相应的建模。

2）数据库设计工具选择

为加快数据库设计速度，在本数据库设计过程中，采用Sybase公司的PowerDesigner 作为数据库模型的设计工具。PowerDesigner是一个“一站式”的企业级建模及设计解决方案，它能帮助企业快速高效地进行企业应用系统构建及再工程化（re-engineer）。IT专业人员可以利用它来有效开发各种解决方案。

4. 软件选型

1）关系型数据库平台选择

本系统采用用户现有的SQL Server 2008作为数据库平台软件。SQL Server数据库极大地降低了管理负担，同时也有助于在提供高品质服务的同时降低成本。

2）ArcGIS客户端软件选择

采用ArcInfo Professional作为客户端应用软件。ArcInfo Professional是ESRI的旗舰产品，它的客户端有三个桌面应用：ArcCatalog、ArcMap和ArcToolbox。其产品定位是专业化的AM/FM/GIS平台。

5. 数据存储及管理设计

1）数据库建库管理

数据库的建库管理主要是针对数据库类型，建立数据库管理档案，包括：数据库的分类、数据库主题、建库标准、建库方案、责任单位、服务对象、物理位置、备份手段、重要程度、数据增量等内容。

2）数据库连接

控制数据库连接方式，增强数据库安全，优化系统运行。对客户端与数据库连接状况进行检查，规范数据库的连接字符串，关闭所有不必要的连接方式和连接串，增强数据库的安全性。

3）数据库状态监控

监控和管理库表存储空间的容量，及时调整容量大小，并适时进行性能优化；数据存储空间增长状况和剩余空间检查，根据固定时间数据的增长量推算当前存储空间接近饱和的时间点，并根据实际情况及时添加存储空间，防止因磁盘空间枯竭导致服务终止。对数据库数据文件、日志文件、控制文件状态进行检查，确认文件的数量、大小和最终更改的时间，避免因文件失败导致例程失败或数据丢失。压缩数据碎片数量，避免因数据反复存取和删除导致存储空间浪费。检查日志文件的归档情况，确保日志文件正常归档，保证对数据库的完全恢复，避免数据丢失。

4）数据库维护及更新管理

主要完成对数据库的管理功能，包括数据库的更新、添加、修改、删除、复制、格式转换等功能。

建立完善的数据更新机制和手段来进行各类数据的更新维护，一方面，要通过数据更新机制不断获得最新数据，并对数据库进行更新维护；另一方面，建立历史数据库保存历史数据，以便在必要时恢复过去任一时刻的全部或部分数据。

5）代码维护

通过增、删、改操作对要素实体等各类代码进行定义和维护。采用逻辑删除的方式进行代码维护。

6）数据库权限管理

实现对不同数据库用户进行角色定义和权限管理的功能。用户只有具有相应的权限才能在数据库对象（如表、视图等）上执行相应的操作。为保证数据的安全性，数据库用户只被授予那些完成工作必需的权限，即“最小权限”原则。该模块主要功能包括定义系统新用户、对数据库的访问权限进行授权和分组、设定用户密码及其有效访问期限、设定安全报警模式及内容。

7）数据库的备份与恢复管理

利用SQL Server数据库系统提供的备份和恢复工具，对数据库进行定期或不定期的增量备份或完备备份。采用的技术方案可以利用由生产数据库和若干备用数据库组成松散连接的数据库系统，并形成独立的、易于管理的数据保护方案。在修改主数据库时，对主数据库更改而生成的更新数据随时发送到物理备用数据库。当主数据库出现故障时，备用数据库立即可以被激活并接管生产数据库的工作。

及时对数据备份日志信息进行检查，防止因数据备份失败导致备份不完整，从而影响对数据库的恢复；对数据库参数文件进行检查、确认和备份，控制审核对参数文件的更改，确保数据库实例在健康和高效的状态下运行；备份介质必须异地保存。

8）数据清理

清理数据库运行日志，释放磁盘空间。检查当前数据库中用户、角色的状况和授权情况，确认在当前的用户和授权没有安全漏洞。

对数据库运行日志进行归档和清理，释放数据库运行空间。

9）系统维护

针对本系统，制订相应的系统维护方案、突发事件的应急方案以及数据库的迁移方案等。

6. 数据相互关系

环境监测数据库共包含部件数据、事件数据、基础地理数据、管理相关数据和元数据五大类，在此基础上又分为查询统计数据、风险评估数据、风险预警数据、其他数据（文档类数据、组织机构数据等）、基础地理数据、社会经济数据和元数据等。

按数据来源，又可分为内部数据和外部数据两类。

内部数据：指环境监测内部拥有的、需要在本系统内录入、采集、维护和更新的数据集。

外部数据：指环境监测外部单位拥有的数据、需要通过数据交换与共享才能获得的相关数据集。

6.3.2 数据库的技术实现

从以上数据库的建设内容和现有系统数据库的建设情况分析，基础库的数据内容可分为三种情况进行技术处理实现入库，最终建成环境监测数据库。

1）共享信息

共享信息主要指通过数据共享从其他已建数据库中获取数据信息入库。通过数据同步和共享，实现已建数据库与环境监测数据库的共享。主要有水质在线数据、其他应用数据等。

2）输入信息

输入信息主要指环境监测基础管理和业务处理过程中产生的数据信息入库。通过数据输入方式将该类数据入库，主要有数据上报、模型计算、降雨等数据。

3）更新信息

更新信息主要指由特定部门和机构定期进行更新的数据（非环境监测管理数据），主要是基础地形数据、社会经济数据等。

6.4 平台功能模块设计

系统的功能模块设计如图6-3所示。

6.4.1 公用模块

本模块为系统各个模块的公用部分，模块内包含的功能为系统各个业务模块所调用。公用模块包含的内容有地图操作、查询与统计、输出等。

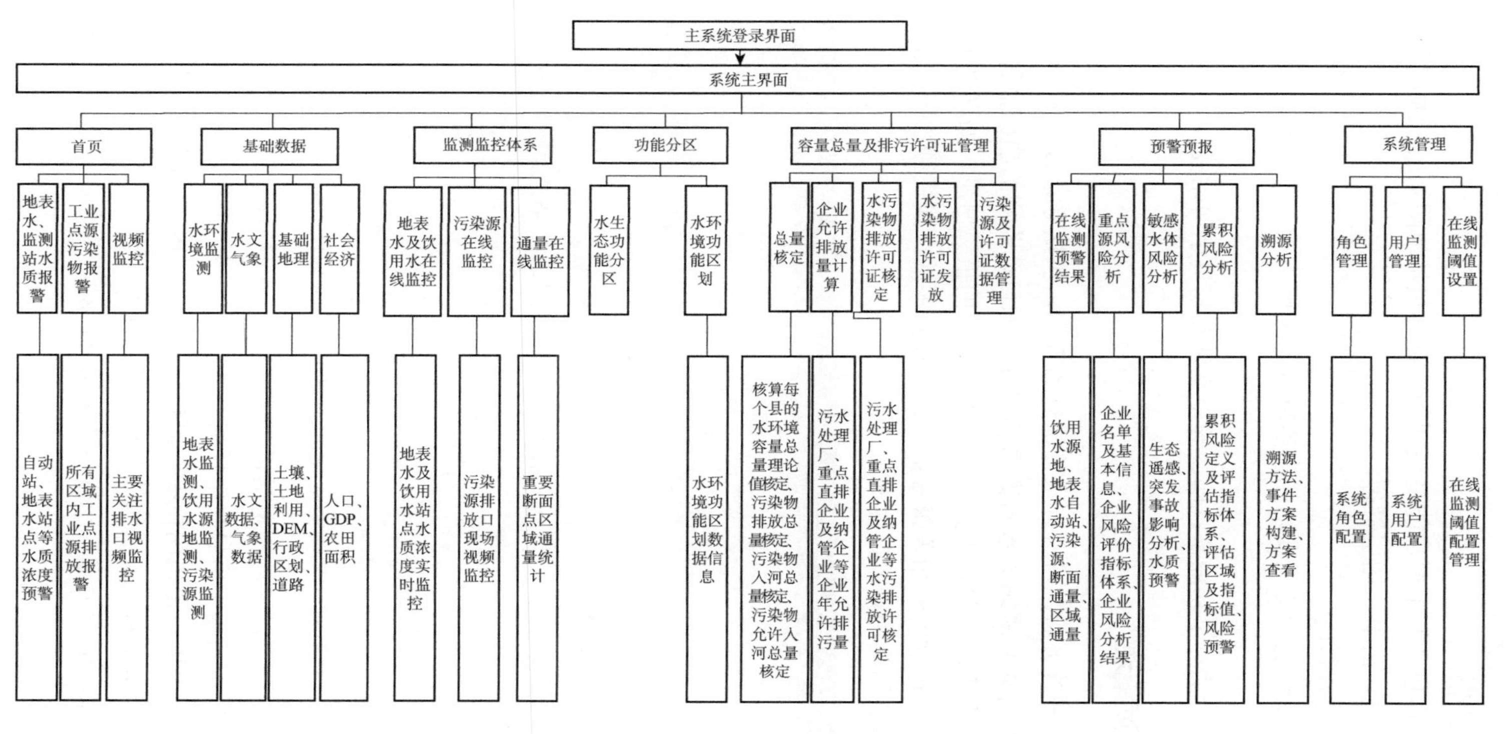
主系统登录界面
系统主界面
首页
地表水、监测站水质报警
自动站、地表水站点等水质浓度预警
工业点源污染物报警
所有区域内工业点源排放报警
视频监控
主要关注排水口视频监控
基础数据
水环境监测
地表水监测、饮用水源地监测、污染源监测
水文气象
水文数据、气象数据
基础地理
土壤、土地利用、DEM、行政区划、道路
社会经济
人口、GDP、农田面积
监测监控体系
地表水及饮用水在线监控
地表水及饮用水站点水质浓度实时监控
污染源在线监控
污染源排放口现场视频监控
通量在线监控
重要断面点区域通量统计
功能分区
水生态功能分区
水环境功能区划
水环境功能区划数据信息
容量总量及排污许可证管理
总量核定
核算每个县的水环境容量总量理论值核定、污染物排放总量核定、污染物入河总量核定、污染物允许入河总量核定
企业允许排放量计算
污水处理厂、重点直排企业及纳管企业等企业年允许排污量
水污染物排放许可证核定
污水处理厂、重点直排企业及纳管企业等水污染排放许可核定
水污染物排放许可证发放
污染源及许可证数据管理
预警预报
在线监测预警结果
饮用水源地、地表水自动站、污染源、断面通量、区域通量
重点源风险分析
企业名单及基本信息、企业风险评价指标体系、企业风险分析结果
敏感水体风险分析
生态通感、突发事故影响分析、水质预警
累积风险分析
累积风险定义及评估指标体系、评估区域及指标值、风险预警
溯源分析
溯源方法、事件方案构建、方案查看
系统管理
角色管理
系统角色配置
用户管理
系统用户配置
在线监测阈值设置
在线监测阈值配置管理
图 6-3　系统功能模块

1）地图操作

地图操作包含的主要功能是地图浏览，其包括地图缩放、地图平移、地图全图、地图前进、后退、图层管理。

2）查询与统计

查询与统计包含的主要功能为信息查询统计。

3）输出

输出包含的三个功能是打印、导出文件和拷贝至剪贴板。

6.4.2 首页模块

点击打开首页后，可进行报警信息的查询，包括登录日在内最近三天的地表水及饮用水自动监测站的水质数据和工业点源自动监测的超标报警，如图6-4所示。用户根据不同权限可以查阅首页不同区域的报警信息，如嘉兴市用户登录，可以查看嘉兴市境内的相关报警信息。工业点源的在线视频监控需要网络支持，可以视频查看污染源排放口情况。

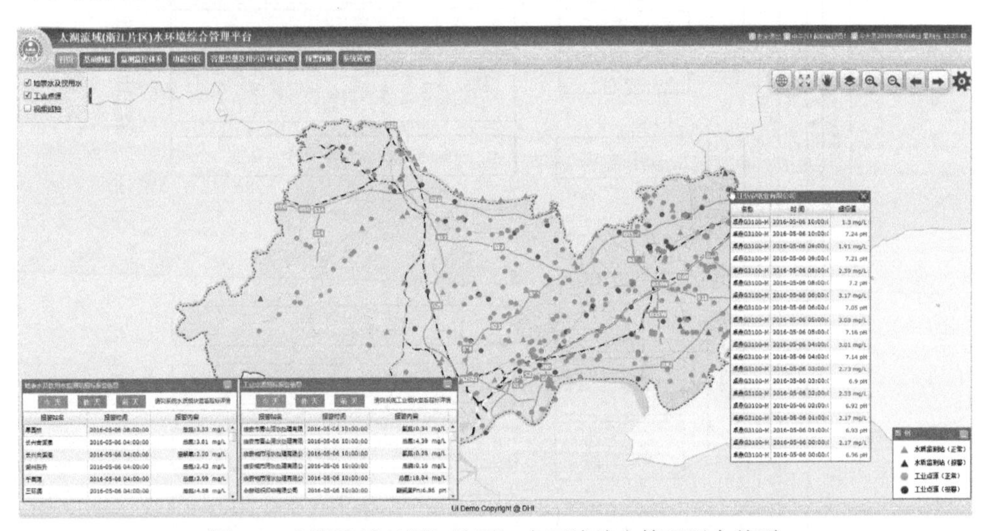

图6-4 太湖流域（浙江片区）水环境综合管理平台首页

在信息栏中可以滚动浏览最近三天（可选）的超标信息，并显示进入对应模块的提示信息，当选中信息栏中任何一条时，地图栏中将同时显示相应的超标信息，同样鼠标可以点击地图栏中任何超标点来显示相应的超标信息。

首页左上角显示当前系统的名称以及当前操作步骤的位置，页面上显示的地图为流域范围，地图上方有一排功能按钮可以对地图进行操作。

6.4.3 基础数据模块

基础数据是一个基本数据查询统计模块，基础数据类型及分级情况如表 6-3 所示。

表 6-3　基础数据类型及分级情况表

<table>
<tr><th>一级目录</th><th>二级目录</th><th>三级目录
（数据类别）</th><th>展示内容</th></tr>
<tr><td rowspan="15">水环境监测</td><td rowspan="2">地表水监测</td><td>自动监测</td><td>站点位置及属性、监测数据</td></tr>
<tr><td>常规监测</td><td>站点位置及属性、监测数据</td></tr>
<tr><td rowspan="2">饮用水源地监测</td><td>自动监测</td><td>站点位置及属性、监测数据</td></tr>
<tr><td>常规监测</td><td>站点位置及属性、监测数据</td></tr>
<tr><td rowspan="11">污染源监测</td><td>工业源自动监测</td><td>名称、规模、位置、排污去向、主要产品、原材料、监测数据</td></tr>
<tr><td>工业点源（污染源普查数据）</td><td>名称、规模、位置、排污去向、主要产品、原材料、排放水质、水量等属性数据</td></tr>
<tr><td>污水处理厂</td><td>名称、规模、位置、排污去向、排放水质、水量</td></tr>
<tr><td>农田面源</td><td>行政区域（县级以上）名称、农田面积、污染负荷量（月、年查询）</td></tr>
<tr><td>畜禽养殖</td><td>行政区域（县级以上）名称、养殖情况、污染负荷量（月、年查询）</td></tr>
<tr><td>城市降雨径流地表负荷</td><td>行政区域（县级以上）名称、下垫面类型、污染负荷量（月、年查询）</td></tr>
<tr><td>农村生活</td><td>行政区域（县级以上）名称、人口数、单位负荷量、污染负荷量（月、年查询）</td></tr>
<tr><td>城市生活直排</td><td>行政区域（县级以上）名称、人口数、单位负荷量、污染负荷量（月、年查询）</td></tr>
<tr><td>干湿沉降</td><td>行政区域（县级以上）名称、面积、干湿沉降污染负荷量（月、年查询）</td></tr>
<tr><td>底泥释放</td><td>行政区域（县级以上）名称、水面总面积、污染负荷量（月、年查询）</td></tr>
<tr><td rowspan="4">水文气象</td><td rowspan="2">水文数据</td><td>流量</td><td>站点位置、监测数据</td></tr>
<tr><td>水位</td><td>站点位置、监测数据</td></tr>
<tr><td rowspan="2">气象数据</td><td>降雨</td><td>站点位置、监测数据</td></tr>
<tr><td>蒸发</td><td>站点位置、监测数据</td></tr>
<tr><td rowspan="7">基础地理</td><td rowspan="2">土壤</td><td>分布图</td><td>图形数据</td></tr>
<tr><td>属性</td><td>属性数据</td></tr>
<tr><td rowspan="2">土地利用</td><td>分布图</td><td>图形数据</td></tr>
<tr><td>属性</td><td>属性数据</td></tr>
<tr><td>DEM</td><td>—</td><td>图形数据</td></tr>
<tr><td>行政区划</td><td>对应行政区划</td><td>GIS 数据</td></tr>
<tr><td>道路</td><td>对应行政区划</td><td>GIS 数据</td></tr>
</table>

续表

一级目录	二级目录	三级目录 （数据类别）	展示内容
社会经济	人口	对应行政区划	GIS数据
	GDP		
	农田面积		

基础数据模块中的地图数据查询功能设计界面上，每一种数据的界面打开后直接可以进行原始数据的查询，点击地图栏上“统计分析”按钮后可以根据需要对该类数据进行统计分析。

1. 水环境监测

水环境监测功能中，分别对地表水监测、饮用水源地监测和污染源监测数据进行查看分析。

1）地表水监测

点击打开基础数据—水环境监测—地表水监测，可在界面上查看地表水自动监测和常规监测的数据。在地表水自动监测界面中，左下角表格分别列出最近三天（可选）的超标信息，并在地图中分别以红色和绿色区分站点超标与否，并可点击地图中的红色超标站点上查看超标点水质信息。

点击地图栏上“统计分析”按钮后可以根据需要对该类数据进行统计分析，包括日统计、月统计、年统计、多站对比分析和单站同比分析等不同方式，以图和表的形式展现。统计分析界面如图6-5所示。

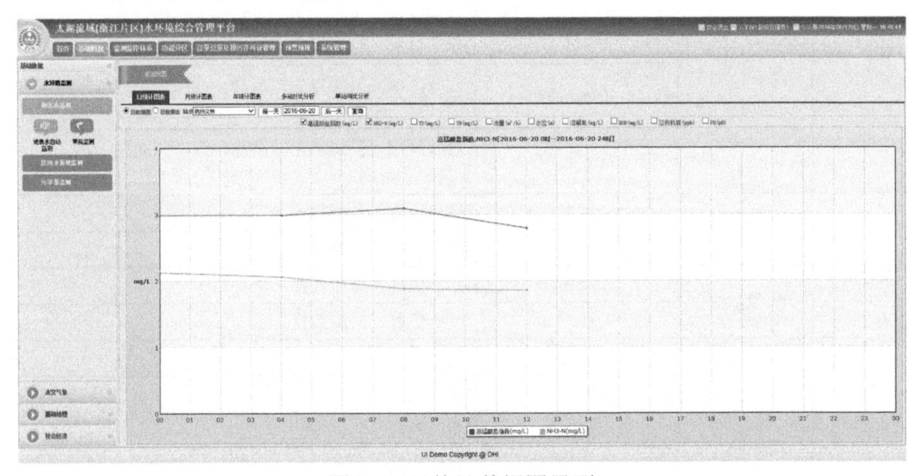

图6-5　日统计数据图界面

可以分别针对年、月、日数据情况选择站点、日期进行查询，以日为例，见图6-6。表格中有颜色数字说明超标（下同）。

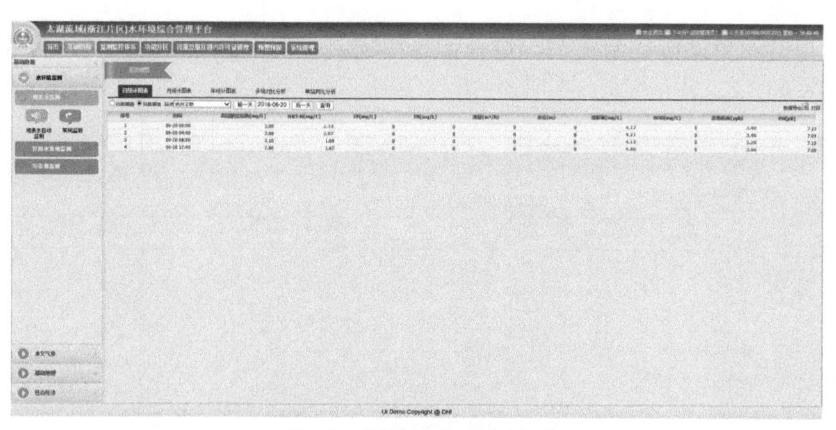

图6-6　日统计数据表界面

可以针对多站对比数据情况，选择多站点、单物质、一段时间内进行相关查询（图6-7、图6-8）。

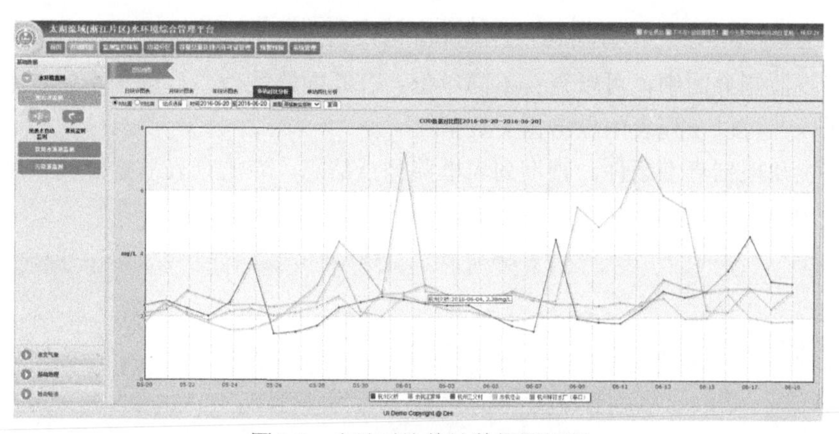

图6-7　多站对比统计数据图界面

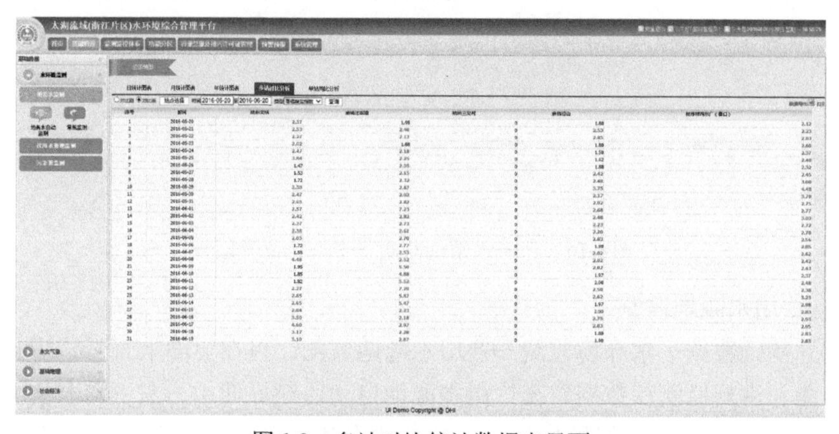

图6-8　多站对比统计数据表界面

可以针对单站同比数据情况进行选择单物质、多年份一段时间内进行相关查询（图6-9）。

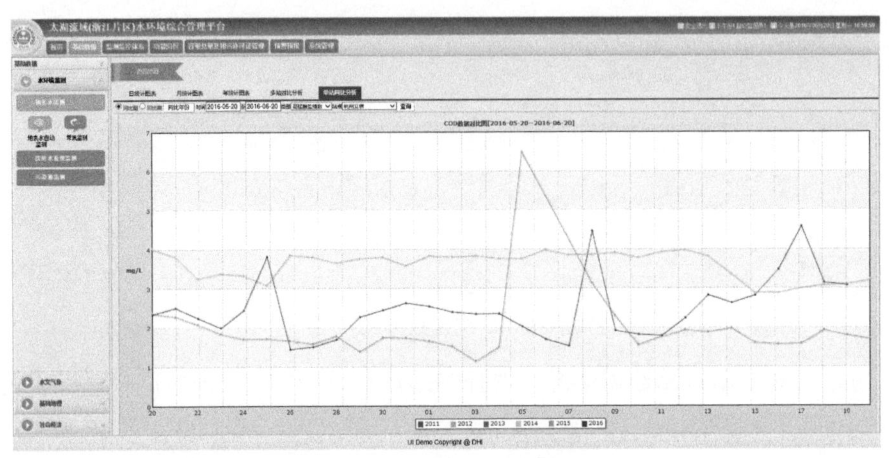

图6-9　单站同比统计数据图界面

常规监测界面中，可以查看不同年份、各断面监测信息，以图表展示不同监测结果，并可以在列表中导出相关数据。

右上角根据查询条件，查询列表框监测点信息，双击列表框定位到该站点，如图6-10所示。

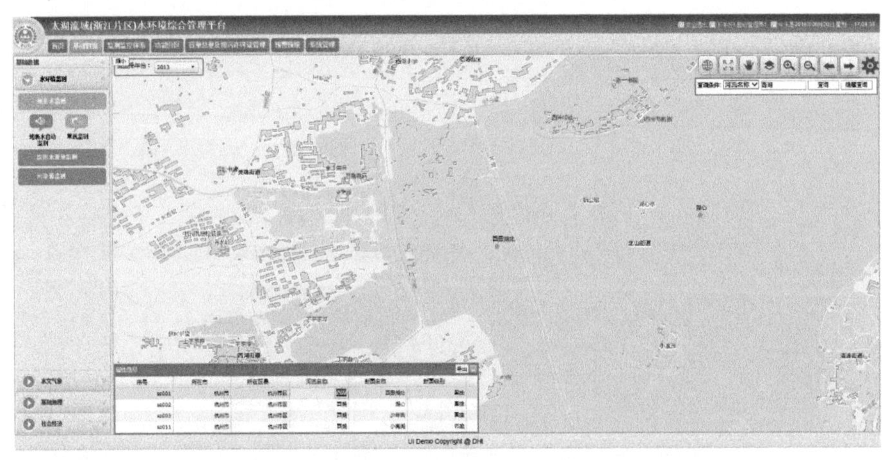

图6-10　地表水常规监测—查询定位界面

2）饮用水源地监测

打开基础数据—水环境监测—饮用水源地监测，可在界面上查看饮用水源地自动监测和常规监测的数据。在饮用水源地自动监测界面中，左下角表格分别列出最近三天（可选）的超标信息，在地图中分别以红色和绿色区分站点超标与否，可点击地图中的红色超标站点上查看超标点水质信息。

点击地图栏上“统计分析”按钮后可以根据需要对该类数据进行统计分析，包括日统计、月统计、年统计、多站对比分析和单站同比分析不同方式进行统计，并以图和表的形式（类似地表水自动监测功能）。

常规监测界面中，可以查看不同年份、各断面监测信息，以图表对不同监测项目进行统计展示；并且可以通过右上角查询条件搜索相关列表框信息，点击列表框站点可以进行地图定位功能（类似地表水自动监测功能），见图6-11，并可以在列表中导出相关数据。

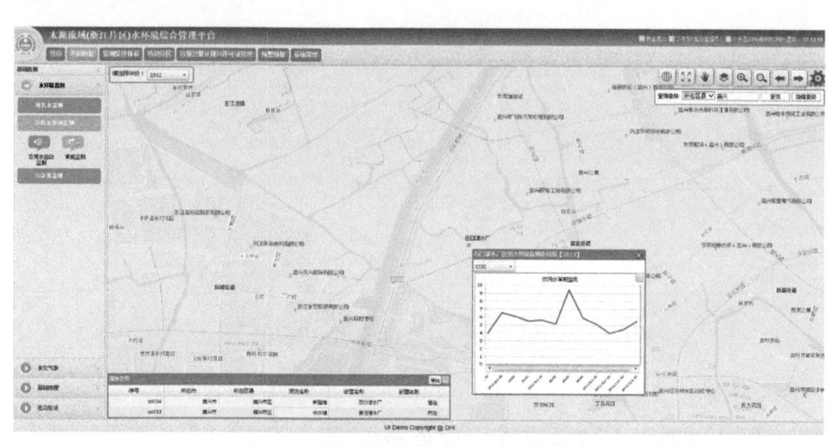

图6-11　饮用水源地常规监测功能界面

3）污染源监测

打开基础数据—水环境监测—污染源监测，可在界面上查看不同污染源的监测信息，如图6-12所示，左下角表格分别列出最近三天（可选）的超标信息。地图栏上“统计分析”按钮功能同上。

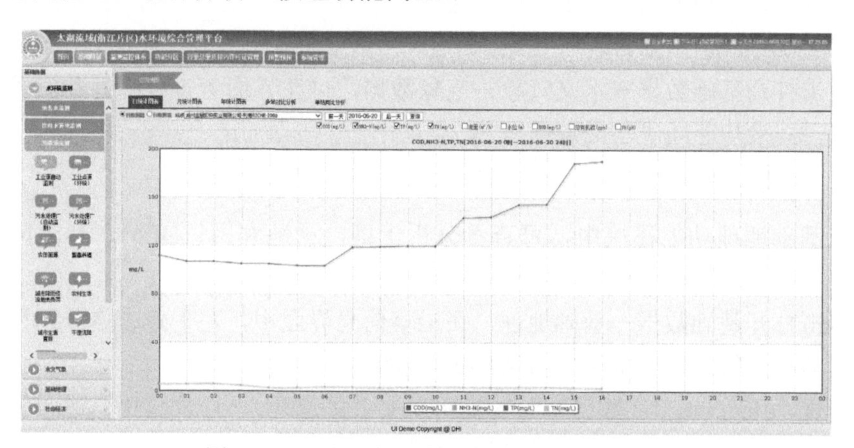

图6-12　工业源自动监测站—统计分析界面

污染源监测功能还可对工业源自动监测、工业点源（环境统计）、污水处理厂（自动监测）、污水处理厂（环境统计）、农业面源、畜禽养殖、城市降雨径流地表负荷、农村生活、城市生活直排、干湿沉降、底泥释放数据信息分别进行查看、定位、查询筛选和数据导出功能等操作，如图6-13所示。

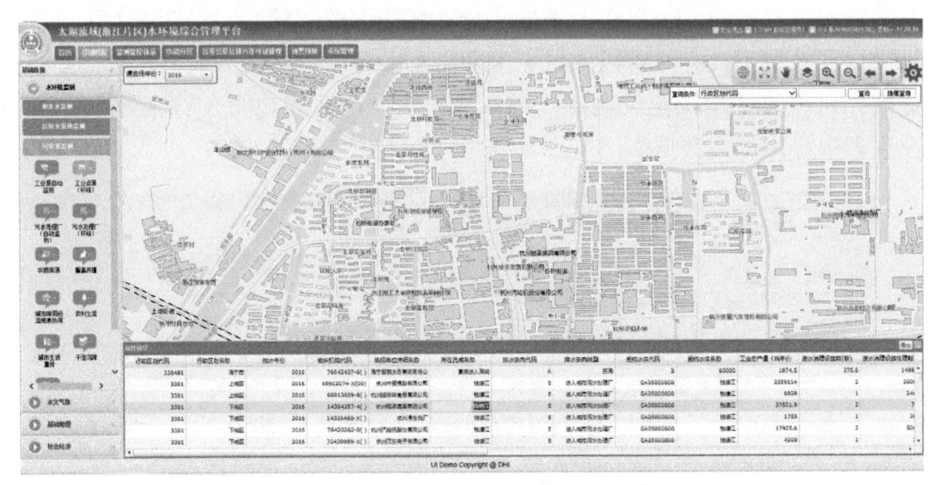

图6-13　污染源监测—工业点源（环境统计）

2. 水文气象

在水文气象模块中，可对水文、气象数据进行查看分析。

1）水文数据

如图6-14和图6-15所示，点击打开基础数据—水文气象—水文数据，可在界面上查看流量和水位的监测数据。在流量或水位监测界面中，左下角表格分别列出不同站点的信息，在地图上可点击站点查看流量或水位过程信息，右上角支持模糊搜索站点和列表框双击定位功能。

2）气象数据

点击打开基础数据—水文气象—气象数据，可在界面上查看降雨和蒸发的监测数据。其余功能同“水文数据”。

3. 基础地理

在基础地理功能模块中，可查看分析土壤、土地利用、DEM、行政区划、道路数据。

点击打开基础数据—基础地理，在土壤信息界面中，左下角表格分别列出不同土壤的相关信息，并支持导出到Excel功能。

同理，可对DEM（数据来源等说明见左上信息框）、行政区划、道路等数据进行查看操作。

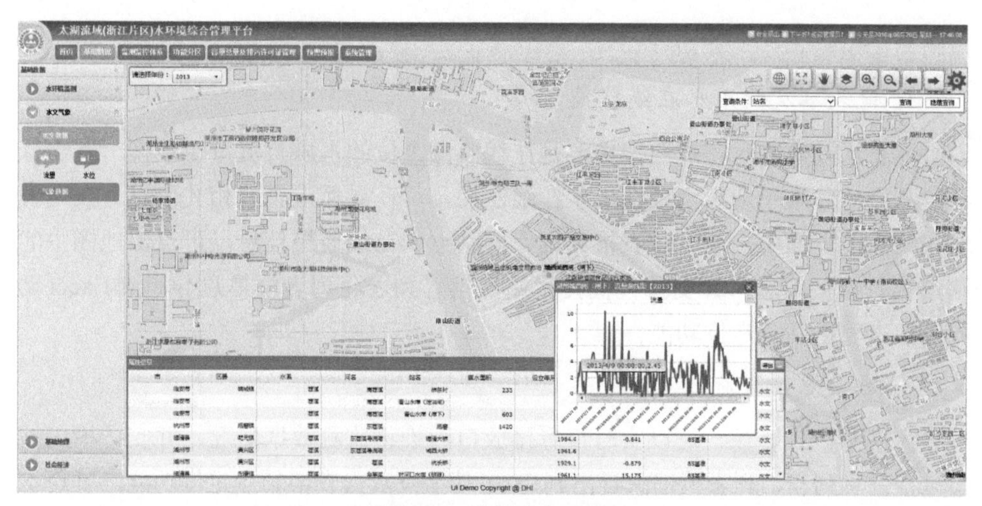

图6-14　流量信息界面

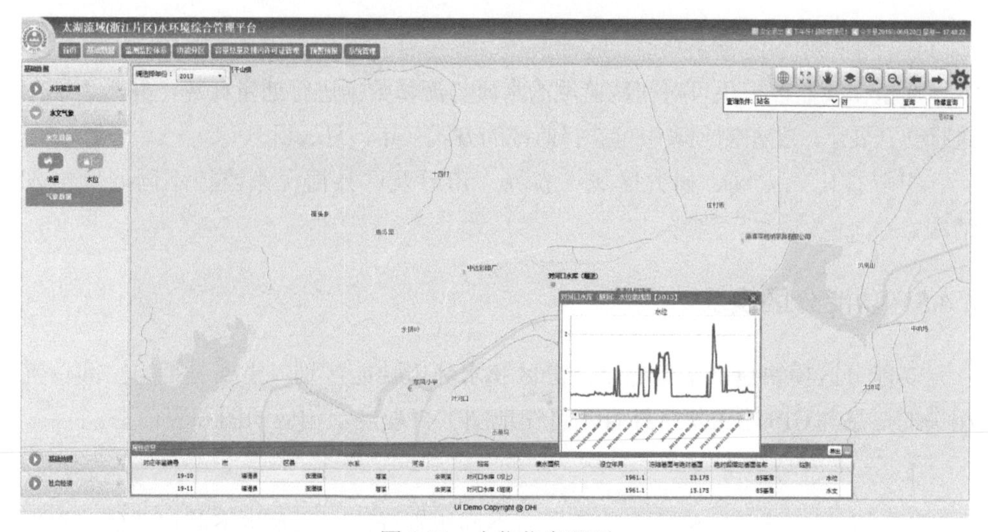

图6-15　水位信息界面

4. 社会经济

在社会经济查看模块中，可分别对人口、GDP、农田面积信息进行查看。

点击打开基础数据—社会经济，在人口数据界面中，左下角表格分别列出不同区域的人口信息，在地图上可点击查看不同年份的人口柱状图。

同样的操作，可对GDP、农田面积信息进行查看。

6.4.4　监测监控体系模块

在监测监控体系模块中，可以实现地表水及饮用水在线监控、污染源在线监控和通量在线监控三大功能。

1. 地表水及饮用水在线监控

地表水及饮用水在线监控主要是在线监测点位的水质、流量等数据。点击打开监测监控体系—地表水及饮用水在线监控，可在界面上查看相关信息。在地表水在线监控界面中，左下角表格列出不同站点的在线监控信息，可点击地图中的站点查看相关信息，并支持模糊搜索站点信息列表、列表框信息导出到Excel功能及双击表格站点定位功能。

2. 污染源在线监控

污染源在线监控，可以实时查看排放口污染物监测数据情况，并支持模糊搜索站点信息列表、列表框信息导出到Excel功能及双击表格站点定位功能，可查看污染源排放口现场视频监控界面。

3. 通量在线监控

通量在线监控模块可对在线监测的水质与流量数据进行通量计算，并基于地图进行交互展示，在左侧列表中可选择监控的方式（年、月、日）。

可以按出入太湖、研究区域、省界、市界及区县情况来监控不同通量出入情况。

6.4.5 功能分区模块

功能分区模块包括水生态功能分区和水环境功能区划，主要是把与空间位置相关的信息与GIS地图紧密结合，可在地图上直观展示相应的图和表信息。

1. 水生态功能分区

在水生态功能分区模块中，可针对不同级别分区展示水生态监控评估、水生态保护目标、重点源分布。

2. 水环境功能区划

水环境功能区划图层（各河道的水环境功能区划结果），展示对应属性（各河道的水环境功能区名称、长度、起止断面、所在河道名称、所在流域名称、目标水质等基本信息）。图上各河道按照对应功能区目标水质类别分颜色展示，Ⅰ类水：浅蓝色，Ⅱ类水：蓝色，Ⅲ类水：绿色，Ⅳ类水：黄色，Ⅴ类水：红色。界面右边按钮支持点选、框选、任意拉框选等查询功能，列表框信息支持导出到Excel中。

6.4.6 容量总量及排污许可证管理

1. 总量核定

总量核定主要是静态展示针对水环境功能区划已核算的每个县（区）的水环境容量及总量，包括水环境容量总量理论值核定、污染物排放总量核定、污染物入河总量核定、污染物允许入河总量核定，以每月或每年总污染负荷量的形式展现，并支持按类别总量和全部总量进行展示。

点击打开容量总量及排污许可证管理—总量核定，可在界面上查看不同分类的数据。水环境容量总量理论值核定可针对分区进行按年份、按月份（可选）进行图表的展示。

同样的操作，可对污染物排放总量核定数据进行按环境统计、计算形式展示与对比。

基于流域、区域污染物总量的评估体系，进行污染源总量核定，结合子系统相关外部数据（基础地理数据、社会经济数据等）和评估分析结果，与空间位置相关的信息与GIS地图紧密结合，根据用户给出不同信息所属的行政区范围或其他筛选条件，可在地图上直观展示工业点源、污水处理厂、畜禽养殖、农田面源、城市降雨径流地表负荷、农村生活、城镇生活直排、干湿沉降、底泥释放等数据，提供方便的查询、统计和分析功能，并由这些筛选与分析结果来辅助专家进行决策分析。

基于流域、区域污染物入河总量和水环境容量总量核定数据，进行污染物允许入河总量核定计算，将与空间位置相关的信息与GIS地图紧密结合，根据用户给出不同信息所属的行政区范围或其他筛选条件，可在地图上直观展示COD、氨氮、总磷、总氮等污染物数据，提供方便的查询、统计和分析功能。

2. 企业允许排放量计算

直接点击企业允许排放量计算，界面直观地展示污水处理厂、重点直排企业及纳管企业所有信息地图分布情况，并用不同颜色标示企业类型，支持模糊条件搜索、企业信息表格双击定位、表格信息导出到Excel等功能。

企业允许排放量计算包括污水处理厂及重点直排企业和纳管企业等污染源进行允许排放量计算。可分别针对污水处理厂、重点直排企业和纳管企业的属性信息进行查看。

3. 水污染物排放许可证核定

与企业允许排放量计算功能类似，点击水污染物排放许可证核定按钮，界面直观地展示污水处理厂、重点直排企业及纳管企业所有信息地图分布情况，并用不同颜色标示企业类型，支持模糊条件搜索、企业信息表格双击定位、表格信息导出到Excel等功能。

水污染物排放许可证核定是根据以上结果对各类企业污染物排放量数据进行核定和核查。

4. 水污染物排放许可证发放

水污染物排放许可证发放是结合各县（区）总量控制进行许可刷卡式管理，如图6-16所示。

图6-16　水污染物排放许可证发放展示界面

5. 污染源及许可证数据管理

污染源及许可证数据管理子模块是为管理权限用户（需要具有污染源及许可证数据管理子模块权限配置）提供的可以用来新增污染点源（工业点源、污水处理厂或规模化养殖场）、手动输入或计算新增年份的各种类型污染源（农田面源、畜禽养殖、城市降雨径流地表负荷、农村生活、城市生活直排、干湿沉降、底泥释放）负荷而开发的，输入或新增污染源信息导入数据库后不但可以为模型提供边界条件，还可以供一般配置权限用户在基础数据模块中查询。

相关数据更新模块中，可对社会经济数据、水文气象数据、常规水质监测数据、水面面积数据、环境数据更新、水环境容量总量、河道底泥数据和引水工程数据编辑和Excel模板格式数据导入操作（各个数据模板都支持按模板格式下载），如图6-17所示。

同理，可分别对点源数据管理、面源数据管理等进行手工编辑、模板数据上传等数据入库及后台计算操作，对应面源数据也会在后台进行每月自动计算污染源数据，相关系数和参数都会按最新年月数据迁移，以此方式来计算当月污染源数据入库，并通过后台自动给模型添加相关点源、面源数据作为模型计算边界条件。污染源排放许可证用户管理可分别对污水处理厂、重点直排企业及纳管企业数据进行管理操作。

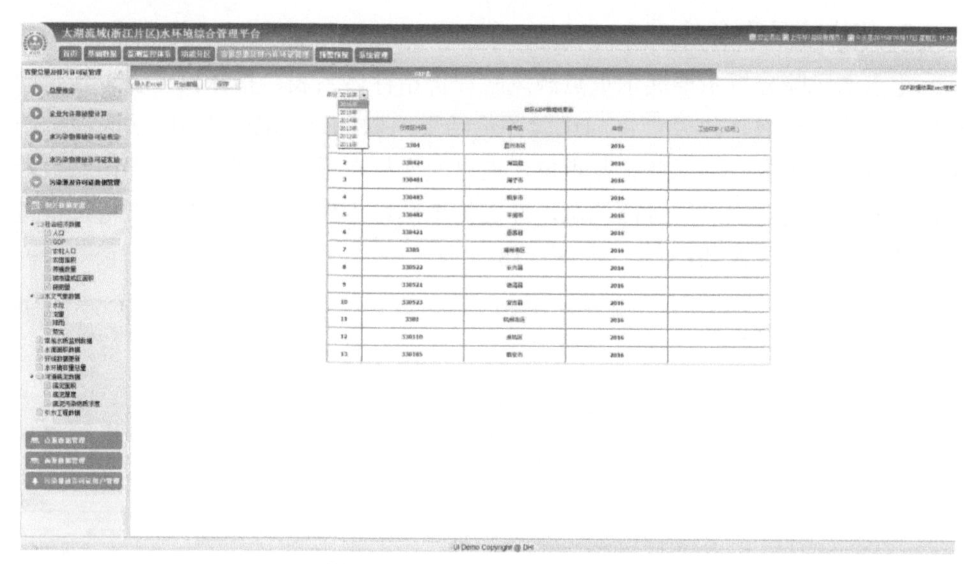

图 6-17　相关数据更新操作界面

6.4.7　预警预报模块

预警预报模块主要包括在线监测预警结果、重点源风险分析、敏感水体风险分析、累积风险分析和溯源分析等子模块。

1. 在线监测预警结果

在线监测预警结果是以地图和表格形式展示各类水质预警情况，包括饮用水源地、地表水自动站、污染源、断面通量、区域通量等子模块。具有修改阈值权限用户可以进入系统管理进行修改保存预警阈值设置，结合空间位置信息与GIS地图紧密结合，在地图上直观展示相应预警结果信息。

1）饮用水源地

在地图工具中可以选择报警因子及报警时间，确认后在地图中展示报警结果。点击报警结果表，可以以表格的形式选择不同的站点及时间查询报警结果。

同样的操作，可对地表水自动站和污染源的报警数据进行查询。

2）断面通量

断面通量预报界面中超标站点以红色闪烁显示，下面表格展示通量信息，在右上角工具中可选择预报时间。

3）区域通量

在界面左上角可选择不同的预报方式，在地图工具下方可选择预报时间，在地图下方以表格显示通量预警信息。

2. 重点源风险分析

重点源风险分析主要展示重点源风险评价指标体系表、指标权重表、各企业对应的各指标值表，以及最终的风险评价结果；以shape格式图形展示的评价结果，在背景地图上，展示各企业点位，通过改变权重系数，可以按照不同系数计算出不同风险值对应不同颜色显示，并支持地图站点模糊搜索、双击表格进行定位及信息框数据导入到Excel，如图6-18所示。

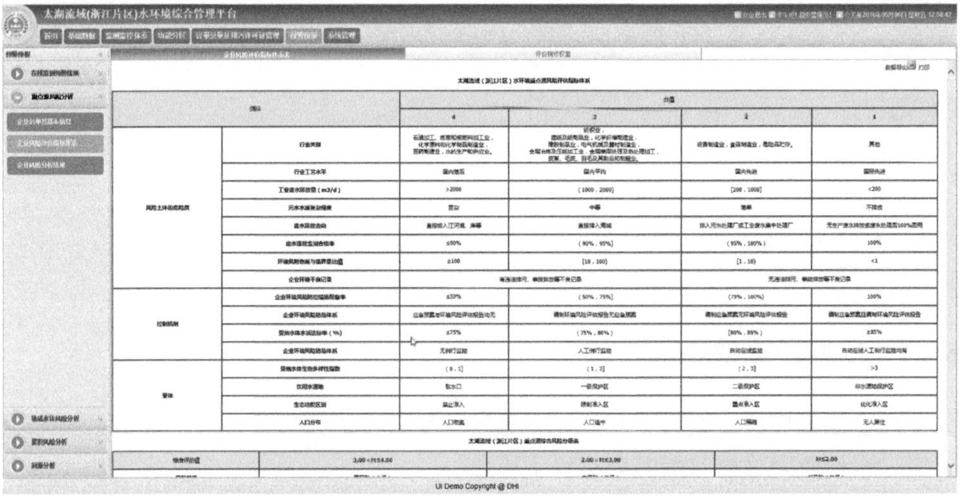

图6-18　企业风险评价指标体系表

3. 敏感水体风险分析

敏感水体风险分析主要有生态遥感、突发事故影响分析及水质预警。

突发事故影响分析是通过服务器数据交换平台提供MIKE水环境数学模型驱动接口，C/S系统在用户界面提供“开始模拟”的按钮，供用户驱动后台水质模型的计算，并向用户实时提示计算进度以及各种相关信息。在用户选择了需要模拟的水质模型后，系统在运行之前首先会自动检查所有引入模型的时间序列文件的合理性，如果引入数据有误则运行自动终止，并且系统会返回错误信息列表，详细指明错误发生的数据项、数据文件以及错误的原因。如果检查通过，模型则开始运行。

客户端B/S平台根据服务器C/S系统发布的模型结果，获得各区域的预测预警数据集，结合GIS地图进行展示，形成区域预测预警专题图供用户查看，给出报警信息，并在图上按照不同颜色对不同预警情况进行展示，重要断面突发污染物浓度变化过程图及突发模型下固定源功能展示，如图6-19所示。

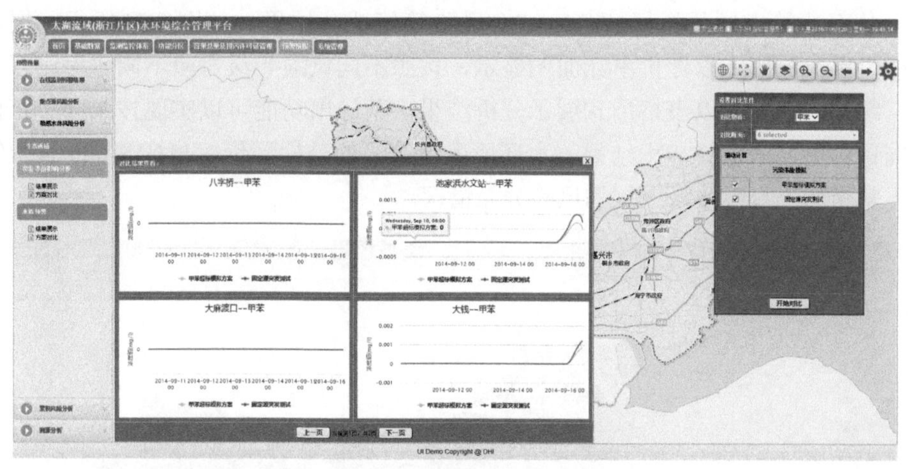

图6-19　突发事故方案对比分析

在左上方可点击选择不同方案，在右上方工具栏中可进行断面选择等操作。

水质预警也是根据服务器C/S程序发布日常模型结果，获得各区域的预测预警数据集，结合GIS地图进行展示，形成区域预测预警专题图供用户查看，给出报警信息，并在图上按照不同颜色对不同预警情况进行展示。

在客户端可对各模型的结果进行方案对比，如图6-20所示。

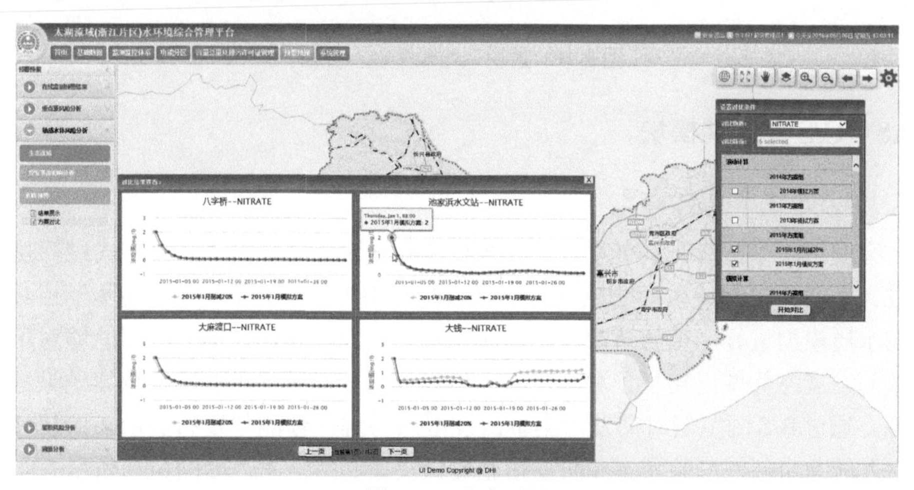

图6-20　方案对比

4. 累积风险分析

累积风险分析是风险等级判定功能模块，包括累积风险定义及评估指标体系、评估区域及指标值和风险预警。根据风险等级判定指标体系，展示评价区域、指标体系、权重及方法。在前端界面，让用户选择时间段，实现风险评估结果查询、展示和导出功能。主要进行评估指标权重编辑、评估指标值编辑及上传，从而计算出评估指标评分、综合风险等级评分结果。如图6-21所示，展示功能可以在底图上以评价单元面图显示，按照不同风险等级对应不同颜色进行显示，统计图表功能以表格形式展示分析结果，其导出功能可以实现按照同一年份不同评价单元来选择导出结果。水环境风险等级的分析评价，与GIS界面紧密结合，从空间上直观展示区域的风险分布情况。

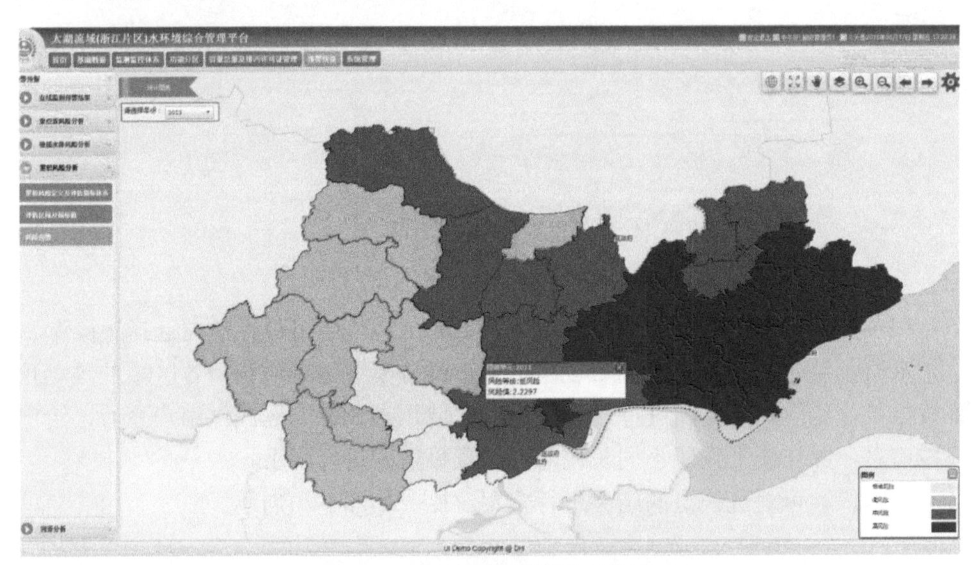

图6-21　累积风险预警展示界面

6.4.8 C/S客户端模块

1. 突发污染事故管理

突发污染事故管理功能基于C/S客户端和B/S浏览器相结合的方式进行功能开发。在发生自然或人为突发水污染事故时，用户能够在C/S客户端基于相对专业的水质模型进行完整的事故预警与应急响应流程操作，在第一时间能够对污染事故的发展态势做出初步预测与评估，能对专家会商所提供的应急预案效果进行模拟。通过B/S浏览器对突发污染事故发展态势进行预测与发布展示，为制订各类突发应急事件的应急预案和防控措施提供决策支持信息，如图6-22所示。

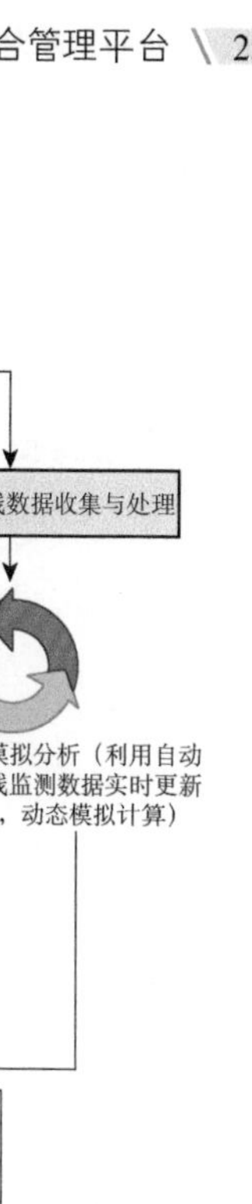

图6-22　突发水污染事故功能流程

突发水污染事故发生后，根据获得的警情上报信息在C/S客户端系统中设定污染事件的对应模型参数，指定污染事件数量，事件所包括的污染物组分，对于每个污染事件都能够指定事件的名称、位置、污染事件的开始和结束时间、流量。通过和GIS地图的交互，事件发生的位置也能够快速识别并记录下来。针对可溶性污染物质能够设置其降解系数及估计的排放总量，或给出恒定排放浓度及动态排放浓度。事故设置界面如图6-23所示。

在进行突发水污染事故发生位置定位中，除了能进行任意河道任意点的位置定位外，还能自动读取数据库中已保存好的固定源排放企业信息，通过对企业名称检索能够在地图上快速定位排放位置，同时显示排放企业的坐标信息。

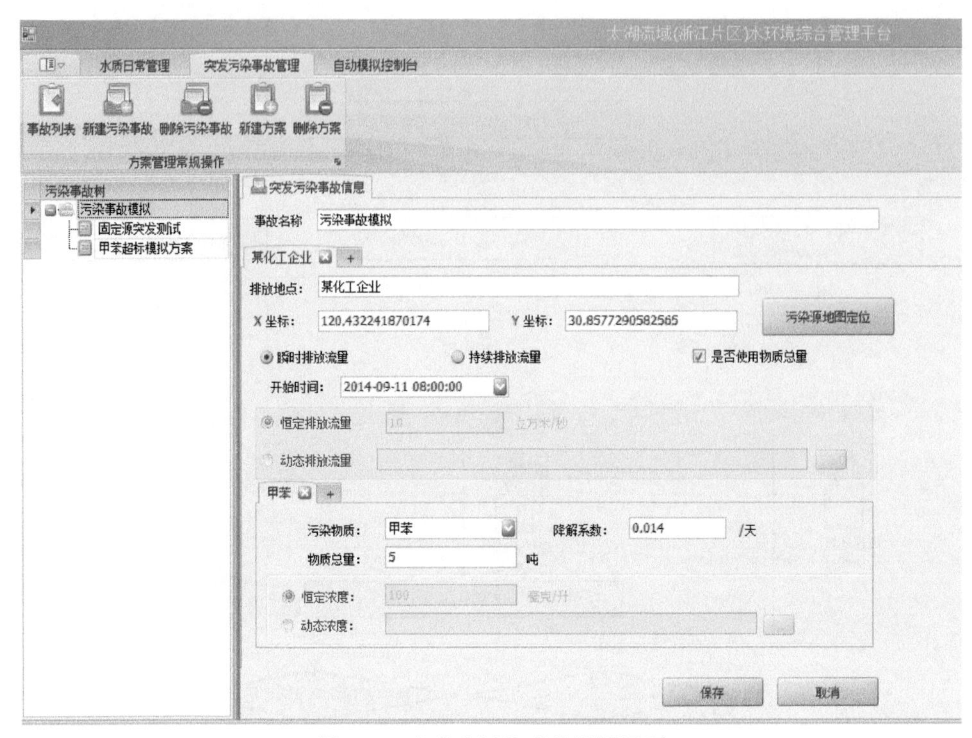

图6-23　突发水污染事故设置界面

预测预警方案用于模拟污染事故发生后污染团的实际运移状况，该类型方案没有任何假设的水工建筑物操作或边界输入限制，系统只是从外部数据库或其他源读取所有在线数据并写入水污染事故风险预警模型中，在设置完相关水质模型参数和边界条件后，系统就能驱动模型进行快速的事故模拟分析。计算得到事故发生后污染团在没有任何应急措施下的运移情况，帮助决策者预先对事件做出快速准确的评估，为进一步的应急预案研究提供基础信息。预测预警方案设置界面如图6-24所示。

预测预警方案设置除了能对模型模拟的时间段、模拟时间步长、是否引入在线监测数据等参数进行设置外，还能对模型水动力边界、降雨边界、水工构筑物进行相应的查看与编辑。

操作人员在系统中除了利用定制界面对模型边界进行修改外，还可以利用MIKE模型软件对数学模型进行进一步修改，进入高级编辑界面能够对河网布置、断面设置、边界设置、水动力参数、水质参数进行编辑。

方案编辑完成后，即可进入方案计算功能，通过界面驱动后台MIKE模型进行突发污染预测预警模拟计算。系统界面中将实时刷新计算进度与计算过程日志信息供用户查看。

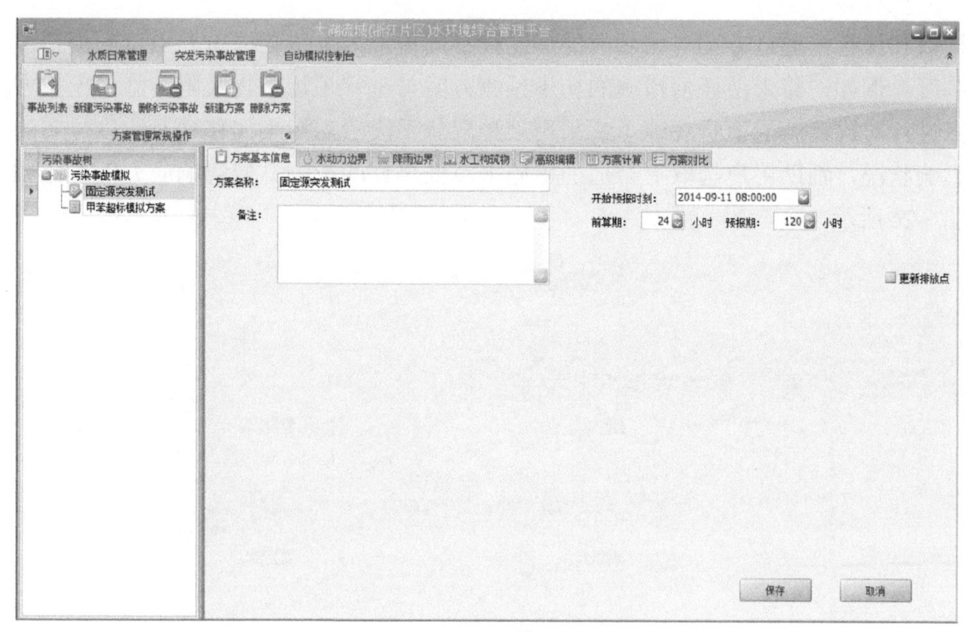

图6-24　预测预警方案设置

1）应急响应方案设置

应急响应方案设置用于辅助用户制订污染事件的应急处理计划。基于预测预警方案，通过修改水工构筑物操作、边界条件或MIKE模型高级编辑生成一系列应急响应方案，用户能通过方案比较分析选取更合适的措施来降低事件的影响，如增加水库下泄流量、增加污染物降解率模拟吸附措施效果等，如图6-25所示。

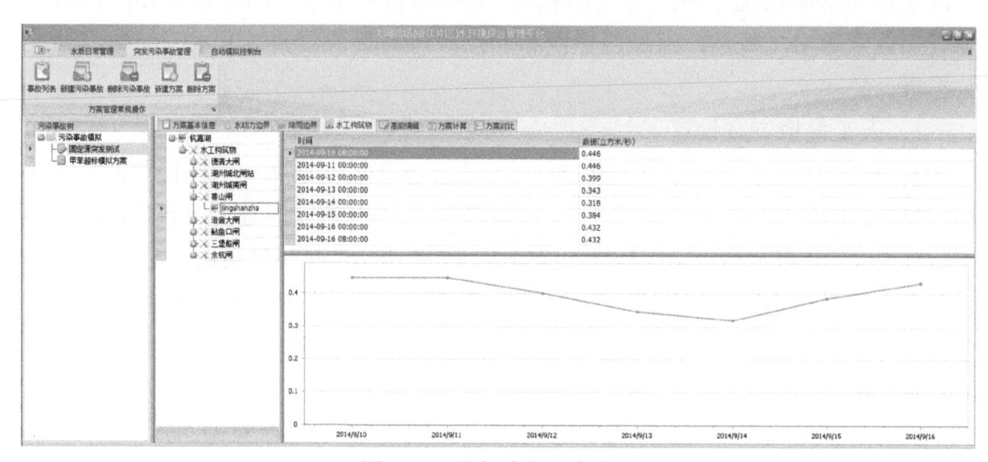

图6-25　应急响应方案设置

2）方案对比

方案模拟完成后，系统能将预先设置好的项目相关重要点位的模拟信息进行提取和保存，通过方案对比功能能够比较不同模拟方案中相同重要点位的模拟值浓度。例如，将未做任何措施的初步预测方案与进行了污染物吸附措施的模拟方案进行对比，就能很直观地了解采用某种应急手段后对污染团移动及浓度分布的影响状况，辅助用户选取更合适的措施来降低事件的影响。应急响应方案对比如图6-26所示。

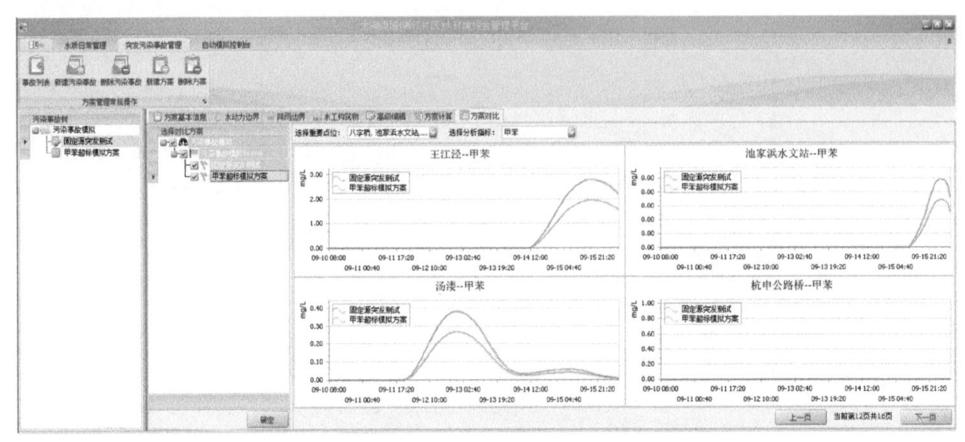

图6-26　方案对比界面

2. 水质日常管理

水质日常管理功能基于C/S客户端和B/S浏览器相结合的方式进行功能开发，能够针对水体中主要污染指标进行日常水质常规模拟，重现或预测各个不同时段水体的水质状况。用户可在C/S客户端中编辑水质模型的输入条件，包括降雨、工业源等水文数据，流域内点源和非点源污染负荷数据以及水工结构物调度数据等。

1）人工模拟方案设置

系统提供人工手动编制方案功能，实现日常累积性水质状况的模拟并进行多种不同模拟方案的管理，方便客户手动设置模拟时间并具有实时数据更新功能，能够重新核算并编辑模型边界条件数据，能对不同重要点位的模拟结果进行对比分析。

水质日常模拟方案设置除了能对模型模拟的时间段、模拟时间步长等参数进行设置外，还能对模型水动力边界、降雨边界、水工构筑物、水质边界进行相应的查看与编辑。

操作人员在系统中除了利用定制界面对模型边界进行修改外，还可以用MIKE模型软件对数学模型进行进一步修改。

2）负荷增减（污控方案）设置

在进行累积水质模拟分析时，用户可能会分析某一个或者几个点源或者面源的负荷降低时水质风险变化（如污染负荷削减、土地利用方式和产业结构调整等），系统能够辅助用户生成各类日常水质指标的增减方案或水污染控制方案，提供简单易操作的界面让用户在图上选择需要增减的点源或者面源来对各类日常水质指标进行增减，以对各种水环境污控方案的实施效果进行模拟与方案对比分析。

方案编辑完成后，即可进入方案计算功能，通过界面驱动后台MIKE模型进行突发污染预测预警模拟计算。系统界面中将实时刷新计算进度与计算过程日志信息供用户查看。

污控方案实施效果对比分析界面参见图6-27，能够直观地看到针对流域水质改善进行20%污染负荷削减后，不同断面的水质浓度变化情况。

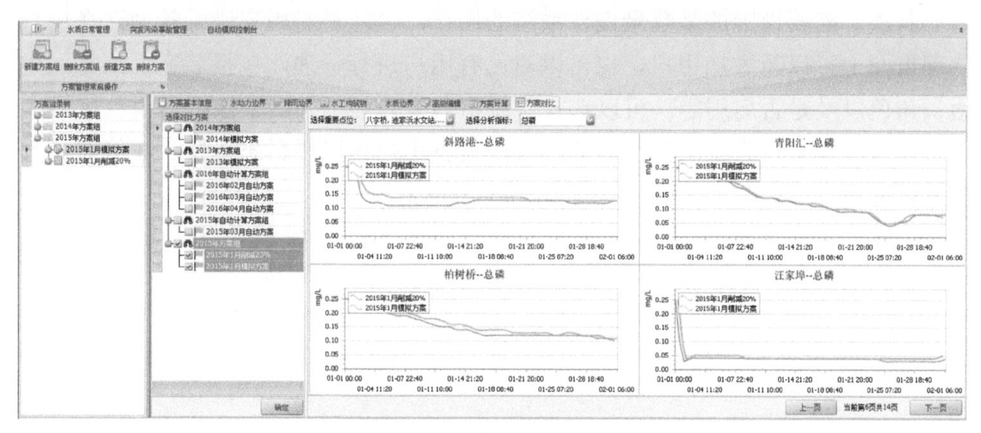

图6-27 污控方案对比界面

3. 自动模拟控制台

自动模拟方案能够根据用户需求，设定在某个时间点提取上一周期相关数据，自动驱动模型进行模拟计算，并自动将模型计算结果按照时间、点位、物质类型分类存储在模型计算结果数据库中，供其他功能模块调用。例如，在系统中进行设置后能够每月初自动进行模型模拟，并提供当月的水质变化预测模拟数据。

4. 溯源分析

溯源分析模块包括溯源方法、事件方案构建、方案查看功能。

6.4.9 系统管理模块

系统配置管理模块既保障了系统的灵活配置、管理方便，又确保了信息数据的安全性。

对系统的使用对象进行用户组和角色组的划分。把对方案权限相同或相近的用户群进行用户组划分，称为一个用户组；把对系统功能使用性质相同或接近的用户群进行角色组管理，称为一个角色组。每一个用户组、角色组都包含了自己的用户，用户在继承所属用户组所拥有的方案访问权限和所属角色组所拥有的功能权限的同时，也可以拥有自己所特有的访问权限和功能权限。用户通过账户管理窗口只能对自己的密码进行修改，不能修改所属用户组和权限组；拥有用户组、角色组管理权限的用户可通过用户组目录树、角色组目录树来对用户组、角色组进行管理。

首先，需要设置一个登录角色，可以首页显示哪些县（区）数据和访问哪些模块及子模块功能。

其次，需要设置的是登录操作系统的用户，也就是对用户进行管理，在用户管理页面上可以新添加用户，也可以对已有用户进行管理，包括名字、账号、电话、角色以及是否启用等。可以选择系统里各类角色，并赋予该用户角色权限。

最后，具有日志权限和在线监测阈值设置用户可以以日志管理、在线监测阈值进行配置。

第 7 章

总结和展望

7.1 成果总结

本书旨在水体交换能力差且人口密集、经济较为发达的地区，研发实施基于控制单元容量总量分配的精细化、数字化水环境管理技术，解决制约经济社会发展的重大水污染瓶颈问题，支撑水污染物总量减排和环境质量改善工作，为地方产业结构调整和经济发展方式改进提供水环境管理技术支持，取得如下成果。

7.1.1 非点源产排污系数核算及验证技术

通过实地调查、长期定点监测及模型模拟等方式，对农田、养殖场、农村生活、城镇暴雨径流、典型小流域、大尺度流域等非点源污染问题进行了持续深入的研究，建立了大型模型本土化与关键模块实地验证相结合的平原河网非点源产排污系数核算技术，提出了产排污及入河系数的核算方法。利用河网刻画、土壤数据库本土化调参等手段，构建了平原河网区SWAT非点源污染负荷估算模型；研发了一套土壤氮磷迁移转化与降雨-产流过程相耦合的农田氮磷径流流失负荷模型估算技术，在平原区完成系数实测、模型自我验证两种验证方式。

7.1.2 区域点源、非点源及跨区域通量为一体的水污染物总量平衡核算技术

基于工业点源、污水处理厂、城镇生活、农村生活、畜禽养殖、农田、城镇暴雨径流、干湿沉降等多类型污染源产排污系数核算及验证技术研究成果，以及出入省境通量、引水调水、清淤、集污外排（排海等）等监测调查结果，利用水文监测数据进行水资源平衡后，核算区域年水污染物总量，提出了区域内COD、氨氮和总磷等主要污染物的来源清单，为精准治水提供技术方向。

7.1.3 “水环境+水资源+水生态”为一体动态更新的生态环境大数据库

针对通量监测体系不健全、环境信息数据库不完善、数据孤岛存在、数据关联不足的问题，完善了8个出入太湖及55个交接断面水质水量自动监测体系；构建了集成社会、经济、环境的流域动态生态环境大数据库，以高精度数字地图为基础，囊括了3市13个县（区）、45个水生态四级分区、35个控制单元、219个乡镇街道、164条主要河道、307个计算子流域、1363个监测点位，集成了跨行政区污染物通量在线、工业点源在线、非点源、大气沉降、引排水等多污染来源数据，关联了超过5GB、数百亿条数据，运用ArcGIS、Mapinfo等将基础数据图

形化、数字化、矢量化。

生态环境大数据库主要数据（环境质量、重点污染源、气象等）通过自动监测终端可实时更新，其余根据系数统计或手动更新，同时留有接口，可与各类数据库对接。人口、GDP、土地面积等数据和产排污系数互相关联，可实时查询，也可支撑环境容量总量的核算和水质目标的预测，大数据库设计的出发点，不是简单孤立的环境数据库，而是融入“山水林田湖草”一体共赢发展的生态环境综合数据库，是地方实施“亩均论英雄”精准管理的科学“计算器”。

7.1.4 基于控制单元的容量总量分配及排污许可管理

综合考虑区域55个通量监测断面和15个饮用水源水质监测站点、行政区域及水系分布等，对太湖流域（浙江片区）内约1500条河流、三大类水生态功能体系、14类水生态功能类型进行分区，划分35个控制单元，探索性地提出基于控制断面达标法以及功能区总体达标法核算的区域水环境容量值。核定35个控制单元污染负荷贡献，将水环境容量分配至各控制单元，按照基于现状、合规守法、达标排放、敏感目标水质达标等原则，进一步结合点源排污口、控制断面、保护目标等分布情况，确定水质目标，运用水环境数学模型核算各入河排污口污染物的最大允许排放量。

7.1.5 基于水安全的多要素风险预警技术

在河网+山丘型多类型水体的复合区域研发了多要素的水环境风险评估和监控预警技术，包含河网区水环境氮磷污染物累积风险预警、基于生物毒性的突发水环境事件风险预警、跨行政区断面水环境污染物通量超标风险预警，形成“系统预警（自动报警）+风险评估+动态溯源”的水环境风险防控体系。

7.1.6 太湖流域（浙江片区）水环境综合管理平台

针对现状水环境管理技术信息化不足、缺乏综合性平台、基层难以操作复杂信息平台的问题，构建了基于实时大数据库、污染动态核算与河网模型耦合的水环境综合管理业务化平台。对太湖流域（浙江片区）164条河道进行了概化，利用MIKE水环境模型，构建了覆盖整个片区13个县（区）的水环境数学模型，包含5个区的山丘性河流、8个区的平原河网地区的点源、非点源等多类污染源动态核算的二次开发，建立了基于非点源产排污系数精算、工业及污水处理厂在线监测等的水环境点源、非点源污染负荷动态核算技术，并在平台实现了水环境点源、非点源污染负荷动态核算与MIKE11河网模型的自动耦合和参数的半自动校核。

7.2 展望

7.2.1 推进实施以环境容量为基础的排污许可管理制度

将已有的交接断面自动站、一证式排污许可和刷卡排污等内容有效串联，利用交接断面通量监测体系，对计算的区域水环境容量不断进行校核，探索容量总量的动态计算分配体系建设，将容量总量分配到企业，并通过企业排污自动控制系统末端管控，以排污许可证为抓手，核定控制工业点源水污染物最大允许排放量，实施基于容量总量的排污分配，指导地方科学核定企业允许排放量，形成系统整体、先进科学的水环境管理体系，推动水环境管理从目标总量控制向容量总量控制的转变。

7.2.2 建立生态环境大数据共享机制

加强河道信息、环境整治信息、水利设施操作信息等基础数据的及时获取，建立完善更加契合实际情况、精准度较高的河网水环境模型。加快生态环境监测数据的稳定获取机制，打破数据孤岛，以确保生态环境大数据库的不断累积，促进水环境综合管理平台稳定运行及关联性计算的开展。建立多个部门联席共商制度，从大尺度统筹开展水利和治水相结合的水环境整治提升长效管理工作。